计算机科学与技术丛书

C语言程序设计

（新形态版）

高峰 黄邵 孙元 胡恩博 李世友 余丽群 伍智平◎编著

清华大学出版社

北京

内 容 简 介

本书是面向高等院校C语言程序设计课程编写的教材，系统介绍C语言程序设计的基础语法知识和程序设计方法。全书分为11章，主要内容包括：绪论，数据类型、运算符与表达式，标准输入和输出，选择结构程序设计，循环结构程序设计，数组与字符串，函数，指针，结构体，文件，项目案例实现。在每章的开头，通过对科技名人的介绍，引导读者认识学习方法与方式；在每章的结尾，通过对科技前沿知识的介绍，帮助读者拓展知识面；全书在注重基础的同时，通过工程应用实际案例，将学与用紧密结合。

本书语言通俗易懂、简洁流畅；内容叙述深入浅出、突出重点；精选大量典型例题，讲解由浅入深、细致详尽。充分体现了渐进式教学、启发式教学、分层式教学的思想。为便于读者高效学习，快速掌握C语言编程与实践，本书配套完整的教学大纲、教学课件、程序代码、测试题库、习题解答，以及每章重难点微课视频。

本书既可以作为高等院校与高职高专院校学生C语言程序设计的教材，又可以作为C语言相关工作人员和编程爱好者的参考用书。

图书在版编目（CIP）数据

C语言程序设计：新形态版 / 高峰等编著. -- 北京：清华大学出版社，2025. 8.
（计算机科学与技术丛书）. -- ISBN 978-7-302-69674-2

Ⅰ. TP312.8

中国国家版本馆 CIP 数据核字第 20253ZD851 号

策划编辑：盛东亮
责任编辑：范德一
封面设计：李召霞
责任校对：时翠兰
责任印制：沈　露

出版发行：清华大学出版社
　　网　　　址：https://www.tup.com.cn, https://www.wqxuetang.com
　　地　　　址：北京清华大学学研大厦A座　　　邮　　编：100084
　　社　总　机：010-83470000　　　　　　　　邮　　购：010-62786544
　　投稿与读者服务：010-62776969, c-service@tup.tsinghua.edu.cn
　　质量反馈：010-62772015, zhiliang@tup.tsinghua.edu.cn
　　课件下载：https://www.tup.com.cn,010-83470236
印　装　者：三河市龙大印装有限公司
经　　销：全国新华书店
开　　本：186mm×240mm　　印　张：21.75　　　字　　数：488千字
版　　次：2025年8月第1版　　　　　　　　印　　次：2025年8月第1次印刷
印　　数：1～1500
定　　价：66.00元

产品编号：107349-01

前 言
PREFACE

在人类科技特别是智能科技发展历程中,程序设计一直起着重要的作用。而在众多程序设计语言中,C语言以其独特的魅力和强大的功能占据着一席之地。自20世纪70年代诞生以来,C语言便以其高效、灵活的特性迅速成为系统编程、嵌入式开发以及操作系统设计等领域的首选语言。如今,C语言仍然广泛应用于各种软件开发环境中,其影响力和生命力可见一斑。

C语言程序设计是一门具有较高难度的课程。一方面,C语言通常是学生学习到的第一个编程语言,从面向的对象、计算规则、语法结构等都与已有的知识积累存在区别。另一方面,C语言需要初学者进行思维方式的转换,即用计算机思维去处理实际问题。

C语言程序设计又是相对简单的课程。它具有简单明了的语法结构和良好的可移植性,设计哲学强调高效性和简洁性,使得程序员能够用较少的代码实现复杂的功能。这种特性使得C语言在性能要求较高的场合具有不可替代的优势,编好的程序无须进行大量的修改即可轻松地移植到不同的硬件平台和操作系统上。此外,C语言提供了丰富的运算符和强大的指针功能,这使得程序员能够更加直接地操作内存,从而编写出更加高效、灵活的代码。C语言在数据结构和算法方面的表现也非常出色。通过使用C语言提供的数据类型、控制结构,以及函数等基本元素,程序员可以构建各种复杂的数据结构和算法,从而实现各种复杂的计算任务。C语言的这一特性使得它在算法研究和软件开发领域具有广泛的应用前景。

本书面向程序设计初学者,看重思维方式的引导,体现"由浅入深、一例贯穿、以例阐理"的编写理念,在面向工科学生专业学习和研究方面进行了有益的探索,所选实例大多来自工程实际。本书通过引入计算机领域名人与科技前沿知识,深化"大工匠"探索,构筑育人新格局。

本书配备了丰富的教学资源,如程序代码、微课视频、教学大纲、教学课件、电子教案、测试题库等,属于新形态教材,方便教师与学生使用,希望本书得到C语言学习者和讲授者的使用和喜欢!

作　者

2025年5月

目录
CONTENTS

视频目录
VIDEO CONTENTS

视 频 名 称	时长/min	位　　置
第 1 集　例 1-1 HelloWorld	4	1.5 节
第 2 集　例 2-1 变量的定义和赋值	9	2.2.2 节
第 3 集　例 2-7 计算变量或数据类型所占内存空间的大小	4	2.3 节
第 4 集　例 2-8 自增自减运算符	4	2.4 节
第 5 集　例 2-18 和例 2-19 数据类型转换	7	2.5.1 节
第 6 集　例 3-3 scanf()函数	4	3.4.1 节
第 7 集　例 3-4 printf()函数	3	3.4.2 节
第 8 集　if 语句	13	4.2 节
第 9 集　switch-case 语句的基本形式	6	4.3.1 节
第 10 集　switch-case 语句实现多路开关控制结构	5	4.3.2 节
第 11 集　for 循环结构	7	5.1.1 节
第 12 集　计数控制循环结构	4	5.2.1 节
第 13 集　条件控制循环结构	6	5.2.2 节
第 14 集　循环的转移控制	6	5.4 节
第 15 集　例 6-7 冒泡排序	3	6.1.6 节
第 16 集　例 6-8 线性查找	3	6.1.6 节
第 17 集　例 6-9 二分查找	4	6.1.6 节
第 18 集　例 7-6 传值	3	7.2.2 节
第 19 集　例 7-7 传址	4	7.2.2 节
第 20 集　例 7-8 递归调用	5	7.3 节
第 21 集　例 8-9 使用指针变量访问数组	10	8.3.3 节
第 22 集　例 8-14 以二维数组的列地址作函数参数实现数组的访问	9	8.4.4 节
第 23 集　例 8-21 指针变量操作指针数组实现字符串排序	18	8.6 节
第 24 集　例 9-2 和例 9-3 以结构体变量作函数参数和以结构体变量的指针作函数参数	11	9.2.4 节
第 25 集　例 9-6 指针操作结构体数组	6	9.4.1 节
第 26 集　例 9-7 以结构体指针作函数参数	4	9.4.2 节
第 27 集　例 10-5 和例 10-6	4	10.3.3 节
第 28 集　例 10-7 和例 10-8	6	10.3.4 节
第 29 集　例 10-9	5	10.4.2 节
第 30 集　项目系统	7	11.1 节

第1章

绪　　论

引言

学习编程是当今最热门的话题之一,每年都有很多人想要掌握编程技能。那么,为什么学习编程如此重要呢?

掌握编程技能可以使我们更具有竞争力。随着信息技术的发展,技术革命正在改变各行各业,具有编程知识的人可以更好地适应这种变化和转型。掌握编程技能可以使我们更具有竞争力,更可能获得高薪工作和稳定就业机会。

掌握编程技能可以提高逻辑思维能力。学习编程需要不断地思考和创造。这将激发逻辑思维能力,并帮助大家解决各种问题。编程是一种十分追求精确的工作。在编程过程中,需要理清各种逻辑关系并精确地描述我们的想法。这种思考方式将帮助大家更清晰地思考其他领域的问题,并找到最佳的解决问题的方式。

掌握编程技能可以使我们更好地理解科技。随着技术的不断发展,越来越多的科技发明推动了我们生活的不同领域。掌握编程可以使我们更好地理解这些科技的原理,从而更多地参与到创造性的解决方案中。

掌握编程技能可以帮助我们创造及控制虚拟环境。编程可以创造一个虚拟环境,比如,可以制作自己喜欢的游戏,或者制作自己喜欢的工程项目。通过编程,可以将自己的想法实现,从虚拟到现实。这不仅是一种有趣的事情,也可能带来商业机会和经济效益。

掌握编程技能可以帮助我们提高创造力。编程是一种非常有创意的工作,在编程过程中,需要从零开始构建一个新的想法,并精确地描述思想架构。因此,学习编程可以提高创造力,帮助我们把自己的创意付诸行动,并实现自己的构思。

掌握编程技能可以帮助我们提高沟通能力。编程是一种严谨而具有条理性的工作。需要用清晰的语言来表达意见和构思,并遵循传达信息的准确性。这将帮助我们提高沟通能力,以及在各种团队环境中更好地与他人合作。

总之,在当今高度竞争的就业市场中,编程是任何人都应该学习的一项基本技能。日渐发展的科技将无处不在,具有编程技能的人将在未来蓬勃发展,并成为社会建设的中坚力量。

本章导读

本章介绍 C 语言的发展历史、C 语言在工科专业中的应用及重要性、C 语言的集成开发环境及 C 语言的调试方法。

重点内容

(1) 熟悉程序与程序设计语言。

(2) 熟悉 C 语言的发展历史。

(3) 熟悉 C 语言在工科专业中的应用及重要性。

(4) 熟知 C 语言集成开发环境。

(5) 掌握 C 语言的调试方法。

世界计算机名人——艾伦·麦席森·图灵

在探索 C 语言程序设计的浩瀚星海中,我们航行至一处璀璨的灯塔——艾伦·麦席森·图灵(Alan Mathison Turing)(见图 1-1)。他不仅照亮了计算机科学的航道,更以其非凡的才华与坚韧的精神,成为激励我们前行的灯塔。

智慧的火花:图灵机的诞生

提及艾伦·麦席森·图灵,不得不提的就是他提出的"图灵机(Turing Machine)"模型。这一构想,如同在混沌中点亮的一束光,揭示了计算机运行的本质——通过简单的指令和逻辑,机器能够执行复杂的计算任务。图灵机的诞生,不仅为计算机科学奠定了坚实的理论基础,更预示了人工智能时代的到来。它教会我们,即使是最简单的元素,通过精妙的组合与创新,也能创造出改变世界的奇迹。

图 1-1　艾伦·麦席森·图灵

战时的英雄:恩尼格玛的破解者

将视线转向第二次世界大战,艾伦·麦席森·图灵以他的智慧和勇气,成为同盟国情报战线的英雄。他领导的团队成功破解了德国恩尼格玛密码机,这一壮举不仅为战争的胜利铺设了道路,更彰显了科技在改变历史进程中的巨大力量。艾伦·麦席森·图灵的故事告诉我们,知识就是力量,技术可以拯救世界。作为未来的社会建设者,我们应当肩负起时代的责任,用我们的技术为社会作出贡献。

艾伦·麦席森·图灵的一生,是追求真理、勇于创新的一生。他的故事给了我们很多启示。

热爱与坚持:对编程的热爱是推动我们不断前进的动力。无论遇到多少困难与挑战,只要保持对技术的热爱与坚持,我们终将能够攀登到知识的高峰。

创新思维:图灵机的诞生是创新思维的结晶。在 C 语言程序设计的道路上,我们要敢于打破常规、勇于创新,用新的视角和方法去解决问题。

社会责任:艾伦·麦席森·图灵不仅是一位伟大的科学家,更是一位有社会责任感的公民。我们要将个人的成长与社会的进步紧密结合起来,用我们的技术和智慧为社会作出贡献。

同学们,让我们以艾伦·麦席森·图灵为榜样,在 C 语言程序设计的道路上勇往直前。愿我们都能成为那个在科技海洋中点亮灯塔的人,为世界的进步贡献自己的力量!

1.1 程序与程序设计语言

程序是为实现特定目标或解决特定问题而用计算机语言(程序设计语言)写的一系列语句和指令,计算机能严格按照这些指令去做。程序的运行过程实际上是对程序所表达的数据进行处理的过程。一方面,程序设计语言提供了一种数据表达与数据处理的功能;另一方面,编程人员必须按照程序设计语言的语法要求进行编程。程序具有完成某一特定的任务,使用某种程序设计语言描述如何完成该任务,存储在计算机中,并且被运行后才能起作用的特点。

1.1.1 程序设计语言的发展

自1946年世界上第一台电子计算机——电子数字积分计算机(Electronic Numerical Integrator And Computer,ENIAC)问世以来,计算机应用已经渗透人们生活的方方面面,极大地推动了社会的进步与发展。特别是互联网的发展,从根本上改变了人们的生活方式,人们已经难以摆脱对计算机的依赖。计算机能有如此神奇的力量,与构成计算机系统的硬件与软件密不可分。硬件是物质基础,而软件则是计算机的灵魂。几十年来计算机硬件技术在不断地飞速发展着,同时软件技术也没有停止前进的步伐,用来开发软件的程序设计语言经过多年的发展,其技术和方法日臻成熟。程序设计语言发展经历了3个阶段,如图1-2所示。

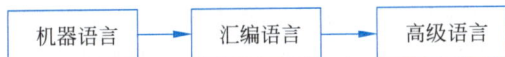

机器语言 → 汇编语言 → 高级语言

图 1-2 程序设计语言发展的 3 个阶段

1. 机器语言

机器语言属于第一代计算机语言。按照冯·诺依曼原理,计算机内部运算采用的是二进制,也就是说计算机只能识别和接受由0和1组成的指令,人们要使计算机知道和执行自己的意图,就要编写许多条由0和1组成的二进制指令代码。这种计算机能直接识别和接受的二进制代码称为机器指令(Machine Instruction)。机器指令的集合(即指令系统)就是该计算机的机器语言。用机器语言编写的程序称为目标程序(Object Program),目标程序可以被计算机直接运行,且运行效率是最高的。但由于不同类型计算机的指令系统存在差异,因而在一种类型计算机上编写的目标程序,在另一种不同类型的计算机上也可能不能运行。

显然,机器语言与人们习惯用的语言差别太大,由于其难学、难写、难记、难修改,采用机器语言编程,只是极少数人能够完成的工作。

2. 汇编语言

为了减轻使用机器语言编程的困难,人们采用助记符来代替机器指令的二进制串,如用ADD表示加法,SUB表示减法,MOV表示传送数据等。这样就能使机器指令使用符号而不再使用二进制表示。采用这种方法所编写的程序,容易被人读懂,程序的修改与维护也很方便,这种程序设计语言就是汇编语言,也称为第二代计算机语言。汇编语言同样十分依赖于机器硬件,可移植性不好,但运行效率仅次于机器语言。针对计算机特定硬件而编制的汇编语言程序能准确地发挥计算机硬件的功能和特长,程序精练而且质量高,至今仍有一些专业程序员在使用汇编语言开发应用软件。由于机器语言与汇编语言均很"接近"计算机,人们常常称它们为"低级语言"。

3. 高级语言

为了克服低级语言的缺陷,人们在实践中逐渐认识到,应该设计一种接近于数学语言或人的自然语言(英语),同时又不依赖于计算机硬件,编制的程序能在所有的机器上通用的语言。经过不懈努力,1954年,第一个完全脱离机器硬件的高级语言—公式翻译器(FORmula TRANslator,FORTRAN)语言问世了。在使用该语言所编写的程序中,语句和指令是用英文单词表示的,所用的运算符和运算表达式与人们日常所用的数学式差不多,很容易理解。这种语言功能很强,且不依赖于具体机器,用它编写的程序几乎可以在任何型号的机器上执行,人们把这种语言称为"高级语言"。高级语言的特点是易学、易用、易维护,人们可以更有效、更方便地用它来编制各种用途的计算机程序。

当然,高级语言编写的程序是不能被计算机直接执行的,同样需要经过"翻译"。这里我们将高级语言编写的程序称为源程序(Source Program),将源程序翻译成目标程序的程序称为编译程序。

自从第一个高级语言问世,几十年来先后出现了众多的高级语言,比较有影响的有FORTRAN、ALGOL、COBOL、BASIC、QBASIC、Pascal、LISP、C、C++、Visual C++、Delphi、Visual Basic、Java、C♯、Python等。

按照语言的特性,高级语言又经历了3个不同的发展阶段,如图1-3所示。

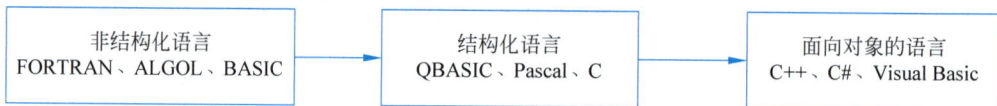

```
┌──────────────────┐    ┌──────────────────┐    ┌──────────────────┐
│    非结构化语言      │    │    结构化语言        │    │   面向对象的语言      │
│FORTRAN、ALGOL、BASIC│ → │ QBASIC、Pascal、C  │ → │C++、C#、Visual Basic│
└──────────────────┘    └──────────────────┘    └──────────────────┘
```

图1-3　高级语言发展的3个阶段

1) 非结构化语言

人们在使用早期的高级语言编程时,编程风格比较随意,没有编程规范可以遵循,程序中的流程可以随意跳转。程序员往往只追求程序的执行效率,而不顾及程序的结构,使程序变得难以阅读和维护。早期的FORTRAN、ALGOL和BASIC都属于非结构化语言。

非结构化编程的后果是严重的。到了20世纪60年代中后期,开发的软件越来越多,规模越来越大,但软件的正确性却越来越难以保证,直接导致许多耗费巨资开发的软件由于含有致命错误而不能使用,计算机界出现了"软件危机"。

2) 结构化语言

为了解决非结构化语言带来的问题,1965年E. W. Dijikstra提出了"结构化程序设计方法",1970年,第一个结构化程序设计语言Pascal语言出现,标志着结构化程序设计时期的开始。结构化程序设计方法规定:程序必须由具有良好特性的基本结构(顺序结构、分支结构、循环结构)构成,程序中的流程不允许随意跳转,程序总是由上而下顺序执行各个基本结构。采用结构化语言所编制的程序结构清晰,易于阅读和维护。QBASIC、Pascal和C都属于结构化语言。

3）面向对象的语言

自 20 世纪 80 年代开始，提出了面向对象（Object Oriented）的程序设计方法。相比而言，之前的高级语言可以称为面向过程的，程序的执行是流水式的，即在一个模块被执行完成前，不能去执行另一个模块，程序员不能随意地去改变程序的执行流程。除此之外，程序中不仅需要实现每一个过程的细节，而且程序不易重复使用。这些都与人们日常处理事务的方式是不一致的，人们所希望的是在对象（Object）的每一个事件发生时都能得到及时的处理，也就是说，不能面向过程，而是面向一个个对象。对象是数据以及对数据所进行的操作的封装体，所以采用面向对象的程序设计方法开发应用程序变得更容易，耗时更少，效率更高。C++、C♯、Visual Basic 等语言均是支持面向对象程序设计方法的语言。

1.1.2 程序的算法表示

人们常说：软件的主体是程序，程序的核心是算法。这是因为要使计算机解决某个问题，首先必须针对该问题设计一个解题步骤，然后再据此编写出程序并交给计算机执行。这里所说的解题步骤就是"算法"，采用程序设计语言对问题的对象和解题步骤进行的描述就是程序。瑞士计算机科学家尼古拉斯·沃思（Niklaus Wirth）有一句名言："计算机科学就是研究算法的学问。"由此可以看出算法在程序设计中的重要性。

通俗地讲，算法就是解决问题的方法与步骤。尽管针对不同问题所设计的算法千变万化，简繁各异，但作为算法，都应具备如下 5 个典型特点。

（1）确定性。

算法的每条指令必须有明确的含义，不能有二义性。对于相同的输入必须得出相同的执行结果。

（2）有穷性。

一个算法应包含有限个操作步骤。也就是说，在执行若干操作步骤之后，算法将结束，而且每一步都在合理的时间内完成。

（3）可行性。

算法中指定的操作都可以通过已经实现的基本运算执行有限次后实现。

（4）有零个或多个输入。

算法是用来处理数据对象的，在大多数情况下，这些数据对象需要通过输入来得到。

（5）有一个或多个输出。

算法的目的是求"解"，"解"只有通过输出才能得到。如果某个问题的解决方法无法表示为计算机算法，那么计算机也无能为力。

算法的表示可以有多种形式，如自然语言表示、流程图表示、伪代码和程序设计语言表示等。下面以比较两数大小，且始终输出最大值为例，对算法的表示方法进行叙述。

1. 自然语言表示算法

在日常生活中，人们通常采用自然语言（如英语、汉语等）的形式来表示一件事情的经过。用自然语言表示比较两数大小,且始终输出最大值的算法如下。

Step1: 初始化。
Step2: 输入变量 a 和 b 的值。
Step3: 判断 a 和 b 的大小。
Step4: a≥b?是,将 a 赋值给 max; 否,将 b 赋值给 max。
Step5: 输出最大数 max。

自然语言表示算法的缺点是很难"系统"并"精确"地表达算法,且叙述冗长。

2. 流程图表示算法

流程图也称框图,传统的流程图由如图 1-4 所示的几种基本图形符号组成。流程图用一些几何框图、流程线和文字说明表示各种类型的操作。一般用矩形框表示进行某种处理,也称处理框,如图 1-4(b)所示;用菱形框表示判断,也称判断框,如图 1-4(d)所示;用带箭头的流程线表示操作的走向,如图 1-4(e)所示。在矩形框或菱形框中的文字或符号表示具体的操作。

(a) 开始或终止框　(b) 处理框　(c) 输入输出框　(d) 判断框　(e) 流程线　(f) 连接点

图 1-4　流程图基本图形符号

比较两数大小,且始终输出最大值的算法流程如图 1-5 所示。

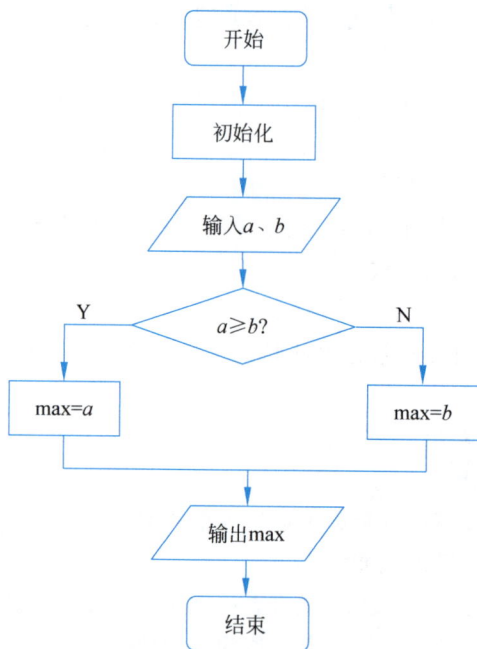

图 1-5　比较两数大小,且始终输出最大值的算法流程

3. 伪代码表示算法

伪代码是一种近似高级语言但又不受语法约束的语言描述方式,它不能在计算机中运行,但可以用来表示算法。下面是比较两数大小,且始终输出最大值的伪代码表示。

```
初始化两个数 a,b 及参数 max;
从键盘输入两个数 a,b;
{
    if (a >= b)
        max = a;
    else
        max = b;
    输出 max;
}
```

伪代码结构清晰,代码简单,可读性好,并且类似自然语言,可以很容易用一种程序设计语言(如 C 语言)来实现。

4. 程序设计语言表示算法

下面是比较两数大小,且始终输出最大值的 C 语言程序设计代码。

```
1     # include < stdio. h >
2     int main()
3     {
4         int a = 0;
5         int b = 0;
6         int max = 0;
7         printf("请输入两个整数: ");
8         scanf("%d %d", &a, &b);
9         if (a >= b)
10        {
11            max = a;
12        }
13        else
14        {
15            max = b;
16        }
17        printf("max = %d\n", max);
18        return 0;
19    }
```

采用程序设计语言表示一个算法,也会有很多不便。因为按照程序设计语言的语法规定,往往要编写很多与算法无关而又十分烦琐的语句,如变量定义、输入输出格式描述等。因此,很多情况下,若要专注于算法设计的话,经常会采用伪代码来描述算法。

1.2　C 语言的发展历史

C 语言自 1972 年诞生以来,已经成为计算机编程领域中最具影响力的编程语言之一。1960 年,算法描述语言 ALGOL 60 诞生,即 C 语言的原型;1963 年,英国剑桥大学在

ALGOL 的基础上发展了 CPL(Combined Programming Language);1967 年,剑桥大学的马丁·理查兹(Martin Richards)对 CPL 进行简化,产生了 BCPL(Basic Combined Programming Language);1970 年,美国贝尔实验室的肯尼思·莱恩·汤普森(Kenneth Lane Thompson)将 BCPL 做了进一步改进,命名为 B 语言;1972 年美国电话电报公司(American Telephone & Telegraph Corporation,AT&T Corporation)的丹尼斯·麦卡利斯泰尔·里奇(Dennis MacAlistair Ritchie)以 Kenneth Lane Thompson 设计的 B 语言为基础设计了设计出了一种新的语言,即 C 语言。C 语言的发展历程如图 1-6 所示。

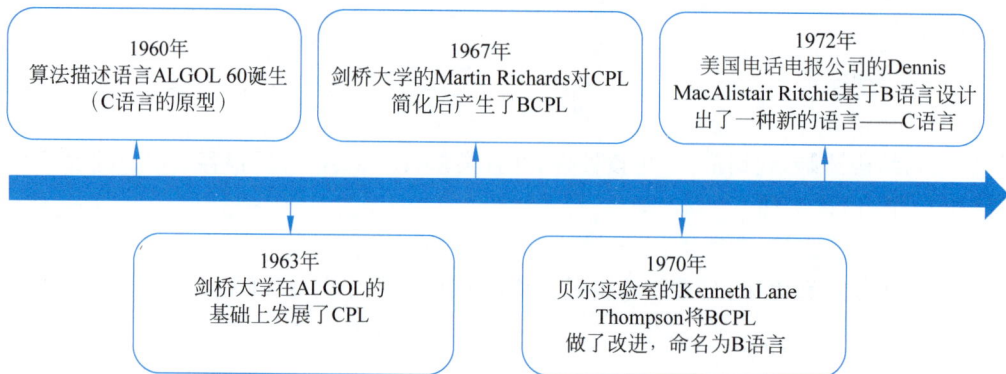

图 1-6　C 语言的发展历程

C 语言的设计目标是提供一种简单、灵活、高效的编程工具,以便在各种计算机系统上编写实现高性能的软件。C 语言的设计者们受到了当时流行的 B 语言和 BCPL 的启发,并在此基础上进行了改进和优化。

C 语言的诞生很快受到了计算机科学界的关注。1973 年,布赖恩·柯尼汉(Brian Kernighan)和 Dennis MacAlistair Ritchie 合著了《C 程序设计语言》(The C Programming Language)一书,该书成为 C 语言的权威性参考资料。1978 年,美国国家标准协会(American National Standards Institute,ANSI)成立了 X3J11 委员会,负责制定 C 语言的标准。1989 年,ANSI 发布了 C 语言的第一个官方标准,即 ANSI C。

在 C 语言的发展历程中,有几个重要的版本和标准需要特别提及。1990 年,C 语言的标准被更新为 C89,它引入了许多新特性,如函数原型、预处理器宏等。1999 年,C 语言的标准再次更新为 C99,引入内联函数、复杂数字类型等。2011 年,C 语言的标准更新为 C11,引入了原子操作、线程支持等。

C 语言的成功主要归功于其简洁、高效、可移植的特点。C 语言的语法简单,易于学习和使用;C 语言的编译器可以生成高效的机器代码,使得程序运行速度快、占用资源少;C 语言具有良好的可移植性,可以在各种计算机平台上编译和运行。

C 语言在许多领域都有广泛的应用,如操作系统、数据库管理系统、编译器、游戏引擎等。C 语言的许多特性和概念已经成为现代编程语言的基础,如函数指针、结构体、联合体等。其发展历程中,也出现了许多著名的 C 语言编译器和解释器,如 GCC、Clang、TCC 等。这些编译器和解释器为 C 语言的普及和发展作出了巨大贡献。

C语言因两位计算机专家的兴趣而产生,在各个领域发挥出了重要的作用,也必将会为学习者以后的工作生活添彩助力!

1.3 C语言与工科专业

在工科专业领域,C语言被誉为"工程师的语言",成为许多工科生学习编程的首选语言。工科专业作为培养工程师的摇篮,注重实践能力和创新精神的培养,而C语言正是以其简洁、高效、可移植的特点,成为工科生学习编程的最佳选择。C语言的语法结构清晰,易于理解,使得学生能够快速掌握编程基本概念。同时,C语言的底层操作能力强大,能够满足工科生对硬件控制的需求。

1.3.1 C语言在工科专业中的应用

1. 嵌入式系统开发

嵌入式系统是工科专业的一个重要方向,广泛应用于智能家居、智能穿戴、工业自动化等领域。C语言因其高效、可移植的特点,成为嵌入式系统开发的首选编程语言。通过C语言,工程师可以直接访问底层硬件资源,实现精确定时、中断控制等功能。

2. 计算机图形学

计算机图形学是工科专业中的另一个重要分支,涉及三维建模、渲染、动画制作等方面。C语言在计算机图形学中的应用主要体现在图形库的开发和调用上。许多优秀的图形库,如OpenGL、DirectX等,都提供了C语言的接口,使得工程师可以使用C语言进行高效的图形编程。

3. 数据结构与算法

数据结构与算法是工科专业的基础课程,C语言则是实现这些算法的重要工具。通过C语言,学生可以深入理解算法的原理和实现细节,提高编程和解决问题的能力。

4. 网络编程

随着互联网技术的飞速发展,网络编程已经成为工科专业的一个重要方向。C语言在网络编程中的应用主要体现在底层协议的开发和实现上。例如,传输控制协议/互联网协议(Transmission Control Protocol/Internet Protocol,TCP/IP)的实现就需要使用C语言来完成。

1.3.2 C语言在工科专业中的重要性

1. 培养实践能力

C语言强调实际操作能力的培养,使得工科生在理论学习的基础上,能够通过编程实践来巩固和加深理解。

2. 提高创新能力

C语言的灵活性使得工科生可以根据自己的需求进行创新和定制,从而培养创新精神和独立解决问题的能力。

3. 跨学科交流

C语言作为一种通用编程语言,为工科生提供了与其他学科领域进行交流的平台。通过C语言,工科生可以更容易地与其他领域的专家进行合作和交流。

总之,C语言与工科专业之间存在着密切的联系。C语言以其简洁、高效、可移植的特点,在工科专业中发挥着重要的作用。通过学习C语言,工科生可以提高实践能力、创新能力以及跨学科交流能力,为未来的职业发展奠定坚实的基础。

1.4　C语言的集成开发环境

C语言集成开发环境(Integrated Development Environment, IDE)有很多种。基于Windows操作系统的,有元老级的如Turbo C、Microsoft Visual C++ 6.0,当前比较流行的如Bloodshed Software公司推出的Dev-C++,微软公司的Microsoft Visual Studio。基于Linux操作系统的,则需GNU Compiler Collection(简称GCC),这里不作介绍。接下来简单介绍基于Windows操作系统的几种集成开发环境。

1. Microsoft Visual C++ 6.0

Microsoft Visual C++(简称VC或VC++),是微软公司于1998年推出的基于Windows操作系统的、以C++语言为基础的、面向对象的可视化集成开发环境。其具有程序框架自动生成、灵活方便的类管理、代码编写和界面设计集成交互操作、可开发多种程序等优点。由于C++是由C语言发展起来的,所以也支持C语言的编译。其中,6.0版本即Microsoft Visual C++ 6.0(简称VC6.0)是使用最多的版本,是最经典的C语言集成开发环境,界面如图1-7所示。VC6.0的缺点是与Windows存在兼容性的问题。

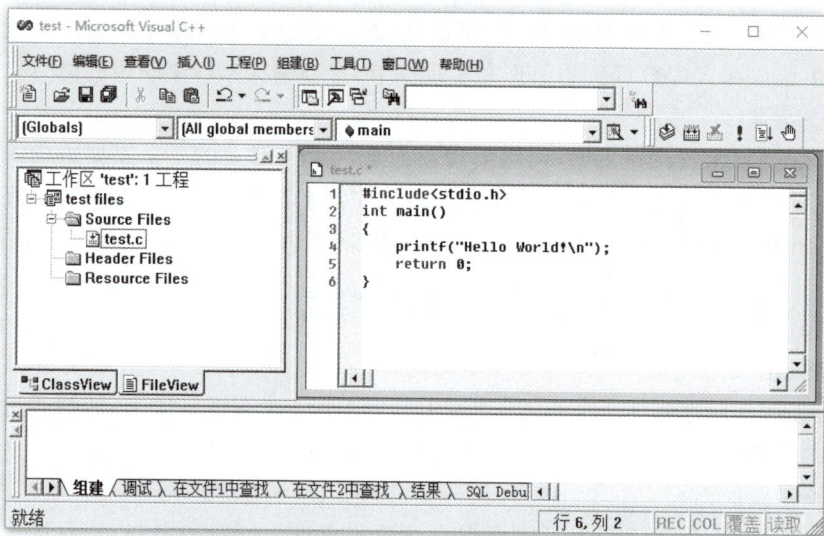

图 1-7　Microsoft Visual C++集成开发环境界面

2. Microsoft Visual Studio

Microsoft Visual Studio(简称 VS)是微软公司的开发工具包系列产品,其界面如图 1-8
所示。VS 是一个功能完整、齐全的开发工具集,用其编写的代码适用于微软支持的所有平
台。除了编写 C 语言,它还可以编写 C++、C♯、ASP. NET 等语言。VS 是目前较为流行的
基于 Windows 平台应用程序的集成开发环境。

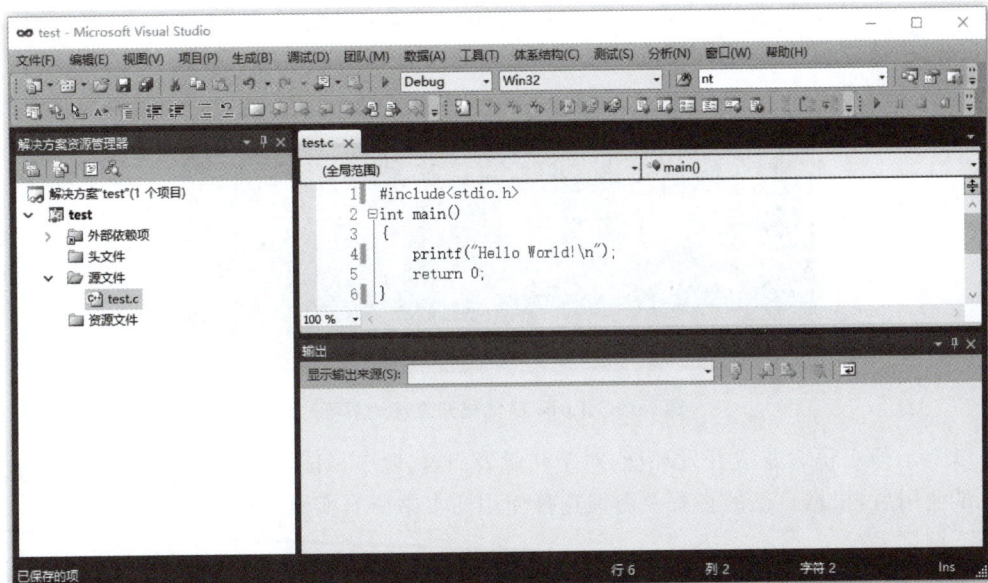

图 1-8 Microsoft Visual Studio 集成开发环境界面

3. Dev-C++

Dev-C++是 Windows 环境下的,适合初学者使用的轻量级 C/C++集成开发环境,其界
面如图 1-9 所示。它是一款自由软件,遵守 GPL 协议(即 GNU 通用公共许可证)分发源代码。
Dev-C++使用 MingW64/TDM-GCC 编译器,遵循 C++ 11 标准,同时兼容 C++ 98 标准。

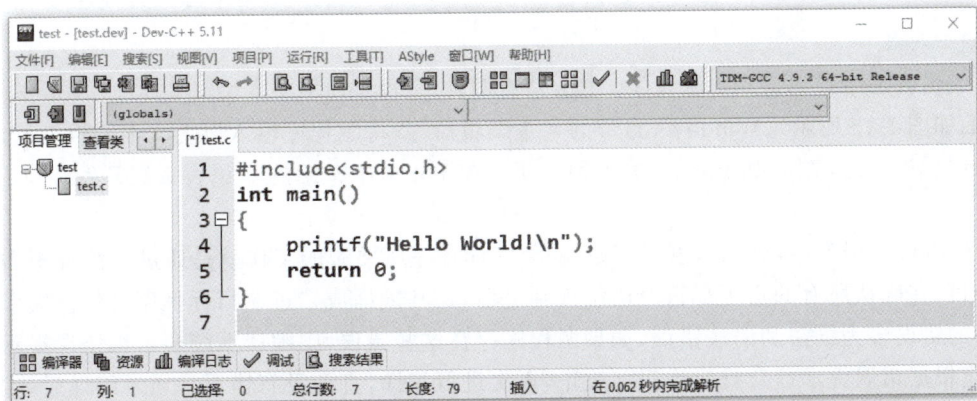

图 1-9 Dev-C++集成开发环境界面

Dev-C++包括多页面窗口、工程编辑器以及调试器等。在工程编辑器中集合了编辑器、编译器、连接程序和执行程序,提供高亮度语法显示,以减少编辑错误。还有完善的调试功能,适合 C/C++语言初学者使用,也适合非商业级普通开发者使用。

4. Turbo C

Turbo C(简称 TC),在现代华丽的用户界面和集成开发环境出现之前,Turbo C 是开发应用程序的最佳方式,其界面如图 1-10 所示。遗憾的是,到了 20 世纪 90 年代中期,Turbo C 已被普遍放弃,取而代之的是具有更现代界面和功能的编译器。

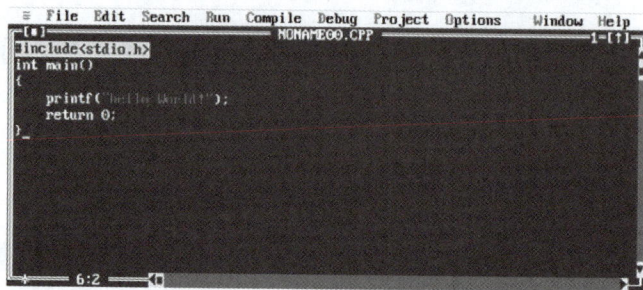

图 1-10　Turbo C 集成开发环境界面

第 1 集
微课视频

以上 4 种 C 语言集成开发环境,对于初学者而言,除 Turbo C 不推荐外,前 3 种大家均可尝试使用后,根据自己的喜好及习惯选择使用。本书所有实例程序均在 VC6.0 集成开发环境下调试运行。

1.5　C 语言程序调试

C 语言在不同的集成开发环境下调试的方法不一,但一般是依照图 1-11 所示的过程调试。

从以上流程不难看出,C 语言程序调试流程基本可以分为编辑、编译、链接和运行 4 个步骤。

1. 编辑

编辑就是用 C 语言写出源程序。其方法有两种,一种是使用文本编辑工具,如 Notepad++(界面如图 1-12 所示)、Windows 自带的文本编辑器等,将源程序输入以上文本编辑工具,修改无误后以＊.c 存档,如 file.c;另一种是使用在 1.4 节中介绍的 C 语言集成开发环境。

2. 编译

C 语言源程序编辑好后,可以开始编译,编译程序所要做的工作就是通过词法分析和语法分析,在确认所有的指令都符合语法规则之后,将其翻译成二进制目标程序文件。编译过程中的错误多为词法和语法错误,如果源程序存在这些错误,则编译系统会给出错误提示信息,应根据错误提示信息查找错误并改正,再次进行编译,直到没有错误。通过编译后,生成二进制目标程序文件＊.obj,如 file.obj。

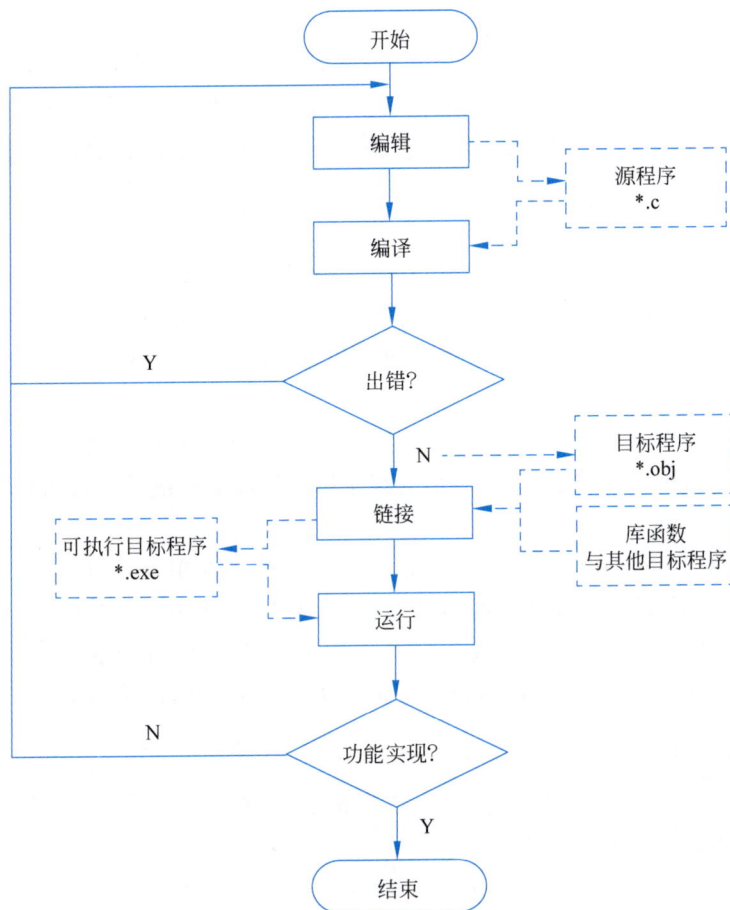

图 1-11 C 语言程序调试流程

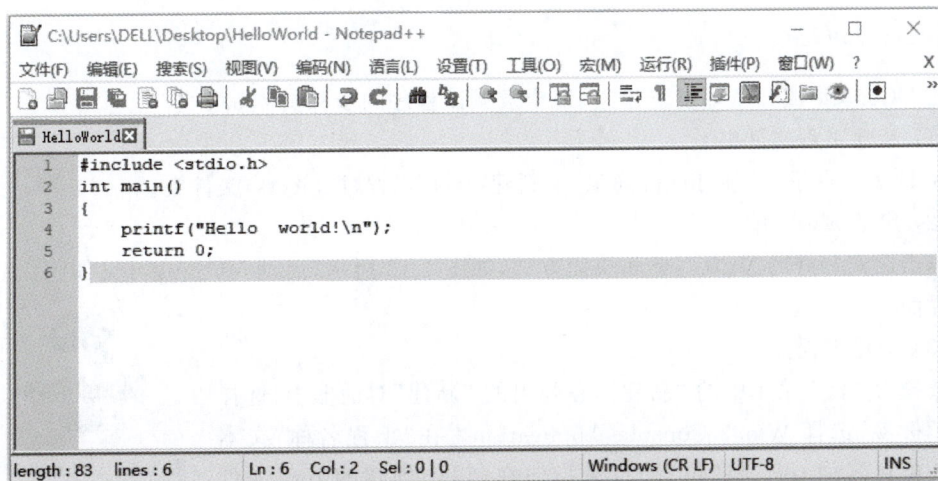

图 1-12 Notepad++文本编辑工具

3．链接

编译生成目标程序后，还要进行链接。将目标程序与系统提供的库函数或是其他目标程序进行链接，得到最终的二进制可执行文件。链接成功后生成可执行文件 ∗.exe，如file.exe。链接错误多为严重的致命性错误，必须根据错误提示进行修改才能继续链接，直到生成可执行文件。

4．运行

可执行文件运行后，结果会显示在显示器上。这时要验证程序的运行结果，如果发现运行结果与设计目的不相符，通常称为逻辑错误，说明程序在设计思路或算法上出现了问题，此时，需要重新检查源程序，找出问题并进行修改，然后重新编译、链接、运行，直到得到正确结果。

5．实例演示(Hello,World!)

"Hello,World!"中文意思是"你好,世界!"。因 C 语言的初创者 Dennis MacAlistair Ritchie 使用它作为第一个演示程序，后来的程序员在学习编程或进行设备调试时延续了这一习惯。

1.4 节已经对 Microsoft Visual C++ 6.0(VC6.0)作了简单介绍，本书所有实例程序均在 VC6.0 下调试，接下来通过创建经典的"Hello,World!"程序(例 1-1)为例，简单介绍在 VC6.0 集成开发环境下如何建立、编辑及调试 C 程序，后续章节中的实例调试方法与此相同。

【例 1-1】　编写经典的"Hello,World!"程序，从屏幕输出"Hello,World!"字符串。

```
1    # include < stdio.h >
2    int main()
3    {
4        printf("Hello,World!\n");
5        return 0;
6    }
```

程序执行后得到如下结果。

```
Hello World!
```

在 VC6.0 集成开发环境下建立、编辑及调试程序的步骤具体如下。

(1) 新建工程文件夹。

在 D 盘根目录(目录可自行确定)下新建"test"工程(Projects)文件夹。

(2) 启动 VC6.0。

单击已安装好的 VC6.0 桌面快捷方式，如图 1-13 所示，启动 VC6.0，可见如图 1-14 所示的界面。

(3) 新建工程。

选择"文件"菜单中的"新建"，在弹出的"新建"对话框中，选择"工程"标签，选择 Win32 Console Application。在"工程名称"文本框输入项目名称 test，将"位置"目录指向在(1)中创建的 test 文件夹，单击"确定"按钮，如图 1-15 所示。

图 1-13　VC6.0 桌面快捷方式

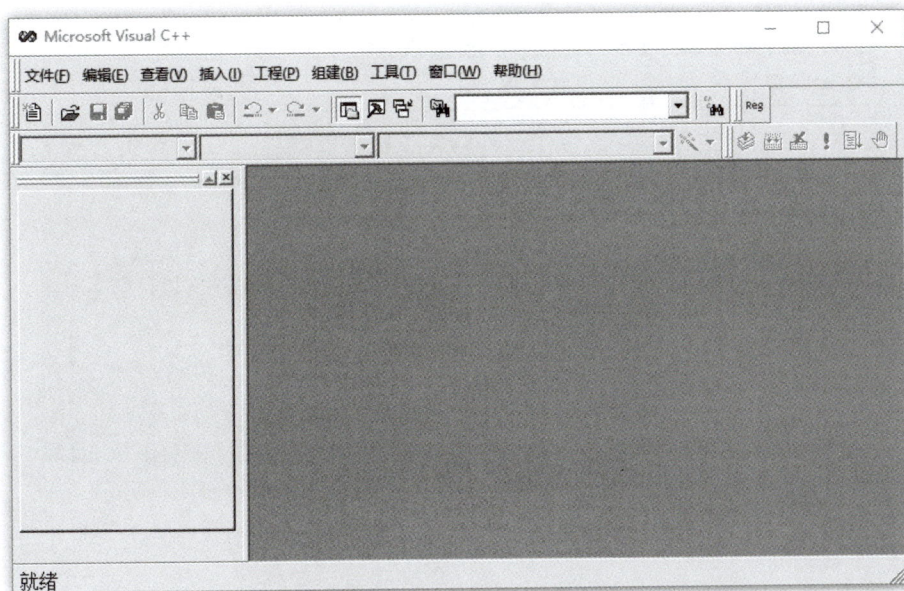

图 1-14 VC6.0 启动界面

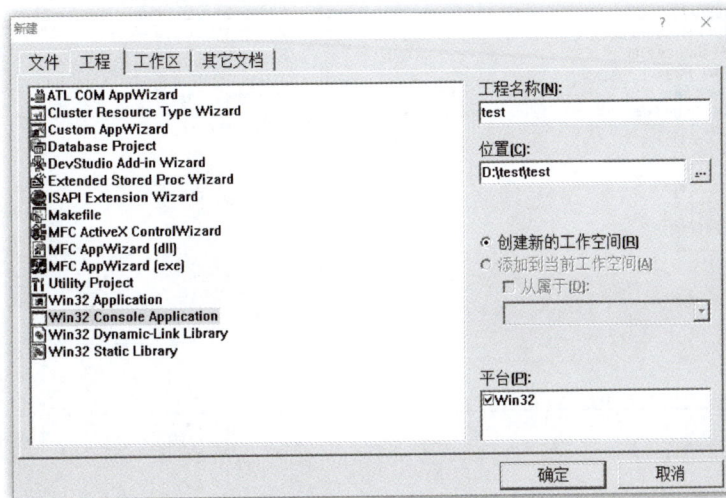

图 1-15 新建工程对话框

在之后弹出的对话框中根据实际选择,这里选择"一个空工程"。新创建的工程界面如图 1-16 所示。

(4) 新建 C/C++ Source File。

选择"文件"菜单中的"新建",在弹出的"新建"对话框中,选择"文件"标签,选择 C++ Source File,在"文件名"文本框输入文件名 test.c,如图 1-17 所示。

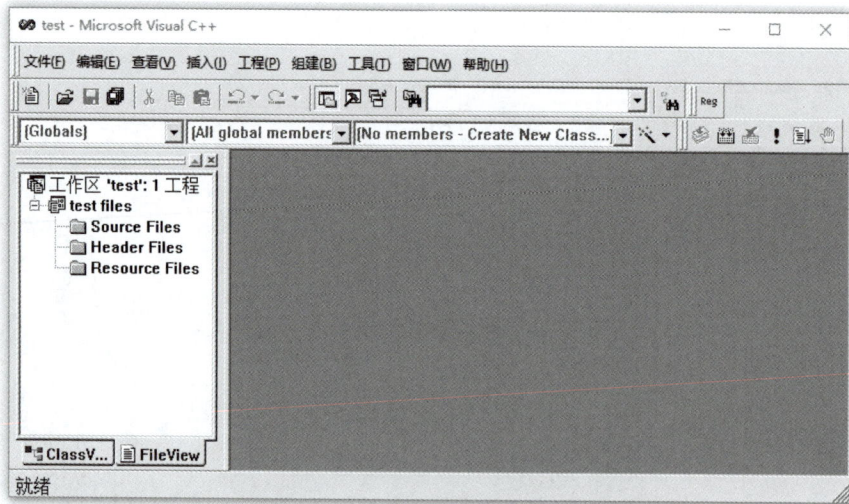

图 1-16 新创建的工程界面

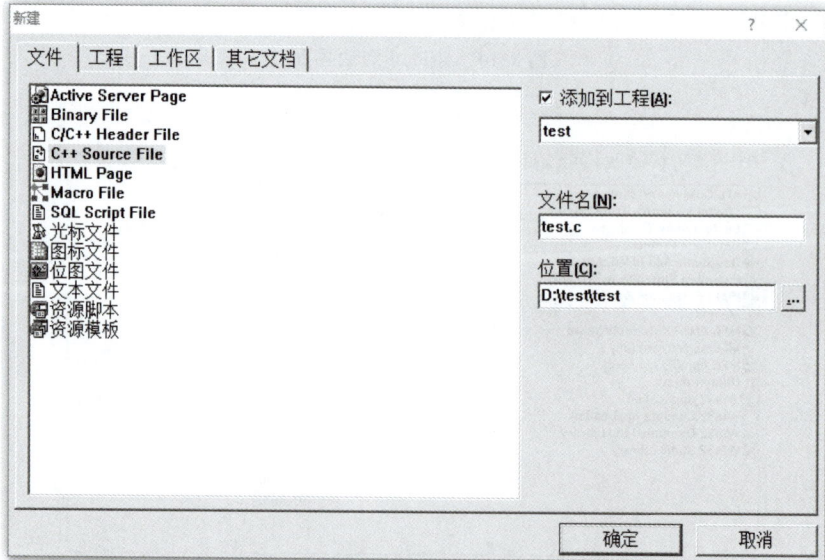

图 1-17 新建文件对话框

单击"确定"按钮,进入如图 1-18 所示 C 语言编辑界面。

(5) 编译、链接及运行程序。

在 C 语言编辑界面输入例 1-1 代码,在程序完全正确(没有语法错误)的情况下依次单击"组建"菜单下的"编译"→"组建(链接)"及"执行[test.exe]",得到如图 1-19 所示 0 错误及 0 警告的执行后界面,并弹出图 1-20 所示运行结果的界面。也可直接单击工具栏的 ! 按钮,计算机会自动完成编译及组建过程。

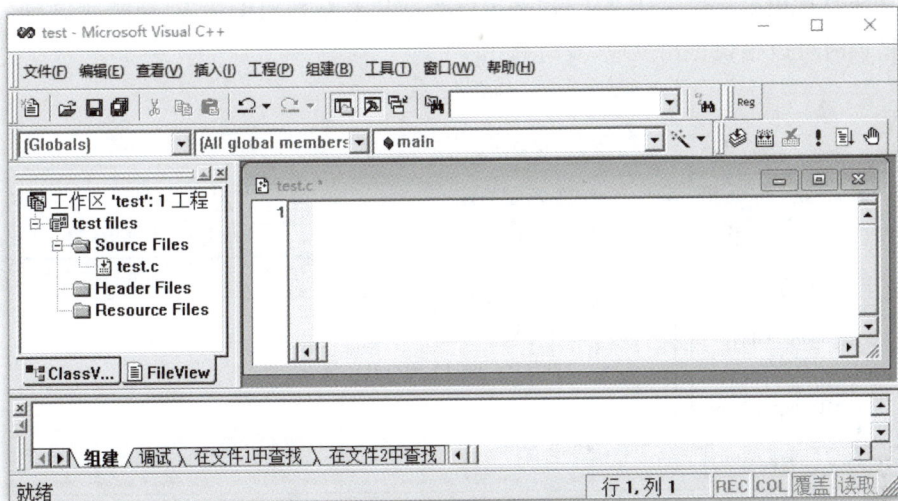

图 1-18　C 语言编辑界面

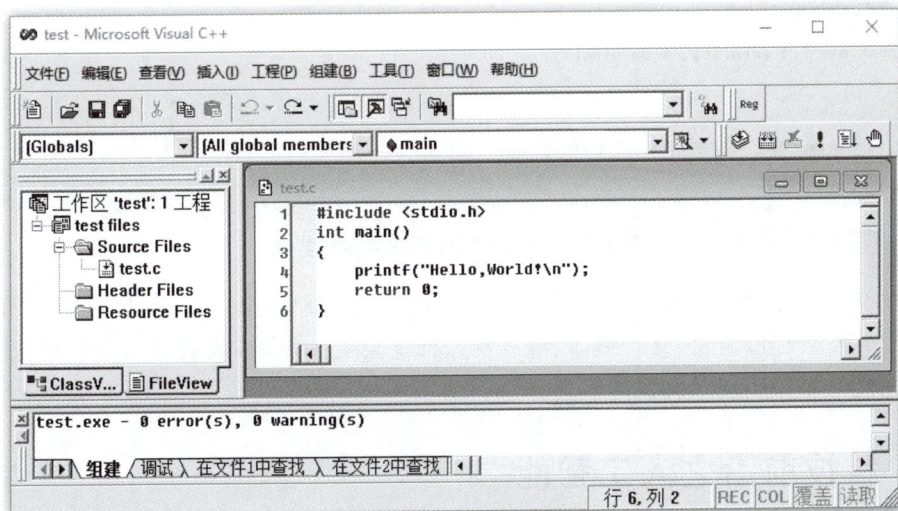

图 1-19　C 编译后界面

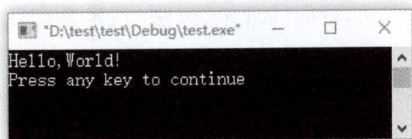

图 1-20　程序运行结果

如果程序有误,比如常见的语法错误,例如故意去掉第 4 行后的";",编译便不会通过,出现"error C2143: syntax error : missing ';' before 'return'"的错误提示,如图 1-21 所示,这时需要找到错误原因并更正,之后重新编译,直至程序没有语法错误。常犯的错误是将有特殊含义的符号用中文输入法录入,读者可以尝试故意制造以上错误,熟悉错误提示,再遇到此类错误时可以很快做出反应,及时修正。

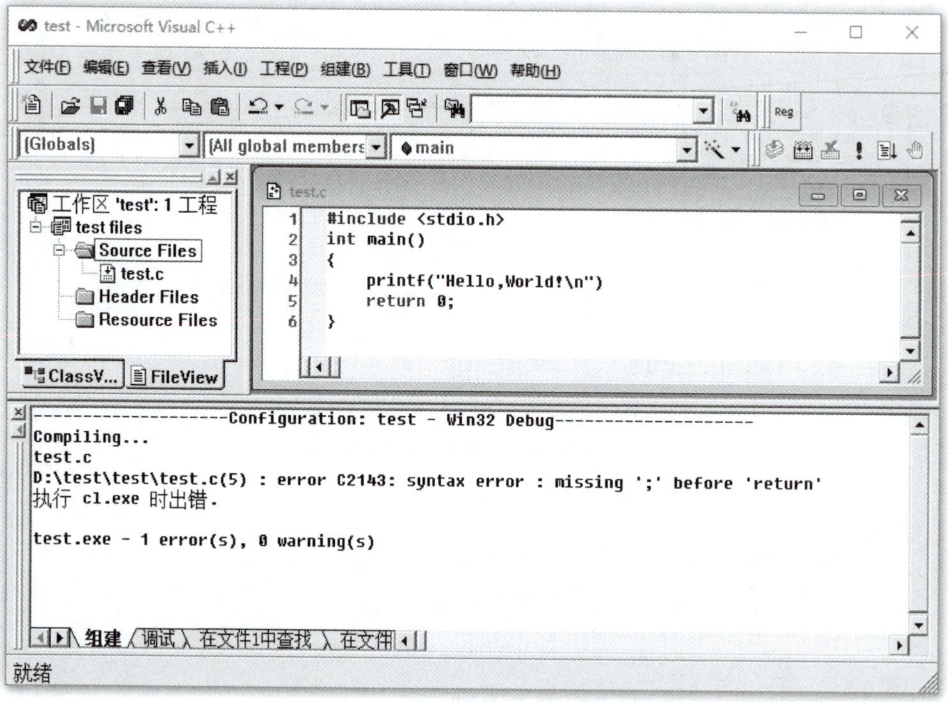

图 1-21　有语法错误的程序运行界面

需要指出的是,程序功能上的错误,就此例而言,比如"Hello,World!"单词拼写错误,在编译时并不会提示出错,整个编译、链接及运行不会受到影响,我们只能通过运行结果来做程序功能上是否实现及有误的检查。

1.6　科技前沿之人工智能

人工智能(Artificial Intelligence,AI)是新一轮科技革命和产业变革的重要驱动力量,是研究、开发用于模拟、延伸和扩展人的智能的理论、方法、技术及应用系统的一门新的技术科学。

1. 实际应用

人工智能的实际应用包括机器视觉、指纹识别、人脸识别、视网膜识别、虹膜识别、掌纹识别、专家系统、自动规划、智能搜索、定理证明、博弈、自动程序设计、智能控制、机器人学、语言和图像理解、遗传编程等。

2. 学科范畴

人工智能是一门边缘学科,属于自然科学和社会科学的交叉。涉及哲学、认知科学、数学、神经生理学、心理学、计算机科学、信息论、控制论、不定性论等学科。

3. 研究范畴

人工智能的研究范畴包括自然语言处理、知识表现、智能搜索、推理、规划、机器学习、知识获取、组合调度问题、感知问题、模式识别、逻辑程序设计软计算、不精确和不确定的管理、人工生命、神经网络、复杂系统、遗传算法等。

4. 意识和人工智能

人工智能就其本质而言,是对人的思维的信息过程的模拟。

对于人的思维模拟可以从两条道路进行。一是结构模拟,仿照人脑的结构机制,制造出"类人脑"的机器;二是功能模拟,暂时撇开人脑的内部结构,而从其功能过程进行模拟。现代电子计算机的产生便是对人脑思维功能的模拟,是对人脑思维的信息过程的模拟。

如今弱人工智能不断地迅猛发展,尤其是 2008 年经济危机后,美国、日本和部分欧洲国家希望借机器人等实现再工业化,工业机器人以比以往任何时候更快的速度发展,更加带动了弱人工智能和相关领域产业的不断突破,很多必须用人来做的工作如今已经能用机器人实现。而强人工智能则暂时处于瓶颈时期,还需要人类的共同努力。

本章小结

本章主要介绍了程序设计语言的发展、程序的算法表示、C 语言的发展历史及与工科专业的紧密联系,就常用的 C 语言集成开发环境做了简单介绍,重点介绍了在 VC6.0 集成开发环境下编写及调试 C 语言程序的过程。

不论将来在哪个行业,是否从事与计算机、电子信息、通信或人工智能等相关的技术工作,掌握计算思维都是大有益处的,甚至是必需的。学习编程是了解和践行计算思维的最佳途径。而学习编程的最佳途径就是不断了解,不断编程。

本章习题

一、单选题

1. C 语言属于(   )。
   A. 机器语言　　　B. 汇编语言　　　C. 高级语言　　　D. 自然语言
2. 下列哪一项不属于程序的算法表示?(   )
   A. 自然语言　　　B. 流程图　　　C. 伪代码　　　D. 二进制
3. 以下哪一个软件不属于 C 语言 IDE?(   )
   A. Notepad++　　　　　　B. Microsoft Visual C++
   C. Dev-C++　　　　　　　D. Turbo C
4. 以下哪一个人,是 C 语言的设计者?(   )
   A. Dennis MacAlistair Ritchie　　B. Kenneth Lane Thompson
   C. Guido van Rossum　　　　　　D. James Gosling

5. 下列关于 C 语言调试过程正确的是(　　　)。

　　A. 编译→编辑→链接→执行　　　　　　　B. 编辑→编译→执行→链接

　　C. 编辑→链接→编译→执行　　　　　　　D. 编辑→编译→链接→执行

6. 下列哪一个文件是 C 语言可执行的目标程序?(　　　)

　　A. file.c　　　　　　　B. file.exe　　　　　　C. file.obj　　　　　　D. file.jpg

二、填空题

1. 高级语言的发展经历了＿＿＿＿＿＿、＿＿＿＿＿＿及＿＿＿＿＿＿ 3 个阶段。

2. 算法具有＿＿＿＿＿＿、＿＿＿＿＿＿、＿＿＿＿＿＿、＿＿＿＿＿＿及＿＿＿＿＿＿ 5 个典型特点。

3. 链接后形成的可执行文件的扩展名为＿＿＿＿＿＿。

4. C 语言编译后形成的目标程序文件的扩展名为＿＿＿＿＿＿。

5. C 语言属于＿＿＿＿＿＿程序设计语言,具有＿＿＿＿＿＿、＿＿＿＿＿＿、＿＿＿＿＿＿ 3 种基本结构。

三、改错题

1. 以下程序有两处错误,请改正后在不同的 IDE 中调试,输出正确的结果。

```
#include <stdio.h>
int main()
{
    printf("Hello,World!\n")
    return 0;
}
```

2. 以下程序有两处错误,请改正后在不同的 IDE 中调试,输出正确的结果。

```
#include <stdio.h>
int main()
{
    printf("你好,世界!\n");
    return 0;
}
```

四、编程题

1. 参照例 1-1,利用多个 printf()语句,在不同的 IDE 下编程输出如图 1-22 所示圣诞树图形。

2. 参照例 1-1,利用多个 printf()语句,在不同的 IDE 下编程输出如图 1-23 所示沙漏图形。

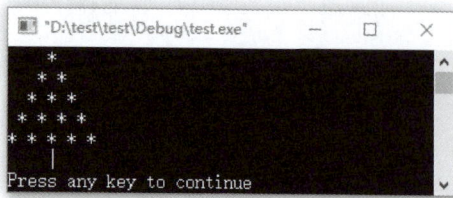

图 1-22　圣诞树图形输出

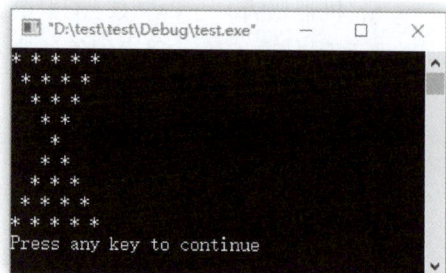

图 1-23　沙漏图形输出

## 第 2 章

数据类型、运算符与表达式

引言

程序是解决某种问题的一组指令的有序集合。一个程序应包括两个方面的内容：对数据的描述(数据结构)和对数据处理的描述(算法)。著名计算机科学家 N. Wirth 提出一个公式：程序＝数据结构＋算法。

数据结构是对数据的描述，数据是程序加工和处理的基本对象，也是程序加工和处理的结果。数据类型用于描述数据，C 语言中为解决具体问题，需采用各种类型的数据。不同的数据类型所表达的数据范围、精度、所占据的存储空间以及允许的操作均不相同。在程序中，数据为各种数据类型的常量和变量。

运算符是一种符号，它告诉计算机执行某些数学或逻辑操作。在程序中，运算符用于数据和变量的操作，它们是数学表达式或逻辑表达式的组成部分。

掌握基本的数据类型和运算符，是顺利进行程序设计的基础。

本章导读

本章主要介绍 C 语言中的各种基本数据类型、运算符及表达式，学习某种数据类型常量、变量的定义及使用，同时以变量或常量为操作数，结合运算符构成表达式，处理数据并提供有用输出。

重点内容

(1) 认识 C 语言的各种基本数据类型。

(2) 掌握标识符、关键字、常量和变量的使用。

(3) 掌握运算符、表达式以及数据类型之间的转换。

世界计算机名人——约翰·冯·诺依曼

在 C 语言程序设计的探索之旅中，不可避免地要提及一位计算机科学领域的巨人——约翰·冯·诺依曼(John von Neumann)(见图 2-1)。他不仅是现代计算机体系结构的奠基人之一，更以其卓越的智慧和深邃的洞察力，为计算机科学的发展指明了方向。今天，让我们一同走进约翰·冯·诺依曼的世界，感受他留给我们的宝贵精神财富。

约翰·冯·诺依曼于 1903 年出生于匈牙利布达佩斯的

图 2-1 约翰·冯·诺依曼

一个犹太家庭,自幼展现出对数学和物理的浓厚兴趣。他在布达佩斯大学学习期间,便展现出了非凡的数学天赋和创新能力。随后,他前往美国普林斯顿大学深造,并在那里逐渐成长为计算机科学领域的领军人物。

约翰·冯·诺依曼最为人所知的贡献,莫过于他提出的"冯·诺依曼体系结构",这一体系结构至今仍被广泛应用于现代计算机的设计中。该体系结构明确了计算机的基本组成部件:输入设备、输出设备、存储器、运算器和控制器,并规定了它们之间的信息交换方式和工作流程。这一贡献不仅极大地推动了计算机硬件的发展,也为计算机软件的编写提供了基础框架。

创新思维:约翰·冯·诺依曼的启示。

约翰·冯·诺依曼的一生充满了对未知世界的探索和对创新的追求。他不仅在计算机科学领域取得了卓越成就,还在数学、物理等多个领域展现出了非凡的才华。他的创新思维和跨学科的研究方法为我们树立了榜样。

在C语言程序设计的学习中,我们要学习约翰·冯·诺依曼的创新精神。面对复杂的编程问题,要敢于尝试新的思路和方法,勇于突破传统框架的束缚。同时,也要注重跨学科的学习和思考,将不同领域的知识融会贯通,为解决实际问题提供更加全面和深入的视角。

社会责任:科技的力量与责任。

约翰·冯·诺依曼深知科技的力量和责任。他不仅在科研领域取得了丰硕成果,还积极参与国家安全和国防建设等重大事务。他的智慧和努力为第二次世界大战的胜利做出了重要贡献。

新时代的青年学子,要以约翰·冯·诺依曼为榜样,将个人的成长与国家的需要紧密结合起来,珍惜学习机会,不断提升自己的专业素养和综合能力,为国家的科技进步和社会发展贡献自己的力量。同时,也要树立正确的价值观和道德观,积极承担社会责任,用科技的力量造福人类、服务社会。

约翰·冯·诺依曼以其卓越的才华和深邃的洞察力为人们留下了宝贵的科学遗产和精神财富。在C语言程序设计的学习中,应该以他为榜样,保持对技术的热爱和追求,勇于创新、敢于担当。愿我们都能成为那个在科技海洋中扬帆远航的舵手,为世界的进步贡献自己的力量!

2.1　数据类型

2.1.1　数据类型的概念

数据是程序加工和处理的基本对象,不同数据有不同的特性,程序设计语言中具有相同特性的数据集合被称为一个类型。C语言中为解决具体问题,需采用各种类型的数据。不同的数据类型所表达的数据范围、精度、所占据的存储空间以及允许的操作均不相同。

C语言中数据类型可分为3大类:基本类型、构造类型和其他类型,如图2-2所示。在程序设计中,所有用到的数据都必须指定其数据类型。

（1）基本类型是 C 语言中最基本的数据类型，其数据不可再分解为其他类型的数据。

（2）构造类型是由若干基本类型或构造类型按一定的规则构造出的有结构的数据类型，如数组、结构体、共用体等。构造类型将在第 6 章和第 9 章中专门介绍。

（3）指针类型是一种特殊的具有重要作用的数据类型。其值用来表示某个变量在内存储器中的地址。

（4）空类型是一种特殊的数据类型，一般用于对函数的类型说明。在调用函数值时，通常应向调用者返回一个函数值，这个返回的函数值是具有一定数据类型的，应在函数定义及函数说明中进行说明。但是也有一类函数调用后不需要返回函数值，这种函数可以定义为"空类型"，其类型说明符为 void。在第 7 章函数中会详细介绍。

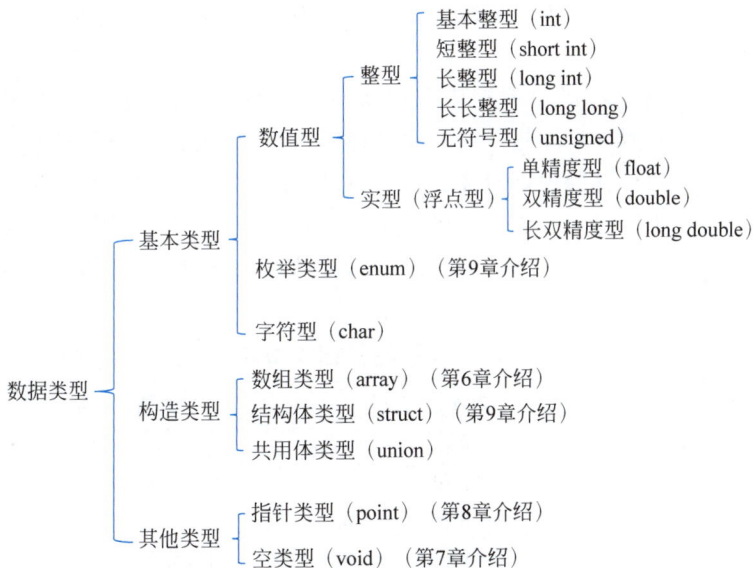

图 2-2 C 语言的数据类型

在 C 语言中，程序中的每一个数据都有一个确定的类型。程序根据数据的类型安排相应的存储空间，进行合适的运算。如果某一数据在运算前不知其类型，在编译时则会出现出错信息。

本章主要介绍基本数据类型中的整型、实型和字符型。

2.1.2 整型

C 语言提供了多种整数类型，即整型，用以适应不同情况的需要。具体类型可分为以下几种。

（1）基本整型：以 int 作为类型说明符。

（2）短整型：以 short int 或 short 作为类型说明符。

（3）长整型：以 long int 或 long 作为类型说明符。

（4）长长整型：以 long long int 或 long long 作为类型说明符。long long 型是 C99 标

准添加的类型,是一种用于存储大整数的数据类型,它比 int、long 等具有更大的取值范围,因此在需要处理较大数值时非常有用。

需要注意的是,不同系统和编译器对 long long 的具体实现和支持可能会有所不同,因此,在编写依赖于 long long 类型的代码时,建议查阅相关编译器和系统的文档,以确保其行为符合预期。

(5) 无符号型:在以上这些类型标识符之前还可以加上修饰符 unsigned,表示数据是无符号数(0 和正整数),只能存放不带符号的整数,不能存放负数,它可以存放正数的范围比相应的有符号整型变量大一倍。没有加 unsigned 的数据类型为有符号类型,可以描述正整数、负整数和 0。

不同类型的差别在于采用不同位数的二进制编码方式,因此占用不同的存储空间,就会有不同的数值表示范围。

C 语言标准并未规定各种整型在内存中所占的位数,只是规定它们占用的空间满足 short 型≤int 型≤long 型。具体与计算机和编译器有关,C 语言系统会根据各个计算机系统的自身性能对整型和长整型规定明确的表示方式和范围。故同种类型的数据在不同的编译器和计算机系统中所占的字节数也不尽相同,如 int 型在 16 位系统中(如 TC)为 2 字节,在 32 位系统中一般为 4 字节。整数类型及相关数据如表 2-1 所示,具体细则可参考各编译环境的使用说明。

表 2-1   整数类型及相关数据

类型说明符	字节数	取 值 范 围
int	2(16 位)	$-32768\sim32767$,即 $-2^{15}\sim2^{15}-1$
	4(32 位)	$-2147483648\sim2147483647$,即 $-2^{31}\sim2^{31}-1$
unsigned int(或 unsigned)	2(16 位)	$0\sim65535$,即 $0\sim2^{16}-1$
	4(32 位)	$0\sim4294967295$,即 $0\sim2^{32}-1$
short int(或 short)	2	$-32768\sim32767$,即 $-2^{15}\sim2^{15}-1$
unsigned short int(或 unsigned short)	2	$0\sim65535$,即 $0\sim2^{16}-1$
long int(或 long)	4	$-2147483648\sim2147483647$,即 $-2^{31}\sim2^{31}-1$
unsigned long int(或 unsigned long)	4	$0\sim4294967295$,即 $0\sim2^{32}-1$
long long int(或 long long)	8	$-9223372036854775808\sim9223372036854775807$,即 $-2^{63}\sim2^{63}-1$
unsigned long long int(或 unsigned long long)	8	$0\sim18446744073709551615$,即 $0\sim2^{64}-1$

2.1.3 实型

实型用来表示实数,有时又称浮点型,C 语言提供了 3 种实型类型,具体如下。

(1) 单精度型:以 float 作为类型说明符。

(2) 双精度型:以 double 作为类型说明符。

(3) 长双精度型:以 long double 作为类型说明符。

float 型数据在内存中占 4 字节(32 位),double 型数据在内存中占 8 字节(64 位)。ANSI C 标准并未规定 long double 型的确切长度,取决于具体的编译器。long double 型的长度不少于 double 型的长度,就像 long int 型和 int 型一样。关于具体的编译器的情况,可以参考各编译环境的使用说明,或输出 sizeof(long double)得知。实型及相关数据如表 2-2 所示。

表 2-2 实型及相关数据

类型说明符	字 节 数	有 效 数 字	取 值 范 围
float	4	6~7	$-3.4\times10^{-38}\sim3.4\times10^{38}$
double	8	15~16	$-1.7\times10^{-308}\sim1.7\times10^{308}$
long double	8	15~16	$-1.7\times10^{-308}\sim1.7\times10^{308}$

2.1.4 字符型

字符型数据用于表示一个字符值。字符型数据在计算机中存储的是字符的美国信息交换标准代码(American Standard Code for Information Interchange,ASCII),而非字符本身,C 语言中以 char 作为类型说明符,在内存中占 1 字节。

字符型数据包括计算机所用编码字符集中的所有字符。ASCII 字符集包括所有大小写英文字母、数字、各种标点符号字符,还有一些控制字符,一共 128 个。扩展的 ASCII 字符集除了原有的字符,还包括了另外的 128 个字符,总共 256 个字符。

ASCII 是二进制编码,形式上是 0~255 的整数,因此 C 语言中字符型数据和整型数据可以通用。例如,字符'A'的 ASCII 值用二进制数表示是 1000001,用十进制数表示是 65。字符型数据可以直接与整型数据进行算术运算、混合运算,可以与整型变量相互赋值,也可以将字符型数据以字符或整数两种形式输出。以字符形式输出时,先将 ASCII 值转换为相应的字符,然后再输出;以整数形式输出时,直接将 ASCII 值作为整数输出。例如,字符'A'可以输出 A,也可以输出 65。

字符型包括有符号和无符号两种类型。有符号字符型用 char 表示,取值范围是 -128~127;无符号字符型用 unsigned char 表示,取值范围是 0~255。

字符型及相关数据如表 2-3 所示。由于 ASCII 字符的取值范围是 0~127,因此既可以用 char 型表示,也可以用 unsigned char 型表示;扩展 ASCII 字符的取值范围是 0~255,因此在 128~255 的扩展 ASCII 字符需用 unsigned char 型表示。

表 2-3 字符型及相关数据

类型说明符	字 节 数	取 值 范 围
char	1	$-128\sim127$,即 $-2^7\sim2^7-1$
unsigned char	1	$0\sim255$,即 $0\sim2^8-1$

2.2　标识符、常量和变量

作为一种程序设计语言,C语言规定了一套严密的语法规则和字符集,根据这些语法规则和基本字符编制出相应的程序来解决具体的实际问题。因此,程序设计中要遵循这些语法规则,使用字符集中的字符,否则就会出现错误信息。

2.2.1　标识符

1. 标识符一般规则

程序处理的对象是数据,为了建立对象定义与使用的关系,程序语言通过名称来实现。程序语言中的名称,即用来为符号常量、变量、函数、数组、文件和其他各种用户定义对象命名的有效字符序列称为标识符。

标识符的命名必须满足一定的规则,具体如下。

(1) 必须由字母或下画线开头。

(2) 只能由字母、数字和下画线组成。

(3) 区分大小写字母,如 name、Name、NAME 是不同的标识符。

(4) 关键字在系统中具有特定含义,不能用作标识符。

(5) 避免使用易混字符,如 1、l、i; 0、o 等。

为了提高程序的可读性,在选择标识符时,应尽量做到"观其名而知其意",选择具有一定实际含义的英文单词、缩写或组合单词作为标识符。必须注意的是,标识符不能和 C 语言的关键字相同,也不能和用户自定义的函数或 C 语言的库函数同名。

2. 关键字

关键字是系统预定义的保留标识符,具有特定的含义,不能再做其他用途使用。ANSIC 语言标准定义的关键字共有 32 个,如表 2-4 所示。

表 2-4　ANSIC 标准定义的关键字

auto	double	int	struct
break	else	long	switch
case	enum	register	typedef
char	extern	return	union
const	float	short	unsigned
continue	for	signed	void
default	goto	sizeof	volatile
do	if	static	while

在新的 C99 标准中,增加了 5 个新的关键字:_Bool、_Complex、_Imaginary、inline、restrict。

2.2.2 变量

1. 变量的基本概念

在程序运行过程中,其值可以被改变的量称为变量。变量具有变量名、数据类型、变量值和作用域这 4 个属性。变量的功能是存储数据,在内存中占据一定的存储单元,在该存储单元中存放变量的值。变量在其存在期间,在内存中根据指定的数据类型所占据的存储单元,可以多次存放不同的数据。

一个变量应该有一个名称,可以用标识符来表示变量名。变量名和内存单元地址存在映射关系,系统对程序进行编译时,给每个变量名分配一个具体的内存地址,程序可以通过变量名找到相应的内存地址,从而访问其存储的数据,变量值即对应变量名的存储单元所存放的具体的数据。变量名、变量值和存储单元的关系如图 2-3 所示。

图 2-3 变量名、变量值和存储单元的关系

变量的数据类型可以是基本数据类型,也可以是复杂数据类型。变量的数据类型不仅规定了变量所占内存空间的大小,也规定了该变量可执行的相应操作。

变量的作用域指变量在程序中有定义的范围,即该变量名在某段代码区域是否有意义。变量在说明时由存储类型来规定其作用域,可分为全局变量和局部变量。在函数内或在块语句内定义的变量只能在函数体内或块体内使用,因此称为"局部变量",这部分内容将在后续章节中详细介绍。

第 2 集
微课视频

2. 变量的定义

所有的 C 语言变量必须在使用之前定义。变量的定义是在程序中指定变量名和数据类型,在编译时,系统根据变量的数据类型分配相应大小的存储单元。

变量一般在函数开头的声明部分定义(也可在函数中的某一复合语句内定义,但此时变量起作用的范围只限于它所在的复合语句,详细说明见第 7 章)。变量定义的一般形式如下。

数据类型 变量名 1[,变量名 2,…,变量名 n];

其中,[]中的部分为可选项,可参考如下语句。

```
int i,j,k;          //定义 3 个整型变量
float x,y;          //定义 2 个浮点型变量
```

3. 变量的赋值

变量定义后并没有确定的值,可以采用以下方法给变量赋值。

(1) 初始化,定义变量的同时赋初值,格式如下。

数据类型 变量名 1 = 初值 1,变量名 2 = 初值 2,…,变量名 n = 初值 n;

示例如下。

```
int i = 1, j = 2;
```

（2）通过赋值语句给变量赋初值。

示例如下。

```
int i, j;
i = 1;
j = 2;
```

也可以对被定义变量的一部分初始化赋初值,另一部分用赋值语句赋初值,示例如下。

```
int i = 1, j = 2, k, count;
k = 3;
count = 0;
```

（3）通过输入函数为变量赋值。

示例如下。

```
int i, j;
scanf("%d%d", &i, &j);
```

【例 2-1】 定义变量的同时赋初值。

```
1    # include < stdio. h >
2    int main()
3    {
4        int a = 1;
5        char b = 'a';
6        double c = 1.3;
7        printf("a = %d\n", a);
8        printf("b = %c\n", b);
9        printf("c = %f\n", c);
10       return 0;
11   }
```

运行结果如下。

```
a = 1
b = a
c = 1.300000
```

如例 2-1 所示,变量可以在定义的同时赋初值(初始化)。也可以先定义变量,再通过赋值语句给变量赋初值,如例 2-2。

【例 2-2】 先定义变量再通过赋值语句赋初值。

```
1    # include < stdio. h >
2    int main()
3    {
4        int a;
```

```
5        char b;
6        double c;
7        a = 1;
8        b = 'a';
9        c = 1.3;
10       printf("a = % d\n",a);
11       printf("b = % c\n",b);
12       printf("c = % f\n",c);
13       return 0;
14   }
```

运行结果如下。

```
a = 1
b = a
c = 1.300000
```

如果在某个时刻给一个变量赋了一个值,之后使用这个变量时,每次得到的都是该值,直到再次给这个变量赋值时,新值将替代旧值。

没有被赋值的变量其初值取决于存储类型,静态存储的变量初值将自动为 0,否则为随机值。

关于变量及变量赋值,还须注意以下几点。

(1) 程序中用到的变量必须"先定义,再赋值,后使用"。

(2) 定义变量时,给几个变量赋相同的初值,应写成如下形式。

```
int i = 0,j = 0,k = 0;
```

不能写成以下形式。

```
int i = j = k = 0;
```

但下面的做法是允许的。

```
int i,j,k;
i = j = k = 0;
```

(3) 给变量赋值时,正常情况下应给变量赋相同类型的数据。若给变量赋与其类型不同的数据时,则需进行数据类型转换。

2.2.3 常量

常量指在程序运行过程中其值不发生变化的量,可以不经说明而直接引用。常量可以分为直接常量和符号常量,直接常量包括整型常量、实型常量、字符型常量和字符串型常量。

1. 整型常量

1) 整型常量的表示

整型常量简称整数,只要整型常量的值不超过表 2-1 所列出的整型数据的取值范围,就是合法的常量,有如下 3 种进位制表示方法。

(1) 十进制整型常量。十进制整数形式,和数学上的表示方法相同,由正、负号和数字 0~9 组成,没有前缀,如 100、−1 等。

(2) 八进制整型常量。以数字 0 开头,只能使用数字 0~7 组成数字序列,如 0123(转换成十进制数是 83)。

(3) 十六进制整型常量。以前缀 0x 或 0X 开头的数字序列表示十六进制数,由于数字只有 10 个,而在十六进制中需要 0~15 共 16 个数字,超过 9 的数字不能用单个数字表示,于是用英文字符 a~f 或 A~F 分别表示其余的 6 个十六进制数字。习惯上,当以 0x 开头时用小写字母,当以 0X 开头时用大写字母。如 0x10(转换成十进制数是 16)。

2) 整型常量的类型

可以用加后缀的方法明确指定整型常量的类型。后缀为 l 或 L 表示其为 long int 型常量,例如 123L、−323l 等;后缀为 u 或 U 表示其为 unsigned int 型常量,例如 123u、345U 等;后缀为 lu 或 LU 表示其为 unsigned long 型常量,如 12345678LU 等。

如果整数后面没有出现后缀字母,可根据值的大小确定其类型。

2. 实型常量

1) 实型常量的表示

实型常量即实常数,又称为浮点数,可以用十进制小数形式和指数形式来表示。

(1) 十进制小数形式。由正号、负号、数字 0~9 和小数点组成,必须有小数点,并且小数点的前后至少一边有数字,例如 0.123 或 .123 或 123.0。

(2) 指数形式。即科学记数法,实数由正号、负号、数字、字母 e 或 E 组成,在 e 或 E 之前必须有数据,之后的指数必须是整数,如 1.23E2。

2) 实型常量的类型

实型常量通常为 double 型,若有后缀 f 或 F 可强制转换为 float 型,而 l 或 L 则明确指定为 long double 型。

一个实型常量可以赋给一个 float 型、double 型或 long double 型变量,系统根据变量的类型自动截取实型常量中相应的有效数字。

3. 字符型常量

字符型常量是用一对单引号引起来的单个字符,如'A'、'2'和'+'等,这里单引号只起定界作用,并不代表字符。需要注意如下两点。

(1) 字符型常量只能用单引号作为定界符,不能使用双引号或其他括号,如"A"这种表示法不合法。

(2) 字符型常量只能是单个字符,不能是字符串,如'ABC'也是不合法的。

C 语言的字符型常量占据 1 字节的存储空间,在存储单元中存放的并不是字符本身,而是字符对应的 ASCII 值,即以整数表示。如存储字符'A'的实际值是 65,存储字符'0'的实际值是 48。因此字符具有数值特征,可以像整数一样参与运算,此时相当于对字符的 ASCII 值进行运算,例如'A'+1=66(对应字符'B')。

另外,还有一些特殊的字符型常量,称为转义字符,C 语言为它们规定了特殊写法:字符序列以反斜杠"\"开头。"转义"从字面上理解就是将反斜杠"\"后面的字符转换成另外的意思,用于代表一种特定的控制功能或表示一个特别的字符。例如,转义字符'\101'中的"101"是八进制,代表十进制的 ASCII 值 65,代表字符'A'。转义字符'\n'中的"n"并不代表字母n,而是表示输出过程中将当前位置移到下一行的开头,即换行。常用转义字符如表 2-5 所示。

表 2-5 常用转义字符

转 义 字 符	字 符	ASCII 值(十进制)	含 义
\0	空	0	空字符
\a	BEL	7	响铃
\b	BS	8	退格
\f	FF	12	换页
\n	LF	10	换行
\r	CR	13	回车(Enter)
\t	HT	9	水平制表符(Tab)
\v	VT	11	纵向制表符
\\	\	92	反斜杠
\'	'	39	单引号
\"	"	34	双引号
\ddd	可表示任意字符	0~127	1 到 3 位八进制数所代表的字符
\xhh	可表示任意字符	0~127	1 到 2 位十六进制数所代表的字符

【例 2-3】 阅读程序,了解转义字符的作用。

```
1    # include < stdio. h>
2    int main()
3    {
4        printf("c\tlanguagm\be\rC\n");
5        return 0;
6    }
```

运行结果如下。

```
C    language
```

其中,'\t'表示水平制表符,占 8 列;'\b'表示退格,将当前位置移到前一列,将已输出的字符'm'用字符'e'代替;'\r'表示回车,将当前位置移到本行开头,将第一个字符'c'用字符'C'代替;'\n'表示换行,将当前位置移到下一行的开头。

4. 字符串型常量

字符串型常量是由一对双引号引起来的字符序列(其中也可以包括转义字符)。例如"C language"和"Hello"等。

字符串型常量中的字符依次存储在内存中一块连续的区域内,并把空字符'\0'(ASCII值为0)自动地附加到字符串的尾部作为字符串结束标记,系统根据该结束标记判断字符串是否结束。所以,字符串常量实际所占的内存字节数等于字符串中字符数加 1。

例如,字符常量'a'和字符串常量"a"是不同的。'a'在内存中占 1 字节,如图 2-4 所示;而"a"在内存中占 2 字节,如图 2-5 所示。

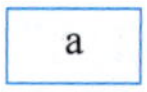

a

图 2-4　字符型常量 'a'
所占内存

a	\0

图 2-5　字符串型常量 "a"
所占内存

需要注意的是,字符型常量和字符串型常量的区别。字符型常量只能表示单个字符;而字符串型常量则可以包含一个或多个字符,甚至还可以没有字符,例如""表示空字符串,因包含字符串结束标记'\0',仍占 1 字节内存。同时,在汉字操作系统的支持下,字符串以及程序中的注释文字也可以包含汉字。

5. 符号常量

【例 2-4】　编程计算并输出圆的面积。

```
1    # include < stdio. h >
2    int main()
3    {
4        double r = 3;
5        printf("area = % f\n",3.1415926 * r * r);
6        return 0;
7    }
```

运行结果如下。

```
area =  28.274333
```

本例中,计算圆的面积公式用到了圆周率 π,π 值在程序中用一个常数 3.1415926 来近似表示,这种直接在程序中使用常数的方式,有时会带来一定的问题,具体如下。

(1) 导致程序的可读性变差,不如直接用符号来得直观,且时间一长容易遗忘其代表的意思。

(2) 程序中多处频繁使用常数时,容易发生书写错误。

(3) 当需要修改常数时,如将 3.1415926 修改为 3.1415,则需要修改所有使用它的代码,工作量大且有遗漏的风险。

为了避免这些问题,可将常数定义为符号常量或 const 常量,代替程序中多次出现的同一常数,提高程序的可读性和可维护性,形成良好的程序设计风格,养成良好的程序设计习惯。

【例 2-5】　利用符号常量编程计算并输出圆的面积。

```
1    # include < stdio. h >
2    # define PI 3.1415926
3    int main()
4    {
5        double r = 3;
6        printf("area = % f\n",PI * r * r);
7        return 0;
8    }
```

运行结果如下。

```
area =  28.274333
```

此程序运行结果与例 2-4 相同,但程序第 2 行定义了一个符号常量 PI 来代替例 2-4 中的常数 3.1415926。

以上两个例子表明,C 语言允许将程序中的常量定义为一个标识符,称为符号常量,也称为宏常量,指用一个标识符号来表示的常量,该标识符号与此常量是等价的。

符号常量在使用前必须先定义,常借助预处理命令 define 来实现,定义的形式如下。

♯define <符号常量名> <常量>

示例如下。

```
♯define PI 3.1415926
```

这里定义 PI 为符号常量,其值为 3.1415926。

在编辑 C 语言程序时,可直接使用已定义的符号常量,编译时会对程序中出现的那些符号常量进行替换,例如在例 2-5 中,程序的编译预处理阶段,程序中在宏定义之后出现的所有标识符 PI 均用 3.1415926 替换。

宏定义中的符号常量名被称为宏名,将程序中出现的宏名替换成常量的过程称为宏替换。宏替换只是简单的原样替换,不会做任何语法检查,因此容易产生意想不到的错误,且只有在对后续源程序的编译过程中才会发现语法错误。

定义符号常量的目的是提高程序的可读性,便于程序的调试和统一修改。若要对一个程序中多次使用的符号常量的值进行修改,只需对预处理命令中定义的常量值进行修改即可。

符号常量一般遵循以下原则。

(1)为了与源程序中的变量名有所区别,习惯上将符号常量名用大写英文字母表示,以区别于一般用小写字母表示的变量。

(2)一个♯define 语句占一行,且要从第一列开始书写。

(3)一个源程序文件中可含有若干 define 命令,不同的 define 命令中指定的标识符不能相同。

(4)定义符号常量时,符号常量名与常量之间可有多个空白符,但无须加等号,且不能以“;”结束,因为这不是 C 语句,而是一种编译预处理命令。

6. const 常量

在以上符号常量的介绍中,不难发现,符号常量没有数据类型。编译器对符号常量不进行类型检查,只进行简单的替换,容易发生错误。

还有一种类型的常量,可以声明其具有某种数据类型,这就是 const 常量。在声明语句中,将 const 类型修饰符放在类型名之前,即可将类型名后的标识符声明为具有该数据类型的 const 常量。

【例 2-6】 利用 const 常量编程计算并输出圆的面积。

```
1    ♯include <stdio.h>
2    int main()
3    {
4        const double PI = 3.1415926;
```

```
5          double r = 3;
6          printf("area = % f\n",PI * r * r);
7          return 0;
8      }
```

运行结果如下。

```
area = 28.274333
```

结合例 2-5 与例 2-6 可以看出,与符号常量相比,const 常量的优点是它具有数据类型,编译器能在编译阶段对其进行类型检查。

2.3　变量或数据类型所占内存空间的大小

计算机的所有指令和数据都保存在内存里,内存是计算机的存储器。内存中的存储单元是一个线性地址表,按字节(Byte)进行编址,每字节的存储单元都对应着一个唯一的地址。在程序设计语言中,通常用字节数来衡量变量或数据类型所占内存空间的大小(长度)。1 字节等于 8 二进制位,也称比特(bit),即 1B＝8bit,可以表示 0～255 的整数。

一般来说,用户无法直接看到计算机上的位和字节,它们在显示时已被自动转换成字符和数字了。且 C 语言标准并未规定各种不同的整型数据在内存中所占的字节数,只是简单地规定长整型数据的长度不短于基本整型数据,短整型数据的长度不长于基本整型数据。除此之外,在不同的编译器和计算机系统中,同种类型的数据所占的字节数也不尽相同。因此,要准确计算某种类型数据所占内存空间的字节数,不能凭想象或推理,而是要使用 sizeof()运算符,这样可以避免程序在平台间进行移植时出现数据丢失或溢出。

sizeof 是 C 语言的关键字,是专门用于计算指定数据类型字节数的运算符,也可用于计算一个变量所占内存的字节数。

【例 2-7】 计算并显示各数据类型或变量所占内存空间的大小。

```
1      # include < stdio. h >
2      int main()
3      {
4          double a = 1.5;
5          printf("数据类型          所占内存字节数\n");
6          printf("char\t\t\t% d\n",sizeof(char));
7          printf("int\t\t\t% d\n",sizeof(int));
8          printf("short int\t\t% d\n",sizeof(short int));
9          printf("long int\t\t% d\n",sizeof(long int));
10         printf("long long\t\t% d\n",sizeof(long long));
11         printf("float\t\t\t% d\n",sizeof(float));
12         printf("a 的字节数为\t\t% d\n",sizeof(a));
13         printf("long double\t\t% d\n",sizeof(long double));
14         return 0;
15     }
```

运行结果如下。

第 3 集
微课视频

```
数据类型              所占内存字节数
char                 1
int                  4
short int            2
long int             4
long long            8
float                4
a 的字节数为          8
long double          8
```

long long 是 C99 标准添加的类型，不同操作系统和编译器对 long long 型的具体实现和支持会有所不同。Microsoft Visual C++ 6.0 不支持 long long 型，long long 型在 Microsoft Visual Studio 2010 下占 8 字节，在 Dev-C++ 下也占 8 字节。long double 型也与操作系统和编译器都相关，Microsoft Visual C++ 6.0 和 Microsoft Visual Studio 2010 下都是 8 字节，而 Dev-C++ 下是 12 字节。

2.4 运算符与表达式

运算是对数据进行处理和操作的过程，描述各种处理和操作的符号称为运算符，也称为操作符。C 语言的运算符非常丰富，除控制语句和输入输出语句以外几乎所有的基本操作都作为运算符处理。按照运算符的作用对其进行分类，如表 2-6 所示。

第 4 集
微课视频

表 2-6　运算符分类

类　别	运　算　符
算术运算符	+ - * / %
自增运算符、自减运算符	++ --
赋值运算符	= += -= *= /= %= <<= >>= &= ^= |=
关系运算符	> < == >= <= !=
逻辑运算符	&& || !
条件运算符	? :
位运算符	<< >> ~ | ^ &
逗号运算符	,
指针运算符	* &
求字节数运算符	sizeof
强制类型转换运算符	(类型)，如(int)、(double)等
分量运算符	. ->
下标运算符	[ ]
其他运算符	如函数调用运算符()等

用运算符将操作对象连接起来的符合 C 语言语法的式子称为表达式。表达式的值只有两类：数值和地址。无论表达式简单还是复杂，总有一个运算结果(值)与之对应。根据这个特点，也可以将一个操作数(常量、变量或函数调用)看作一个表达式。

表达式具有以下特点。

(1) 常量、变量或函数调用都是表达式。

（2）运算符的类型对应表达式的类型，例如，算术运算符对应算术表达式。

（3）每一个表达式都有自己的值：地址值或数值。

任意一个运算符都具有两个属性：优先级和结合性。

（1）优先级。

当多个运算符同时出现在表达式中时，如同算术运算中的"先乘除后加减"一样，优先级规定了运算的先后次序。

（2）结合性。

当若干具有相同优先级的运算符相邻出现在表达式中时，结合方向规定了运算的先后次序，分为"从左到右（左结合）"和"从右到左（右结合）"两个结合方向。大多数运算符的结合方向为"从左到右"，只有单目运算符（作用于一个操作对象的运算符）、赋值运算符和条件运算符的结合方向为"从右到左"。运算符优先级和结合性如表 2-7 所示。

表 2-7　运算符优先级和结合性

优先级	运　算　符	运算符功能	运算类型	结合方向
1 （最高）	（ ）	圆括号、函数参数表	—	从左到右
	[ ]	数组元素下标		
	.　—>	成员选择运算符		
2	!	逻辑非	单目运算	从右到左
	~	按位取反		
	++　--	自增1、自减1		
	+　-	求正、求负		
	*	取内容运算符		
	&	取地址运算符		
	（类型名）	强制类型转换		
	sizeof	计算数据类型长度		
3	*　/　%	乘、除、整数求余	双目算术运算	从左到右
4	+　-	加、减	双目算术运算	
5	<<　>>	左移、右移	移位运算	
6	<　<=　>　>=	小于、小于或等于、大于、大于或等于	关系运算	
7	==　!=	等于、不等于	关系运算	
8	&	按位与	位运算	
9	^	按位异或	位运算	
10	|	按位或	位运算	
11	&&	逻辑与	逻辑运算	
12	||	逻辑或	逻辑运算	
13	?:	条件运算	三目运算	
14	=　+=　-=　*= /=　%=　<<=　>>= &=　^=　|=	赋值运算符	双目运算	从右到左
15 （最低）	,	逗号运算符	顺序运算	从左到右

学习运算符需要注意：运算符的功能；运算符与操作数的关系，如要求的操作数的个数（单目、双目还是三目）、要求的操作数的类型（如求余运算符％要求操作数是整型）、运算符的结合性等；运算符的优先级；运算结果的数据类型，如不同类型的数据进行运算将发生类型转换。

2.4.1　算术运算符与算术表达式

1. 基本算术运算符

基本算术运算符有＋（加）、－（减，取负）、＊（乘）、/（除）、％（求余）。在使用算术运算符时需要注意如下几点。

（1）基本算术运算符为双目运算符（需要两个操作数），结合方向均为从左到右。

（2）％是求余运算符，也称模运算符，仅用于整型变量或整型常量的运算，运算结果是两个整数相除后的余数，余数的符号与被除数的符号相同，如 $7\%2$ 的运算结果为 1，$-7\%2$ 的运算结果为 -1，$7\%-2$ 的运算结果为 1。

（3）＋、－、＊运算符的两个操作数既可以是整型，也可以是实型。当两个操作数均为整型时，结果也为整型；如果参加运算的两个操作数中有一个是实型，则结果是 double 型。

（4）/（除法）运算符的两个操作数既可以是整型，也可以是实型，但是当对两个整数相除时，结果只取整数部分，如 $5/3$，其值为 1，舍去小数部分，这样就有可能造成数据"丢失"。如果被除数或除数有一个是负数，采用"向零取整"的原则，整除结果取整向 0 靠拢，如 $-5/3=-1$。

2. 算术表达式

用算术运算符和括号将常量、变量以及函数连起来的式子称为算术表达式。一个常量，一个已赋过值的变量或一个函数都是合法的表达式。

C 语言中不能直接对代数式进行运算，需要将其转化成相应的算术表达式，如代数式 x^2+x-1，其算术表达式为 $x * x + x - 1$。

3. 自增/自减运算符

在 C 语言的运算符中，自增运算符（＋＋）和自减运算符（－－）使用频率较高，这是两个单目运算符，具有右结合性，作用是使变量的值自增 1 或自减 1。

这两个运算符与其他运算符不同，它们有一个突出的特点是该运算符既可以出现在变量的左边，构成前置＋＋/－－，也可以出现在变量的右边，构成后置＋＋/－－。

1）前缀运算

＋＋i 相当于 i＝i＋1，且表达式的值与 i 的值相同，先加 1 后引用。

－－i 相当于 i＝i－1，且表达式的值与 i 的值相同，先减 1 后引用。

这里"引用"指参加其他运算符的运算等。

示例如下。

```
int i = 2, j;
j = ++i;
```

相当于i=i+1,j=i；即i先自增为3,表达式++i的值也为3,因此j=3。

2）后缀运算

i++先取i的值作为表达式的值,i再自增1,先引用后加1。

i——先取i的值作为表达式的值,i再自减1,先引用后减1。

示例如下。

```
int i = 2, j;
j = i++;
```

相当于j=i, i=i+1；即先取i的值2赋给j,j=2,然后i自增为3。

【例2-8】 阅读程序,了解自增运算符和自减运算符的使用。

```
1    # include < stdio.h >
2    int main()
3    {
4        int i,j;
5        i = 1;
6        j = 2;
7        printf(" % d\n",++i);
8        printf(" % d\n",j++);
9        printf(" % d\n",j);
10       return 0;
11   }
```

运行结果如下。

```
2
2
3
```

使用自增运算符(++)和自减运算符(——)的说明如下。

（1）自增运算符和自减运算符常用于循环语句中,使循环控制变量加1或减1；或者用于指针变量中,使指针指向下或向上一个地址。

（2）作用对象必须是变量,不能用于常量和表达式,如3——、(x+y)++等都是错误的。

（3）当对一个变量的自增运算或自减运算单独构成语句,而不是作为表达式的一部分时,前置和后置运算效果一样,都是使变量自加1或自减1。

（4）在表达式中,连续使用同一变量进行自增运算或自减运算时很容易出错,最好避免这种较为复杂的用法,尽量用简洁的语句来表达程序设计的思想。

2.4.2　赋值运算符与赋值表达式

C语言将赋值作为一种运算,以此来改变变量的值。赋值运算符有一般形式和复合形式两种。

1. 一般赋值运算符

赋值运算符为"=",它的作用是将一个数据赋给一个变量。

需要注意的是,赋值运算符不是等号,不能与日常算术运算中的等号相混淆。C 语言中的等号运算符用"＝＝"表示。

2. 赋值表达式

由赋值运算符将一个变量和一个表达式连接起来的式子称为赋值表达式。赋值表达式的一般形式如下。

<变量> <赋值运算符> <表达式/值>

其作用是把赋值运算符右边表达式的值赋给赋值运算符左边的变量,示例如下。

```
b = 10;      //把常量 10 赋给变量 b,表达式的值为 10
x = y = 1;   //赋值运算符具有自右向左的结合性,表达式的值为 1
```

【例 2-9】 阅读程序,了解赋值运算符的使用。

```
1    # include < stdio. h >
2    int main()
3    {
4        int i = 5, j = 10;
5        printf("j = % d", j);
6        j = i + 10;
7        printf("j = % d\n", j);
8        return 0;
9    }
```

运行结果如下。

```
j = 10
j = 15
```

赋值运算后,变量原来的值被表达式的值替换。

3. 赋值中的类型转换

在赋值表达式中,表达式的类型为表达式左侧变量的类型。如果赋值运算符右边表达式的值的类型与左边变量的类型不一致,在赋值时要进行类型转换,以赋值运算符左边变量的类型为基准,将右边表达式的值的类型无条件地转换为左边变量的类型。其中,实型值赋给整型变量时,舍去实数的小数部分;整型值赋给实型变量时,数值不变,以浮点形式存储。

【例 2-10】 阅读程序,了解赋值中的类型转换。

```
1    # include < stdio. h >
2    int main()
3    {
4        int a;
5        double b = 1.5;
6        a = b + 2;
7        printf("a = % d\n", a);
8        return 0;
9    }
```

运行结果如下。

```
a = 3
```

4. 复合赋值运算符

为使程序简洁,提高编译效率,可在赋值运算符"="的前面加上其他运算符,构成复合赋值运算符。基本算术运算符和部分位运算符可以和赋值运算符一起组合成复合赋值运算符。

复合赋值运算符包括如下两类。

(1) 与算术运算有关:+=、-=、*=、/=、%=。

(2) 与位运算有关:<<=、>>=、&=、^=、|=。

复合赋值运算符的性质与赋值运算符一致,也属于赋值类,为双目运算符,具有右结合性,优先级也与赋值运算符相同。

【例 2-11】 阅读程序,了解复合赋值运算符的使用。

```
1    # include < stdio. h >
2    int main()
3    {
4        int a = 3;
5        a += a -= a + a;
6        printf("a = % d\n",a);
7        return 0;
8    }
```

运行结果如下。

```
a = - 6
```

首先按照结合方向用加括号的方法确定计算顺序,如下所示。

```
a += (a -= (a + a))
```

再改写为常规表示方法,如下所示。

```
a = a + (a = a - (a + a))
```

按照如下顺序依次计算。

```
a = a + (a = a - 6);   //a = a - 6,因为 a 的值为 3,所以表达式的值为 - 3,赋给 a,a 的值变为 - 3
a = a - 3;             //此时 a 的值为 - 3,所以表达式的值为 - 6,赋给 a,a 的值变为 - 6
a = - 6;
```

2.4.3 关系运算符与关系表达式

关系运算是逻辑比较运算,关系运算符的作用是确定两个数据之间是否存在某种关系。关系运算符是双目运算符,其结合性为从左到右结合。根据优先级分为以下两类。

(1) 高级:<、<=、>、>=。

(2) 低级:==、!=。

用关系运算符将两个表达式连接起来的式子称为关系表达式,其一般形式如下。

<表达式 1> <关系运算符> <表达式 2>

其中,表达式 1 和表达式 2 可以是算术表达式、关系表达式、逻辑表达式、赋值表达式和字符表达式。一般来说,关系运算要求关系运算符连接的两个运算对象为同类型数据。

关系表达式只有两种可能的结果,即它所描述的关系成立或不成立。若关系成立,称逻辑值为"真",用 1 表示;若关系不成立,称逻辑值为"假",用 0 表示。

进行关系运算时,先计算表达式的值,然后再进行关系比较运算。

【例 2-12】　阅读程序,了解关系运算符的使用。

```
1    # include < stdio. h>
2    int main()
3    {
4        int a = 2,b = 3,c = 4,x,y;
5        x = ((a += b)<(b * = 10 % c));
6        y = ((a <= b) == (b>c));
7        printf("x= % d,y = % d\n",x,y);
8        return 0;
9    }
```

运行结果如下。

```
x = 1,y = 0
```

因为算术运算符的优先级高于关系运算符,所以先计算 a+=b 和 b*=10%c 的值,结果分别为 5 和 6,再将 5 和 6 进行关系比较,5<6 关系成立,因此运算结果为 1,x=1;a<=b 的值为 1,b>c 的值为 0,将 1 和 0 进行关系比较,1==0 关系不成立,因此运算结果为 0,y=0。

2.4.4　条件运算符与条件表达式

条件运算符是 C 语言中唯一的一个三目运算符,由"?"和":"组成,操作数有 3 个,其结合性为右结合。由条件运算符构成的条件表达式的一般形式如下所示。

<表达式 1 > ?<表达式 2 > :<表达式 3 >

表达式 1 通常是关系表达式或逻辑表达式,也可以是其他表达式。条件表达式的运算规则:先计算表达式 1 的值,若为真,则计算表达式 2 的值作为整个条件表达式的值;相反,若表达式 1 的值为假,则计算表达式 3 的值作为整个条件表达式的值。

【例 2-13】　阅读程序,了解条件运算符的使用。

```
1    # include < stdio. h>
2    int main()
3    {
4        int a = 1,b = 3,c;
5        c = (a>b)?(a - b):(a * b);
6        printf("c = % d\n",c);
7        return 0;
8    }
```

运行结果如下。

```
c = 3
```

由于条件运算符的优先级高于赋值运算符,所以先进行条件表达式(a>b)?(a−b):(a*b)的运算,该表达式运算的意义是若 a>b,则将 a−b 的值作为整个条件表达式的值,否则将 a*b 的值作为整个条件表达式的值;再进行赋值表达式的运算,将条件表达式的值赋给 c,因此 c=3。

2.4.5 逻辑运算符与逻辑表达式

C 语言中的逻辑运算符主要用于判断条件中的逻辑关系。3 种逻辑运算符分别为逻辑非"!"、逻辑与"&&"和逻辑或"||"。

逻辑运算符主要用于进一步明确关系表达式之间的关系,运算对象为"真"(非 0)或"假"(0),运算结果也只有两个,即真(值为 1)和假(值为 0)。逻辑运算规则如表 2-8 所示。

表 2-8   逻辑运算规则

a	b	$a \& \& b$	$a \| b$	$!a$
0	0	0	0	1
0	非 0	0	1	1
非 0	0	0	1	0
非 0	非 0	1	1	0

其中,a 和 b 均可以是其他关系表达式。

在一个逻辑表达式中,可以含有多个逻辑运算符,其优先级是:"!"最高,"&&"次之,"||"最低。逻辑运算符优先级低于所有关系运算符,而逻辑非"!"优先级高于所有算术运算符。

逻辑运算符和关系表达式可组成复杂逻辑表达式,为了提高运算速度,编译器会对以下两种情况做不同处理。

1. <表达式 1> || <表达式 2>

只要表达式 1 的值为真,则不论表达式 2 的值为何,此逻辑表达式结果就为真。编译器不会对表达式 2 进行计算,但会检查其语法。

【例 2-14】 阅读程序,了解逻辑或运算符"||"的使用。

```
1    # include < stdio. h >
2    int main()
3    {
4        int a = 1, b = 4, c;
5        c = (a < b) || (++a);
6        printf("a = % d, c = % d\n", a, c);
7        return 0;
8    }
```

运行结果如下。

```
a = 1, c = 1
```

表达式 a<b 的结果为真,不论后面表达式的值为多少,逻辑表达式(a<b)||(++a)的结果都为真,编译器不会去计算(++a)的值,a 的值不会增加,因此程序运行结果为 a=1,c=1。

2. <表达式 1>&&<表达式 2>

只要表达式 1 的值为假,则不论表达式 2 的值为何,此逻辑表达式结果就为假。编译器不会对表达式 2 进行计算,但会检查其语法。

【例 2-15】 阅读程序,了解逻辑运算符"&&"的使用。

```
1    # include < stdio.h>
2    int main()
3    {
4        int a = 1,b = 4,c;
5        c = (a > b)&&(++a);
6        printf("a = % d,c = % d\n",a,c);
7        return 0;
8    }
```

运行结果如下。

```
a = 1,c = 0
```

表达式 a>b 的结果为假,不论后面表达式的值为多少,逻辑表达式(a>b)&&(++a)的结果都为假,编译器不会去计算(++a)的值,a 的值不会增加,因此程序运行结果为 a=1,c=0。

2.4.6 逗号运算符与逗号表达式

C 语言中,逗号可以作为一个运算符把多个表达式连接起来,构成逗号表达式,其一般形式如下。

表达式 1,表达式 2,…,表达式 *n*

逗号表达式的求值过程:先求表达式 1 的值,再求表达式 2 的值,依次下去,最后求表达式 *n* 的值,将表达式 *n* 的值作为整个逗号表达式的值。

【例 2-16】 阅读程序,了解逗号运算符的使用。

```
1    # include < stdio.h>
2    int main()
3    {
4        int a,b;
5        b = (a = 3 * 4,a * 5,a + 10);
6        printf("a = % d,b = % d\n",a,b);
7        return 0;
8    }
```

运行结果如下。

```
a = 12,b = 22
```

第 1 个表达式为赋值表达式,把 3 * 4 的结果值 12 赋给变量 a,则变量 a 的值为 12;第 2 个表达式的值为 60;第 3 个表达式 a+10 的值为 22。根据逗号表达式的运算规则,将第

3个表达式的值作为整个逗号表达式的值赋给变量 b,所以变量 b 的值为 22。

关于逗号运算符需要注意如下 3 点。

(1)逗号运算符的优先级是所有运算符中最低的。

(2)C 语言中逗号有两种用途:分隔符和运算符。在变量说明中出现的逗号和在函数参数表中出现的逗号,只是作为各变量之间的分隔符,并不构成逗号表达式。

(3)逗号表达式有可能降低程序的可读性,如果不是特别需要,在程序中尽量不用或少用逗号表达式。

2.4.7   位运算符

位运算是针对二进制位进行的运算。每一个二进制位的取值只有 0 和 1,计算出具有 0 或 1 值的结果。

C 语言提供的位运算符有:&(按位与)、|(按位或)、^(按位异或)、~(按位取反)、<<(左移)、>>(右移)。其中,除按位取反是单目运算符外,其余均为双目运算符,参加运算的操作数只能是整型或字符型数据。

1. 按位与(&)运算符

运算规则:参与运算的两个二进制数据,按位逐个进行比较,如果两个对应位都为 1,则该位结果值为 1,否则为 0。

例如,$A=10101110$,$B=00001111$,则 $A\&B=00001110$,运算过程如式(2-1)所示。

$$
\begin{array}{r}
10101110 \\
\&\ 00001111 \\
\hline
00001110
\end{array}
\tag{2-1}
$$

2. 按位或(|)运算符

运算规则:参与运算的两个二进制数据,按位逐个进行比较,如果两个对应位中至少有一个为 1,则该位结果值为 1,否则为 0。

例如,$A=10101110$,$B=00001111$,则 $A|B=10101111$,运算过程如式(2-2)所示。

$$
\begin{array}{r}
10101110 \\
|\ 00001111 \\
\hline
10101111
\end{array}
\tag{2-2}
$$

3. 按位异或(^)运算符

运算规则:参与运算的两个二进制数据,按位逐个进行比较,如果两个对应位为"异"(值不同),则该位结果值为 1,否则为 0。

例如,$A=10101110$,$B=00001111$,则 $A^B=10100001$,运算过程如式(2-3)所示。

$$
\begin{array}{r}
10101110 \\
^\ 00001111 \\
\hline
10100001
\end{array}
\tag{2-3}
$$

4. 按位取反(~)运算符

运算规则:把参与运算的二进制数据的各位都取反,即将 0 变为 1,1 变为 0。

例如：$A=10101110$，则$\sim A=01010001$。

5．左移(<<)运算符

运算规则：将参与运算的二进制各位全部左移若干位，左边丢弃，右边空出的若干位用 0 或符号位填补(正数左补 0，负数左补 1)。若左移时舍弃的高位不包含 1，则每左移一位，相当于该数乘以 2。

例如，$A=10101110$，则 $A<<2=10111000$。

6．右移(>>)运算符

运算规则：将参与运算的二进制各位全部右移若干位，左边丢弃，右边空出的若干位用 0 填补。每右移一位，相当于该数除以 2。

例如，$A=10101110$，则 $A>>2=00101011$。

对于一个变量，左移一位相当于乘以 2，右移一位相当于除以 2，因此可用移位操作代替部分乘除操作，但必须要注意不能使数据发生溢出。

【例 2-17】 阅读程序，了解位运算符的使用。

```
1    # include < stdio. h>
2    int main()
3    {
4        unsigned int a = 8, b = 6;
5        printf(" % d, % d, % d, % d, % d\n",a&b,a|b,a^b,a << 2,b >> 1);
6        return 0;
7    }
```

第 5 集
微课视频

运行结果如下。

```
0,14,14,32,3
```

2.5 数据类型的转换

一般情况下，应尽可能使一个表达式中各变量的类型保持一致，以保证计算结果的正确性。但在 C 语言中，整型和实型数据可以混合运算，字符型和整型数据可以通用，因此整型、实型和字符型数据都可以出现在同一个表达式中。但在计算机的运算器中，不同类型的数据是不能直接进行运算的，因此，当表达式中出现不同类型的数据时，要进行类型转换。

在进行运算时，不同类型的数据先转换成同一类型，然后再进行计算，转换的方法有两种：自动转换(隐式转换)和强制转换(显式转换)。

2.5.1 自动类型转换

1．非赋值运算的类型转换

自动类型转换发生在不同类型数据进行混合运算时，编译系统自动按运算顺序将低级的数据直接转换成高级的数据，以保证运算的精度不降低。转换规则如图 2-6 所示。

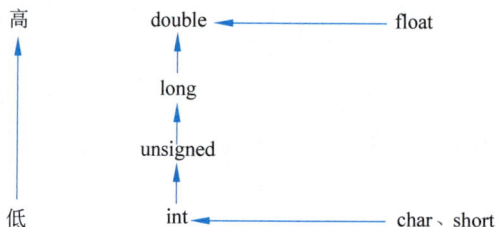

图 2-6　自动类型转换规则

（1）类型不同，先转换为同一类型再进行运算。

（2）图 2-6 中纵向的箭头表示当运算对象为不同类型时转换的方向，由低级别数据类型向高级别数据类型转换，即按数据长度增加的方向进行转换，以保证精度。如 int 型和 unsigned 型混合运算时，将 int 型数据转换成 unsigned 型数据；int 型或 unsigned 型数据与 long 型数据混合运算时，都转换成 long 型数据；int 型、unsigned 型、long 型与 double 型数据混合运算时，都转换成 double 型数据。

（3）图 2-6 中横向的箭头表示不必考虑其他运算对象的转换。float 型在运算时一律转换成 double 型，即使是两个 float 型数据进行运算，也一律先转换为 double 型；char 型和 short 型数据在运算时必定转换成 int 型数据。

2. 赋值运算的类型转换

在进行赋值运算时，如果赋值运算符两侧的数据基本类型不一致，系统自动将表达式的值转换成变量的类型存到变量的存储单元中，转换的情况如下。

（1）整型数据赋给实型变量时，数值不发生变化，类型改变。

（2）实型数据赋给整型变量时，小数部分被舍弃。

（3）短的有符号整型数据赋给长整型变量时，需要进行符号位扩展。

（4）短的无符号整型数据赋给长整型变量时，需要进行 0 扩展。

（5）长整型数据赋给短整型变量时，有可能溢出。

（6）同长度有符号整型数据赋给无符号整型变量时，数据将失去符号位功能。

（7）同长度无符号整型数据赋给有符号整型变量时，数据将得到符号位功能。

【例 2-18】　阅读程序，了解不同类型数据间的运算。

```
1    # include < stdio.h >
2    int main()
3    {
4        int a;
5        float b,c,d;
6        a = 1.0 * 3/2;
7        b = 3/2;
8        c = 3/2 * 1.0;
9        d = 1.0 * 3/2;
10       printf("a = % d,b = % f,c = % f,d = % f\n",a,b,c,d);
11       return 0;
12   }
```

运行结果如下。

```
a = 1, b = 1.000000, c = 1.000000, d = 1.500000
```

2.5.2　强制类型转换

强制类型转换是指将表达式的值转换为指定的类型,其一般形式如下。

(类型说明符)(表达式)

示例如下。

(int)a 表示将 a 的结果强制转换为整型。

(float)(a+b)表示将 a+b 的结果强制转换为实型。

(float)a+b 表示将 a 的结果强制转换为实型,再与 b 相加。

需要注意如下几点。

(1) 类型说明符和表达式都需要加括号(单个变量可以不加括号)。

(2) 无论是强制转换还是自动转换,都只是为了本次运算的需要而对变量的数据长度进行的临时性转换,它仅产生一个临时的、类型不同的数据参与运算,常量或变量的原类型和值均不改变。

(3) 运算结果赋予变量的类型转换过程中,无论是强制转换还是自动转换,当数据长度较长的结果存入数据长度较短的变量时,将截去超出的部分,有可能造成错误。

(4) 数据类型转换将占用系统时间,过多的转换将降低程序的运行效率,所以除了必要的数据类型转换外,应尽量选择好数据类型,避免不必要的转换。

【例 2-19】　阅读程序,了解强制类型转换。

```
1    # include < stdio. h>
2    int main()
3    {
4        int a = 2, b;
5        double c = 3.55;
6        b = (int)c % a;
7        printf("b = % d, c = % f\n", b, c);
8        return 0;
9    }
```

运行结果如下。

```
b = 1, c = 3.550000
```

2.6　科技前沿之物联网

1. 物联网的定义

物联网(Internet of Things)指物物相连的互联网络。如果说互联网连接的是计算机,是以人为主体在网络上传输数据和信息,那么物联网则是以"物"为主体,连接世间万物,实现人与物、物与物之间的联通。

2. 物联网的起源竟是一支口红

1999 年,一位名叫 Kevin Ashton 的品牌经理在检查公司的零售业务时发现,货架上一款口红总是处于缺货状态,而仓库里的存货却异常丰富。受到射频识别(Radio Frequency Identification,RFID)技术的启发,Ashton 提出在每支口红内部植入一个微型芯片,当顾客从货架上取走口红时,这个芯片会发送信号,自动更新库存数据并触发补货请求。从这个口红开始,拉开了物联网的序幕。

2005 年 11 月 17 日,国际电信联盟(International Telecommunication Union,ITU)发布《ITU 互联网报告 2005:物联网》,正式提出物联网的概念。

3. 物联网的技术特征

(1) 全面感知。"感知"是物联网的核心,利用 RFID、传感器等信息采集设备,随时随地获取客观事物的信息。

(2) 可靠传递。通过通信网络与互联网的融合,将物体的信息实时准确地传递出去。

(3) 智能处理。利用云计算、模糊识别等各种智能计算技术,对海量的数据和信息进行存储、分析和处理,对物体实施智能化的控制。

4. 物联网的未来:"万物智能"时代

物联网已经广泛应用于智能交通、智慧医疗、智能家居、智能园区、环保监测、城市安防、智能物流、智能工业、智慧农业等领域,对国民经济与社会发展起到了重要的推动作用。未来物联网将继续加强与第 5 代移动通信技术(5th Generation Mobile Communication Technology,5G)、人工智能、边缘计算、区块链、增强现实(Augmented Reality,AR)等的融合,推动"万物连接"到"万物智能"时代。

本章小结

本章主要介绍了 C 语言中有关数据类型与数据运算的基本概念和规则,是编写 C 语言程序的理论基础,通过本章的学习,需掌握如下内容。

1. C 语言的数据类型

C 语言的数据类型有:基本类型、构造类型、指针类型和空类型。

2. 常量和变量

常量指在程序运行过程中其值不发生变化的量,包括整型常量、实型常量、字符型常量和字符串型常量等。其中特别要注意字符型常量和字符串型常量的区别。

变量指在程序运行过程中其值可以被改变的量,包括各种整型、实型、字符型等。变量的名称可以是任何合法的标识符,但不能是关键字。给变量命名时应尽量做到"观其名而知其意"。

3. 运算符

每种运算符运算对象的个数、优先级、结合性各有不同。一般而言,单目运算符优先级较高,赋值运算符优先级较低。大多数双目运算符为左结合性,单目、三目及赋值运算符为右结合性。

4. 表达式

表达式是用运算符将操作对象连接起来的符合 C 语言语法的式子。表达式的求值顺序应按照运算符的优先级和结合性所规定的进行。

5. 数据类型转换

不同类型的数据在进行混合运算时,需要进行类型转换。

类型转换有两种方式。

一种是自动类型转换,分为非赋值运算的类型转换和赋值运算的类型转换。

非赋值运算的类型转换:当不同类型的数据进行混合运算时,从低级向高级自动进行转换。

赋值运算的类型转换:当赋值运算符两侧的类型不一致时,将表达式值的类型转换成变量的类型再赋给变量。

另一种是强制类型转换,可将表达式强制转换成所需类型。

在程序设计中要合理使用数据类型,如果对于某种数据类型的变量赋予了不同数据类型的值,系统并不会给出错误提示,而是会继续执行程序语句,就会造成数值的变化或精度的丢失,甚至可能产生非常严重的后果,在程序设计时必须注意这一点。

本章习题

一、单选题

1. 设 f1、f2、f3 都是 float 型的变量,下列赋值操作中,不正确的是(   )。
   A. f3＝f1/f2
   B. f3＝f2＝f1－5
   C. f3＝f1％f2
   D. f3＝f2

2. 与 k＝n＋＋完全等价的表达式是(   )。
   A. n＝n+1,k＝n
   B. k+＝n+1
   C. k＝++n
   D. k＝n,n＝n+1

3. 若变量均已正确定义并赋值,以下合法的 C 语言赋值语句是(   )。
   A. x＝i+5
   B. x＝n％2.5
   C. x+n＝i
   D. x＝5＝4+1

4. 以下能正确定义且赋初值的语句是(   )。
   A. int n1＝n2＝10
   B. char c＝32
   C. float f＝f+1.1
   D. double x＝12.3E2.5

5. 表达式(int)((double)9/2)－(9)％2 的值是(   )。
   A. 1
   B. 0
   C. 4
   D. 3

6. 设有定义:float a＝2,b＝4,h＝3;以下 C 语言表达式与代数式(a+b)/2×h 计算结果不相符的是(   )。
   A. (1/2) * (a+b) * h
   B. h/2 * (a+b)
   C. (a+b) * h/2
   D. (a+b) * h * 1/2

7. 若 a 为 int 型,且其值为 3,则执行完表达式 a+＝a－＝a * a 后,a 的值是(   )。
   A. －3
   B. 9
   C. －12
   D. 6

8. 若 t 已定义为 double 型,则表达式: t=1,t++,t+5 的值为( )。

    A. 7   B. 7.0   C. 1.0   D. 6

9. 下列位运算符,优先级最低的是( )。

    A. >>   B. &   C. ^   D. |

10. 有以下定义语句,若各变量已正确赋值,则下列选项中正确的表达式是( )。

    double a,b; int w; long c;

    A. a=a+b=b++   B. w=a==b

    C. w%(int)(a+b)   D. (c+w)%(int)a

11. char 型常量在内存中存放的是( )。

    A. ASCII   B. 原码

    C. 内码值   D. 十进制代码值

12. 设 m,n,a,b,c,d 均为 0,执行(m=a==b)||(n=c==d)后,m,n 的值分别是( )。

    A. 0,0   B. 0,1   C. 1,0   D. 1,1

13. 设 a 为 5,执行下列语句后,b 的值不为 2 的是( )。

    A. b=a/2   B. b=6-(--a)

    C. b=a%2   D. b=a>3?2:2

14. 下列程序执行后的输出结果是( )。

```
int main()
  {
     double d;
     float f;
     long t;
     int i;
     i=f=t=d=20/3;
     printf("%d%ld%f%lf\n",i,t,f,d);
     return 0;
  }
```

    A. 6 6 6.0 6.0   B. 6 6 6.7 6.7

    C. 6 6 6.0 6.7   D. 6 6 6.7 6.0

15. 能正确表示 a 和 b 同时为正或同时为负的逻辑表达式是( )。

    A. (a>=0||b>=0)&&(a<0||b<0)

    B. (a>=0&&b>=0)&&(a<0&&b<0)

    C. (a+b>0)&&(a+b<=0)

    D. a*b>0

16. 能满足 x 在 -10~10,100~110 的表达式为( )。

    A. (10>x>-10)||(100>x>-100)

    B. !((x<=-10)||(x>=10))||!((x<100)||(x>=110))

    C. (x<10)&&(x>-10)&&(x>100)&&(x<110)

    D. (x>-10)&&(x<10)&&(x<110)&&(x>100)

17. 下列说法不正确的是(　　)。

　　A. 变量要先定义后使用

　　B. ASD 与 asd 是两个不同的变量

　　C. 同类型的 a,b,执行了 a＝b；后,a,b 的值相同

　　D. 输入数据时,对整型变量只能输入整数

18. 下列表达式中 i 的运算结果为 4 的是(　　)。

　　A. int i＝0,j＝0；(i＝3,(j＋＋)＋i);

　　B. int i＝1,j＝0；j＝i＝((i＝3) ＊ 2);

　　C. int i＝0,j＝1；(j＝＝1)? (i＝1):(i＝3);

　　D. int i＝1,j＝1；i＋＝j＋＝2；

19. 以下说法不正确的是(　　)。

　　A. 好的程序要有详尽注释　　　　　　B. ♯include 和 ♯define 均不是 C 语句

　　C. 赋值运算符优先级最低　　　　　　D. j＋＋;是一条赋值语句

20. 以下说法正确的是(　　)。

　　A. 语句间须用分号分隔

　　B. 实型变量中可存放整数

　　C. 强制类型转换会改变变量的原类型和值

　　D. 运算符％只能用于整数间的运算

二、填空题

1. 已知 int i,a;,执行语句 i＝(a＝6,a＊2),a＋6；后,变量 i 的值是_____。

2. 在 C 语言中,当关系表达式中的关系成立时,该关系表达式的值为_____。

3. char c; 表达式 c＝'a'－'A'＋'B'运算后,c 的值为_____。

4. 设 a＝1.5,则表达式(int)a＋a 的值为_____。

5. 设变量定义：int a＝10,c＝9;则表达式(－－a＝＝c＋＋)? －－a:＋＋c 的值为_____,执行语句后变量 a 的值为_____,变量 c 的值为_____。

6. 设变量 a 是 int 型,f 是 float 型,i 是 double 型,则表达式 10＋'a'＋i＊f 值的数据类型为_____。

7. int a＝5,b＝6,c＝7,f; f＝c＞b＞a; 则 f 的最终结果是_____。

8. 表达式 8.0 ＊(1/2)的值为_____。

9. 在 C 语言中,不同运算符之间运算次序存在_____的区别,同一运算符之间运算次序存在_____的规则。

10. 设 ch 是 char 型变量,其值为'A',则表达式 ch＝(ch＞＝'A'&& ch＜＝'Z')?(ch＋32): ch 的值是_____。

三、程序阅读题

1. 下列程序的输出结果是_____。

```
♯include< stdio.h>
```

```
int main()
{
  int x,y;
  float a = 2.2;
  x = 5.2;
  y = (x + 3.8)/5.0;
  printf(" % f\n",a * y);
  return 0;
}
```

2. 下列程序的输出结果是_____。

```
# include < stdio. h >
int main()
{
  int a = 2;
  printf(" % d\n", - a++);
  printf(" % d\n",a);
  return 0;
}
```

3. 下列程序的输出结果是_____。

```
# include < stdio. h >
int main()
{
  int a,b;
  a = sizeof("Hello\0");
  b = sizeof("\tabcd\t");
  printf("a = % d,b = % d\n",a,b);
  return 0;
}
```

4. 下列程序的输出结果是_____。

```
# include < stdio. h >
int main()
{
  int x = 5,y;
  char z = 'B';
  float m;
  m = (float)x/2;
  y = m + z + 1;
  printf("m = % f,y = % d\n",m,y);
  return 0;
}
```

5. 下列程序的输出结果是_____。

```
# include < stdio. h >
int main()
{
  unsigned x = 0112,a,b,c;
  a = x >> 3;
  printf("a = % o\n",a);
```

```
b = ~(~0 << 4);
printf("b = %o\n",b);
c = a&b;
printf("c = %o\n",c);
return 0;
}
```

6. 下列程序的输出结果是_____。

```
#include<stdio.h>
int main()
{
  int x,y,z;
  x = y = 5;
  z = ++x;
  printf("%d,%d,%d\n",z,x,y);
  x = y = 5;
  z = x++;
  printf("%d,%d,%d\n",z,x,y);
  x = y = 5;
  z = --x;
  printf("%d,%d,%d\n",z,x,y);
  x = y = 5;
  z = x--;
  printf("%d,%d,%d\n",z,x,y);
  return 0;
}
```

7. 下列程序的输出结果是_____。

```
#include<stdio.h>
int main()
{
  int a,b,c,d,x,y,z;
  x = 634,y = 19,z = 28;
  a = 3*(b = x/(y-4)) - z/2;
  printf("%d,%d\n",a,b);
  a = 100,b = 45,c = -19,d = 94;
  x = -2,y = 5;
  a += 6;
  b -= x;
  c *= 10;
  d/= x + y;
  z %= 8;
  printf("%d,%d,%d,%d,%d\n",a,b,c,d,z);
  return 0;
}
```

8. 下列程序的输出结果是_____。

```
#include<stdio.h>
#include<math.h>
int main()
{
```

```
    int a = 1,b = 4,c = 2;
    float x = 5.5,y = 9.0,z;
    z = (a + b)/c + sqrt((double)y) * 1.2/c + x;
    printf("%f\n",z);
    return 0;
}
```

9. 下列程序的输出结果是_____。

```
#include<stdio.h>
int main()
{
    int w,x,y;
    w = 3;
    x = y = 10;
    printf("%d\n",x>10?x + 100:x - 10);
    printf("%d\n",w-- || y++);
    printf("%d\n",x++>= y);
    printf("%d\n",!-w&&y);
    printf("%d,%d,%d\n",w,x,y);
    return 0;
}
```

10. 下列程序的输出结果是_____。

```
#include<stdio.h>
int main()
{
    char c1,c2;
    c1 = 'a' + '6' - '2';
    c2 = 'a' + '6' - '3';
    printf("%c,%d\n",c2,c1);
    return 0;
}
```

## 第 3 章

标准输入和输出

引言

在编程的世界里,信息的输入和输出是程序与用户交互的桥梁。想象一下,如果我们编写的程序是一个智能机器人,那么输入函数就是机器人的耳朵和眼睛,负责接收外界的指令和信息,而输出函数则是它的嘴巴和显示器,负责将处理后的结果或信息反馈给用户。

在 C 语言中,输入输出函数为我们提供了这样的能力。通过它们,我们可以让程序从键盘读取用户输入的数据,也可以将程序运行的结果展示在显示器上,甚至还可以将数据写入文件或从文件中读取数据。

本章我们将深入学习 C 语言中的几个关键输入输出函数:scanf()、printf()、getchar()、putchar()。我们将通过实例演示这些函数的用法,并探讨它们在编程中的实际应用。

在此之前,请大家先思考一个问题:在日常生活中有没有遇到过需要使用程序来输入和输出数据的场景呢? 比如,一个简单的计算器程序需要读取用户输入的数值,并显示计算结果;一个学生信息管理系统需要读取学生的信息,并将这些信息保存在文件中以便日后查阅。这些场景都涉及输入输出操作。接下来,让我们带着对输入输出操作的好奇心和探索精神,一起开始本章的学习内容吧!

本章导读

本章我们将学习 C 语言中的输入输出函数,重点掌握 scanf()函数和 getchar()函数用于从标准输入(通常是键盘)读取数据,以及 printf()函数和 putchar()函数用于向标准输出(通常是显示器)显示数据的方法。

重点内容

(1) scanf()函数的使用方法和格式控制符。

(2) printf()函数的使用方法和格式控制符。

(3) getchar()函数的使用方法。

(4) putchar()函数的使用方法。

世界计算机名人——肯尼思·莱恩·汤普森

在"C 语言程序设计"这门课程中,我们不仅要学习编程语言的基础知识和编程技巧,更要从中汲取坚韧不拔、勇于创新的精神力量。今天,我们将通过讲述计算机科学史上的一位传

图 3-1 肯尼思·莱恩·汤普森

奇人物——肯尼思·莱恩·汤普森(Kenneth Lane Thompson)(见图 3-1)的故事,来激励同学们在学习和生活中不断追求卓越,坚持不懈。

早年经历与自学成才

肯尼思·莱恩·汤普森 1943 年出生于美国新奥尔良。他从小就对逻辑和数学有着浓厚的兴趣,上小学时便对二进制产生了浓厚的兴趣,中学时更是自己动手制作无线电、示波器和放大器。这种对技术的热爱和执着,为他日后的成就奠定了坚实的基础。

1960 年,肯尼思·莱恩·汤普森考入加利福尼亚大学伯克利分校,主修电气工程。在校期间,他自学编程,并通过不断的努力和实践,逐渐成长为一名优秀的程序员。他的故事告诉我们,无论出身如何,只要有兴趣和坚持,就能在自己的领域里取得非凡的成就。

UNIX 操作系统的诞生与影响

1966 年,肯尼思·莱恩·汤普森加入贝尔实验室,开始了他职业生涯中最为辉煌的篇章。在参与 Multics 项目的过程中,他因项目被取消而决定自己开发一个操作系统来玩游戏。正是这份对技术的热爱和执着,让他在短短一个月内编写出了 UNIX 操作系统的雏形。

UNIX 操作系统的诞生不仅改写了计算机操作系统的历史,更成为软件界的"瑞士军刀",其简洁、稳定与高效的特点赢得了业界的广泛赞誉。肯尼思·莱恩·汤普森也因此与丹尼斯·麦卡利斯泰尔·里奇共同获得了 1983 年的图灵奖,成为计算机科学领域的佼佼者。

勇于探索,敢于创新

肯尼思·莱恩·汤普森的故事告诉我们,只有勇于探索未知领域,敢于挑战传统观念,才能在激烈的竞争中脱颖而出。在学习 C 语言程序设计的过程中,我们也要敢于尝试新的编程思路和方法,不断创新和改进自己的程序。

坚持不懈,持之以恒

成功往往属于那些能够坚持不懈、持之以恒的人。肯尼思·莱恩·汤普森在研发 UNIX 操作系统的过程中遇到了许多困难和挫折,但他从未放弃过自己的梦想和目标。同样,我们在学习和生活中也要保持这种精神状态,不断克服困难、挑战自我、实现自我超越。

团队协作,共同进步

UNIX 操作系统的成功也离不开肯尼思·莱恩·汤普森与丹尼斯·麦卡利斯泰尔·里奇的紧密合作。他们相互支持、共同努力,最终创造出了这一伟大的操作系统。在学习 C 语言程序设计的过程中,我们也要注重团队协作和相互学习,与同学们共同进步、共同成长。

3.1　输入和输出的基本概念

数据的输入和输出指计算机主机和外设之间的数据流通。具体而言,输入意味着使用输入设备,如键盘、鼠标、麦克风或扫描仪,将数据导入计算机内部。而输出,则是将存储在计算机内部的数据传输到输出设备,如显示器、打印机或磁盘,以呈现处理结果。输入为计算机提供了待处理的数据基础,而输出则负责将处理后的信息以可视化的方式展示在显示器上。

　　C 语言本身并不包含专门的输入和输出语句,而是依赖于 C 语言标准库中的函数来执行这些操作。这些标准函数被组织成库,并在 C 系统中存储。这些函数的名称并不是 C 语言的关键字,而是作为普通标识符来使用的。C 语言标准输入和输出标准函数如表 3-1 所示。

表 3-1　C 语言标准输入和输出标准函数

函 数 名	功 能
printf()	用于将格式化的信息输出到显示器上,一般形式为 printf("格式控制字符串",输出列表)
scanf()	用于从键盘上接收输入,并将输入的值赋给变量,一般形式为 scanf("格式控制字符串",地址列表)
getchar()	用于从键盘上接收一个字符
putchar()	用于向显示器输出一个字符
scanf_s()	在接收输入时会进行参数边界检查
printf_s()	在向显示器输出时会检查格式控制字符串是否有效

　　需要注意的是,除了表 3-1 列示的这些输入和输出函数,还有输入和输出一个字符串的函数 gets() 和 puts(),从文件读取和写入字符串的函数 fgets() 和 fputs(),从文件中进行标准化读取和写入的函数 fscanf() 和 fprintf() 等,这些将在后续章节中学习。

　　为了使用这些输入和输出的标准库函数,需要通过预编译指令 ♯ include 将头文件 stdio.h 包含到源代码文件中。即程序开头应有如下预编译命令。

```
♯ include < stdio.h >
```

　　这个头文件位于程序的开头,作用是提供与标准输入和输出相关的变量定义、宏定义以及函数的声明。

　　stdio.h 是"standard input & output header"的缩写,意为标准输入输出头文件。它包含了用于执行输入和输出操作的各种函数,这些函数允许程序与用户进行交互,读取用户的输入,并显示程序的输出结果。通过使用这些标准库函数,C 语言提供了强大而灵活的输入输出功能。

3.2　字符型常量

　　C 语言中的字符型常量是用一对单引号引起来的单个字符。字符型常量在内存中占 1 字节,存储的是该字符的 ASCII 值。

3.2.1　ASCII 字符集

　　在所有字符集中,最知名的可能要数 ASCII 的 8 位字符集了。ASCII 是基于拉丁字母的一套计算机编码系统,主要用于显示现代英语和其他西欧语言。它是最通用的信息交换标准,并等同于国际标准 ISO/IEC 646。ASCII 使用指定的 7 位或 8 位二进制数组合来表示 128 或 256 种可能的字符。标准 ASCII 也叫基础 ASCII,使用 7 位二进制数(剩下的 1 位二进制为 0)来表示所有的大写和小写字母、数字 0~9、标点符号、在美式英语中使用的特殊控制字符。

　　由于标准 ASCII 规定的字符数目有限,在实际应用中,特别是计算机通信中,对扩展的 ASCII 的需求就显得非常强烈。扩展 ASCII 是由 ASCII 衍生出来的,它依旧使用 8 位二进制数,这样就有了 256 个不同的字符,以满足更多语言字符的需求。

3.2.2　UTF-8 字符集

　　ASCII 针对拉丁字母设计,随着互联网的普及和全球化发展,人们需要一种能够支持多语言环境的字符编码方式。UTF-8(Universal Character Set/Unicode Transformation Format,8 位元)的提出正是为了满足这一需求,使得在全球范围内进行信息交流和处理变得更为方便和高效。UTF-8 是针对 Unicode(统一码)的一种可变长度字符编码。它可以表示 Unicode 标准中的任何字符,并且其编码中的第一字节与 ASCII 编码相兼容,这意味着原来处理 ASCII 字符的软件不需要或只需要进行少量修改,就可以继续使用 UTF-8 编码。

　　UTF-8 编码具有以下主要特征。

　　(1)可变长度编码。UTF-8 编码使用 1~4 字节来表示一个字符,根据具体的字符编码范围决定使用的字节数。ASCII 字符使用 1 字节,而其他 Unicode 字符则可能需要 2~4 字节。

　　(2)向后兼容。UTF-8 编码对 ASCII 字符集是向后兼容的,也就是说,UTF-8 编码的文本可以正确地解码为 ASCII 文本。

　　(3)多语言支持。UTF-8 编码能够编码绝大部分已知语言的字符,如英语、汉语、法语、希伯来语、阿拉伯语等。

　　(4)字节序列无关。UTF-8 编码不受字节序的影响,可以在大、小端序的系统上正确解码。

　　(5)存储效率高。UTF-8 编码的可变长度特性,有助于节省存储空间,特别是对于像英文字母这样占用较少字节的字符,可以提高存储和传输效率。

　　UTF-8 编码被广泛应用于互联网和计算机系统中,确保数据的正确性,避免兼容性问题,并节省存储空间。例如,在开发互联网应用程序时,处理用户提交的表单数据通常需要将其转换为 UTF-8 编码,以确保数据的正确性。

3.3　单个字符的输入和输出函数

　　C 语言中,单个字符的输入常用 getchar()函数,输出常用 putchar()函数。

3.3.1　字符输入函数 getchar()

　　getchar()函数是 C 语言标准库中的一个函数,用于从标准输入(通常是键盘)读取一个字符。这个函数不需要任何参数,并且返回读取到的字符。如果发生错误或者到达文件末尾,它将返回 EOF(End Of File),通常被定义为-1。

【例3-1】 使用 getchar()函数读取一个字符。

```
1    # include < stdio. h >
2    int main()
3    {
4        char ch;
5        printf("请输入一个字符: ");
6        ch = getchar();
7        printf("你输入的字符是 % c\n", ch);
8        return 0;
9    }
```

在这个例子中,程序首先输出一个提示信息,然后使用 getchar()函数等待用户输入一个字符。输入的字符被存储在变量 ch 中,并随后被输出出来。

运行结果如下。

```
请输入一个字符: a↙
你输入的字符是 a
```

需要注意的是,getchar()函数在读取字符后会在输入流中留下一个换行符(如果用户按回车键的话)。这可能会影响到后续对 getchar()函数或其他输入函数的调用,因为它们可能会立即返回这个换行符,而不是等待用户输入新的字符。为了避免这种情况,可以使用 getchar()函数多次,直到遇到非换行符的字符,或者使用其他函数(如 scanf())来读取和丢弃换行符。

此外,getchar()函数是非阻塞的,这意味着它会立即返回可用的字符(如果有的话),而不会等待用户输入。这可能会导致程序在没有输入的情况下继续执行,这在某些情况下可能是用户不希望的。在这种情况下,可以使用其他函数(如 fgets())来替代 getchar()函数,以便在没有输入时阻塞程序。

由于 getchar()函数是从输入缓冲区读取字符,因此如果在之前的输入中留下了换行符或其他字符,getchar()函数可能会立即返回这些字符,而不是等待用户输入新的字符。为了避免这种情况,可以在调用 getchar()函数之前使用其他函数(如 scanf())来清除缓冲区中的换行符。

3.3.2 字符输出函数 putchar()

putchar()函数是 C 语言标准库中的一个函数,用于将单个字符输出到标准输出设备(通常是显示器)。这个函数定义在 stdio. h 中,并接收一个 int 型的参数(尽管它通常用于输出 char 型的字符),这个参数是用户想要输出的字符的 ASCII 值。

【例3-2】 输出字符 A。

```
1    # include < stdio. h >
2    int main()
```

```
3    {
4        char ch = 'A';    // 定义一个字符变量并初始化为 'A'
5        putchar(ch);      // 输出字符 A
6        putchar('\n');    // 输出换行符,以便在终端上开始新的一行
7        return 0;
8    }
```

在上面的代码中,putchar(ch) 会将变量 ch 中存储的字符(在这个例子中是 'A')输出到显示器。然后,putchar('\n') 输出一个换行符,使得显示器的输出在新的一行开始。

运行结果如下。

```
A
```

用户也可以直接传递字符字面量给 putchar()函数,示例如下。

```
putchar('B');    // 直接输出字符 B
```

尽管 putchar()函数通常用于输出 char 型的字符,但由于它接受 int 型的参数,因此用户也可以传递任何 int 型的值给它。如果传递的值超出了字符的范围(即 ASCII 值超出了 0~127 的范围,对于扩展 ASCII 则是 0~255 的范围),那么输出的将是该值对应的非打印字符。对于非打印字符,其输出行为可能取决于用户的终端或控制台如何解释这些字符。

需要注意的是,putchar() 函数只输出一个字符,并且不会自动在字符后面添加换行符。如果用户希望在字符后面有换行符,需要显式地使用 putchar('\n')或其他方法来添加。

第6集
微课视频

3.4　格式输入和输出函数

在 C 语言中,格式输入输出函数主要指的是 scanf()和 printf()函数。这两个函数都定义在头文件 stdio.h 中,用于在控制台上输入和输出格式化的数据。

3.4.1　格式输入函数 scanf()

scanf()函数是 C 语言中用于从标准输入(通常是键盘)读取格式化输入的函数。它根据指定的格式从输入流中读取数据,并将这些数据存储在变量中。scanf()函数定义在头文件 stdio.h 中。

scanf()函数的基本语法格式如下。

```
int scanf(const char * format, …);
```

其中,format 是一个格式字符串,它指定了输入数据的类型和格式。"…"表示可以有任意数量的附加参数,这些参数是指向变量的指针,用于存储从输入流中读取的数据。

scanf()函数返回成功读取并赋值的变量数。如果到达文件末尾或发生输入失败,则返回值会小于预期。

格式转换说明由%开始,并以转换字符结束,用于指定各种输入值参数的输入格式,如表 3-2 所示。

表 3-2　scanf()函数的格式转换说明

格式转换说明符	用　法
%d	输入十进制整数
%o	输入八进制整数
%x 或 %X	输入十六进制整数
%c	输入一个字符,空白字符(包括回车、空格、制表符)也作为有效字符输入
%s	输入字符串,遇到空白字符(包括回车、空格、制表符)时系统认为输入结束
%f	输入浮点数
%e 或 %E	以科学记数法形式输入浮点数
%%	输入一个百分号%

此外,还可以指定宽度、精度、标志等修饰符,以更细致地控制输入格式。scanf()函数的格式修饰符如表 3-3 所示。

表 3-3　scanf()函数的格式修饰符

格式修饰符	用　法
l	加在格式转换说明符 d、o、x、X 之前,用于输入 long 型数据;加在格式符 f、e、E 之前,用于输入 double 型数据
L	加在格式转换说明符 f、e、E 之前,用于输入 long double 型数据
h	加在格式转换说明符 d、o、x、X 之前,用于输入 long double 型数据
域宽 m(正整数)	指定输入数据的宽度,系统自动按此宽度截取所需数据
忽略输入修饰符 *	表示对应的输入项在读入后不赋值给相应的变量

【例 3-3】　使用 scanf()函数读取整数、浮点数、字符并输出。

```
1    # include < stdio.h>
2    int main()
3    {
4        int i;
5        float f;
6        char c;
7        // 读取一个整数
8        printf("请输入一个整数: ");
9        scanf("% d", &i);
10       printf("你输入的整数是 % d\n", i);
11       // 读取一个浮点数
12       printf("请输入一个浮点数: ");
13       scanf("% f", &f);
14       printf("你输入的浮点数是 % .2f\n", f);
15       // 读取一个字符
16       printf("请输入一个字符: ");
```

```
17        scanf(" %c", &c);            // 注意前面的空格,用于跳过任何空白字符
18        printf("你输入的字符是%c\n", c);
19        return 0;
20    }
```

在例 3-3 中,%d、%f 和%c 是格式转换说明符,分别用于读取整数、浮点数和字符。这些格式转换说明符必须与对应的变量类型匹配。

运行结果如下。

```
请输入一个整数: 5↙
你输入的整数是5
请输入一个浮点数: 5.6↙
你输入的浮点数是5.60
请输入一个字符: A↙
你输入的字符是A
```

注意,在读取字符时,格式转换说明符"%c"前面有一个空格。这个空格的作用是跳过任何可能的前置空白字符(如空格、制表符或换行符)。如果不加空格,scanf()函数可能会读取到用户按下回车键后留在输入缓冲区中的换行符作为字符输入。

使用 scanf()函数时需要特别小心,因为不匹配的输入或意外的输入可能导致程序出错或产生不可预测的行为。例如,如果用户被提示输入一个整数,但却输入了一个字符或字符串,那么 scanf()函数可能无法正确读取数据,导致后续代码的行为出错。因此,在实际编程中,经常需要对 scanf()函数的返回值进行检查,以确保输入符合预期。

第 7 集
微课视频

3.4.2　格式输出函数 printf()

printf()函数是 C 语言中用于格式输出的函数,它可以将指定的格式字符串以及后面的变量参数一起输出到标准输出设备(通常是显示器)。这个函数定义在头文件 stdio.h 中。

printf()函数的基本语法格式如下。

```
int printf(const char * format, … );
```

其中,format 是一个格式字符串,其中可以包含普通的字符以及格式转换说明符(以 %开头)。"…"表示可以有任意数量的附加参数,这些参数将按照 format 字符串中的格式转换说明符进行格式化输出。

格式转换说明符用于指定如何格式化输出变量。printf()函数的格式转换说明符如表 3-4 所示。

表 3-4　printf()函数的格式转换说明符

格式转换说明符	用　　法
%d 或 %i	输出十进制整数
%u	输出无符号十进制整数
%x 或 %X	输出十六进制整数

续表

格式转换说明符	用　法
%o	输出八进制整数
%f	输出浮点数
%e 或 %E	输出浮点数的科学记数法表示
%g 或 %G	根据值的大小选择 %f 或 %e 格式输出浮点数
%c	输出字符
%s	输出字符串
%p	输出指针的地址

【例 3-4】　使用 printf() 函数输出整数、浮点数、字符和十六进制整数。

```
1      # include < stdio. h>
2      int main()
3      {
4          int a = 10;
5          float b = 3.14159;
6          char c = 'A';
7          printf("整数: % d\n", a);                // 输出整数
8          printf("浮点数: %.2f\n", b);             // 输出浮点数,保留两位小数
9          printf("字符: % c\n", c);                // 输出字符
10         printf("十六进制整数: % x\n", a);         // 输出十六进制整数
11         return 0;
12     }
```

运行结果如下。

```
整数: 10
浮点数: 3.14
字符: A
十六进制整数: a
```

此外,和 scanf() 函数一样,printf() 函数还可以指定宽度、精度、标志等修饰符,以更细致地控制输出格式。printf() 函数的格式修饰符如表 3-5 所示。

表 3-5　printf() 函数的格式修饰符

格式修饰符		用　法
l		加在格式转换说明符 d、o、x、X、u 之前,用于输入 long 型数据;加在格式转换说明符 f、e、E 之前,用于输入 double 型数据
L		加在格式转换说明符 f、e、E 之前,用于输入 long double 型数据
h		加在格式转换说明符 d、o、x、X 之前,用于输入 long double 型数据
宽度修饰符	—	左对齐输出(默认情况下,数据是右对齐的)
	m	指定输出字段的最小宽度。如果数据的实际宽度小于这个值,那么输出会使用空格或 0(取决于其他格式修饰符)进行填充
	*	使用动态传入的宽度。在格式字符串中,宽度值由一个后续的 int 型参数指定

续表

格式修饰符		用　　法
精度修饰符	.n	对于浮点数,指定小数点后的位数;对于字符串,指定最大字符数
	*	使用动态传入的精度。在格式字符串中,精度值由一个后续的 int 型参数指定
填充修饰符	0	对于整数,如果指定了宽度且数据宽度小于指定宽度,则在左侧用 0 填充。通常与宽度修饰符一起使用
转换修饰符	+	对于带符号的整数,总是在数值前显示符号(正号或负号)
	空格	对于带符号的整数,正数前显示空格,负数前显示负号
	♯	对于整数,使用替代形式输出。例如,对于八进制数,前缀 0;对于十六进制数,前缀 0x 或 0X;对于浮点数,输出包括小数点

【例 3-5】　利用格式修饰符控制 printf()函数的输出格式。

```
1     # include < stdio.h >
2     int main()
3     {
4         int a = 123;
5         float b = 123.456;
6         printf(" % - 10d\n", a);        // 左对齐,宽度至少为 10,输出: "123"
7         printf(" % 05d\n", a);          // 宽度至少为 5,左侧用 0 填充,输出: "00123"
8         printf(" %.2f\n", b);           // 保留两位小数,输出: "123.46"
9         printf(" % 10.2f\n", b);        // 宽度至少为 10,保留两位小数,输出: "123.46"
10        printf(" % +d\n", a);           // 显示正数的符号,输出: " + 123"
11        printf(" % ♯x\n", a);           // 十六进制输出,并显示前缀,输出: "0x7b"
12        return 0;
13    }
```

请注意,格式修饰符通常与格式转换说明符一起使用,并且它们的顺序可能很重要。例如,在%010d 中,0 是填充修饰符,10 是宽度修饰符,而 d 是格式转换说明符(表示十进制整数)。

运行结果如下。

```
123
00123
123.46
   123.46
 + 123
0x76
```

需要注意如下几点。

(1)确保 printf()函数中的格式转换说明符与后面的变量参数类型相匹配,否则可能导致未定义的行为或错误的输出。

(2)如果使用%s 来输出字符串,请确保字符串以空字符\0 结尾,并且传递给 printf()函数的指针指向有效的内存地址。

(3)使用浮点数格式转换说明符时,可以通过"."后面的数字指定小数点后的位数(精度)。

（4）printf()函数返回一个整数,表示成功输出的字符数(不包括末尾的空字符)。在大多数情况下,这个返回值并不直接用于程序逻辑,但在某些情况下(如错误检查)可能是有用的。

3.5 输入输出函数的安全版本

在 C 语言中,scanf()和 printf()是常用的输入和输出标准库函数。然而,在一些编译器和环境中,特别是那些强调安全性的环境中,为了增强安全性,提供了 scanf_s()和 printf_s()这两个函数分别作为 scanf()和 printf()的安全版本。

3.5.1 格式输入函数的安全版本 scanf_s()

scanf()函数在某些情况下被认为是不安全的,主要是因为以下几个原因。

（1）不进行边界检查。scanf()函数不会对输入数据进行边界检查。这意味着如果用户输入的数据长度超过了目标缓冲区的大小,scanf()函数会继续读取并覆盖相邻内存空间的数据,这可能导致缓冲区溢出。

（2）字符串终止符问题。scanf()函数在读取字符串时,如果源字符串超过了目标缓冲区的大小,它不会正确地处理字符串终止符\0。这可能导致字符串在缓冲区之外仍然继续读取,从而引发安全问题。

（3）特殊字符处理问题。scanf()函数通常将输入中的特殊字符(如空格、制表符)视为输入结束的标志,这可能导致它无法正确读取包含这些特殊字符的字符串。

（4）难以追踪和调试。由于 scanf()函数的输入长度是不可预测的,这增加了在运行时捕捉和排查潜在问题的难度。这种不确定性使得程序的脆弱性更难以发现和修复。

scanf_s()函数与 scanf()函数类似,用于从标准输入设备(通常是键盘)读取并格式化数据。scanf_s()函数提供了对输入缓冲区大小的检查,从而增强了安全性。基本语法格式如下。

```
int scanf_s( const char * format, …);
```

scanf_s()函数不直接接收缓冲区大小的参数,而是在格式字符串中为每个%s、%c、%[^]等可能需要读取多个字符的转换说明符提供了一个额外的参数,用于指定目标缓冲区的大小。示例如下。

```
char buffer[50];
int result = scanf_s("%49s", buffer, (unsigned)_countof(buffer));
```

在这个例子中,%49s 表示最多读取 49 个字符到 buffer 中,以留出空间给终止的空字符。_countof(buffer)是一个宏,它返回 buffer 数组的元素数量,这个例子中即 50。

3.5.2 格式输出函数的安全版本 printf_s()

printf()函数在某些情况下被认为是不安全的,主要是因为以下几个原因。

（1）格式字符串中的漏洞。如果 printf()函数的格式字符串来自不可信的输入源(例如用户输入或网络数据),恶意用户可能会构造特定的格式字符串来触发缓冲区溢出或其他类型的攻击。这通常涉及使用%n格式转换说明符,它可以在输出中写入一个值到指定的内存地址,从而允许攻击者覆盖栈上的数据,包括返回地址,从而控制程序的执行流程。

(2) 不安全的格式化。如果printf()函数用于输出不受信任的输入数据,并且这些数据被错误地包含在格式字符串中,而不是作为单独的参数传递,那么攻击者可以通过注入特定的格式字符串和数据来操纵输出,并可能导致缓冲区溢出或其他安全问题。

(3) 未检查的参数。printf()函数不知道参数的个数,它仅仅根据格式字符串中的格式转换说明符来输出参数。这意味着如果传递给printf()函数的参数个数与格式字符串中的格式转换说明符不匹配,可能会发生未定义的行为,包括缓冲区溢出。

(4) 不安全的内存访问。printf()函数在输出字符串时,不会检查字符串是否以空字符(\0)结尾。如果传递给printf()函数的字符串没有正确终止,printf()函数可能会继续读取并输出内存中的后续数据,直到遇到空字符或遇到内存访问权限问题。这可能导致敏感数据的泄露或其他安全问题。

printf_s()函数与printf()函数类似,用于格式化输出数据到标准输出设备(通常是显示器)。不同之处在于,printf_s()函数要求开发者明确指定输出缓冲区的大小,以避免缓冲区溢出。这有助于减少由于不安全的输出操作导致的潜在安全风险。基本语法格式如下。

```
int printf_s( size_t buffer_size, const char * format, … );
```

其中,buffer_size参数指定了输出缓冲区的总大小(以字符为单位),包括终止的空字符。编译器在运行时将检查是否可能发生缓冲区溢出,避免恶意用户触发缓冲区溢出进行攻击,从而提高了程序的鲁棒性。

拓展知识

scanf_s()和printf_s()函数是微软公司为Microsoft Visual Studio集成开发环境提供的安全标准输入输出函数,用于替代传统的scanf()和printf()函数。因此,它们主要在Windows操作系统环境下使用,特别是在支持C11标准的编译器中使用。

由于scanf_s()和printf_s()函数是微软特有的扩展,并不是C语言标准的一部分,因此在其他操作系统和编译器上,比如Linux或GCC,通常无法使用scanf_s()和printf_s()函数。这些系统和编译器通常使用标准的scanf()和printf()函数,或者提供其他的安全输入输出函数。

如果用户在非Windows操作系统平台上编程,并且需要类似scanf_s()和printf_s()函数的功能,可能需要寻找替代的安全输入输出函数,或者自己实现边界检查和缓冲区管理来确保输入输出的安全性。同时,也可以考虑使用跨平台的库或框架,这些库或框架可能提供了兼容不同平台的安全输入输出函数。

需要注意的是,即使在Windows操作系统平台上使用scanf_s()和printf_s()函数,由于它们的非标准性,代码的可移植性也可能变差。因此,在编写需要跨平台运行的代码时,建议谨慎选择输入输出函数,以确保代码在不同平台上的兼容性和安全性。

3.6 科技前沿之云计算

1. 云计算的发展历程：从"大计算机"到"云"的演变

很长一段时间以前，人们使用的大多是大型计算机，它们体积庞大、价格昂贵，只有少数机构能拥有。但随着技术的进步，人们开始想办法让计算机变得更小、更便宜，让更多人能用上。

2. 互联网的诞生

互联网的出现彻底改变了这一切。它像一张巨大的网，把全世界的计算机都连接了起来。人们可以通过网络互相交流信息，分享资源。

3. 虚拟化技术的出现

接着，虚拟化技术出现了。想象一下，你有一台计算机，你可以通过虚拟化技术，在这台计算机上再"造"出几台虚拟的计算机来。这些虚拟计算机可以独立运行不同的程序，互不干扰。

4. 云计算的诞生

后来，有人想，既然我们可以把计算机虚拟化，那为什么不把计算资源、存储资源和网络资源都放到网上，让所有人都能像用水电一样方便地使用呢？于是，云计算就诞生了。它就像一朵巨大的云，里面藏着无数的计算资源和数据，用户只需要通过网络就能访问和使用它们。

5. 云计算的前沿知识

1）混合云与多云

现在，很多企业不再只依赖一种云服务，而是选择将不同的云服务结合起来使用，这就是混合云和多云战略。比如，有的企业会把重要的数据放在自己的私有云上，而把一些不那么重要的任务交给公有云处理。

2）无服务器计算

无服务器计算听起来很神奇，但其实很简单。以前用户需要自己管理服务器，但现在可以把代码交给云服务提供商，由他们自动管理服务器，用户只需要关注自己的代码和业务逻辑就可以了。

3）容器化技术

容器化技术就像是一个个的小盒子，每个盒子里都装着一个应用。这些盒子可以轻松地从一个地方搬到另一个地方，而不用担心里面的应用会出问题。这样，应用的部署和迁移就变得非常简单和快速了。

4）AI 与云计算的结合

人工智能非常热门，而云计算为 AI 提供了强大的支持。通过云计算，AI 可以拥有更多的计算资源和数据，从而变得更加聪明和强大。

5）边缘计算

有时候，用户需要处理的数据非常多，而且要求处理速度非常快。这时候，边缘计算就派上用场了。它可以把一些计算任务和数据存储放到离用户更近的地方,从而减少延迟并提高响应速度。

6)量子计算与云计算

量子计算是一种全新的计算方式,它比现在的计算机要快得多。虽然现在量子计算还在发展初期,但已经有云服务提供商开始尝试将量子计算纳入他们的服务中了。未来,我们或许能通过云计算来体验量子计算的强大能力。

本章小结

本章深入探讨了 C 语言中的标准输入与输出函数,这是编程中不可或缺的一部分。首先学习了 scanf()函数,它是用于从标准输入(如键盘)读取格式化数据的函数。通过指定不同的格式控制符,可以轻松控制输入数据的类型和格式。

紧接着,介绍了 printf()函数,它是 C 语言中用于向标准输出(通常是终端或显示器)输出格式化字符串的强大工具。与 scanf()函数类似,printf()函数也使用格式控制符来指定期望的输出类型和格式。然而,使用 scanf()函数时需要特别注意缓冲区溢出的问题,因为不恰当的输入可能导致程序崩溃或产生不可预期的结果。

为了简化字符的输入输出操作,C 语言还提供了 putchar()和 getchar()函数。putchar()函数用于向标准输出写入一个字符,而 getchar()函数则从标准输入读取一个字符。这两个函数在处理字符数据时特别有用,因为它们不需要使用复杂的格式控制符。

此外,本章还介绍了输入输出函数的安全版本(scanf_s()和 printf_s()),它们旨在增强输入输出的安全性,通过提供额外的参数来防止缓冲区溢出等安全问题。尽管这些函数并不是 C 语言标准库的一部分,但在处理敏感数据或需要更高安全性的场景中,它们是非常有用的。

本章习题

一、单选题

1. 以下程序的输出结果是(　　　)。

```
int main()
{ int a = 12,b = 12;
printf("% d % d\n", -- a,++b);
return 0;
}
```

A. 10 10　　　　　　B. 12 12　　　　　　C. 11 10　　　　　　D. 11 13

2. 有如下的语句:scanf("a=%d,b=%d,c=%d",&a,&b,&c);为使变量 a 的值为 1,b 的值为 2,c 的值为 3,从键盘输入数据的正确形式是(　　　)。

A. 32

B. 1,3,2

C. a=1,b=2,c=3

D. a=1,b=3,c=2

3. 运行以下程序,运行时从键盘上输入:6,5,65,66 <回车>。则输出结果是( )。

```
main()
{ char a,b,c,d;
scanf("%c,%c,%d,%d",&a,&b,&c,&d);
printf("c,%c,%c,%c\n",a,b,c,d);
}
```

    A. 6,5,A,B   B. 6,5,65,66   C. 6,5,6,5   D. 6,5,6,6

4. 以下程序的输出结果是( )。

```
main()
{ int a = 666,b = 888;
printf("%d\n",a,b);
}
```

    A. 错误信息   B. 666   C. 888   D. 666,888

5. 以下程序的输出结果是( )。

```
main()
{ int m = 0256,n = 256;
printf("%o %o\n",mn,n);
}
```

    A. 0256 0400   B. 0256 256   C. 256 400   D. 400 400

6. 以下程序的输出结果是( )。

```
main( )
{
int x = 102, y = 012;
printf("%2d, %2d\n",x,y);
}
```

    A. 10,01   B. 02,12   C. 102,10   D. 02,10

7. 以下程序的输出结果是( )。

```
main()
{ printf("%d\n",NULL); }
```

    A. 0   B. 1

    C. −1   D. NULL 没定义,出错

8. 有定义语句:int x, y;若要通过 scanf("%d,%d",&x,&y);语句使变量 x 得到数值11,变量 y 得到数值 12,下面 4 组输入形式中,错误的是( )。

    A. 11 12 <回车>   B. 11,12 <回车>

    C. 11,<空格>12 <回车>   D. 11,<回车>12 <回车>

9. 以下程序的输出结果是( )。

```
main()
{ int a; char c = 10;
float f = 100.0; double x;
a = f/ = c * = (x = 6.5);
```

```
printf("%d %d %3.1f %3.1f\n",a,c,f,x);
}
```

A. 1 65 1 6.5   B. 1 65 1.5 6.5

C. 1 65 1.0 6.5   D. 2 65 1.5 6.5

10. 运行以下程序段,并从键盘上输入:10A10 <回车>,则输出结果是(   )。

```
int m = 0,n = 0; char c = 'a';
scanf("%d%c%d",&m,&c,&n);
printf("%d,%c,%d\n",m,c,n);
```

A. 10,A,10   B. 10,a,10   C. 10,a,0   D. 10,A,0

二、填空题

1. 使用语句 scanf("x=%d,y=%d",&x,&y),输入变量 x=2,y=3,正确的输入是_____。

2. 如果要判断一个字符变量 ch 是否为小写字母,正确的判断表达式是_____。

3. 下列程序段的输出结果是_____。

```
int a = 12345; printf("%4d\n", a);
```

4. 下列程序段的输出结果是_____。

```
int a = 123; printf("%-02d\n", a);
```

5. 运行如下程序段,若要求 a1、a2、c1、c2 的值分别为 10、20、A、B,正确的数据输入是_____。

```
int a1,a2;
char c1,c2;
scanf("%d%c%d%c",&a1,&c1,&a2,&c2);
```

6. 有下列程序,输入数据 12345ff678,其运行结果是_____。

```
#include <stdio.h>
int main()
{
    int x;
    float y;
    scanf("%3d%f",&x,&y);
    printf("x=%d,y=%f\n",x,y);
    return 0;
}
```

7. 下列程序的运行结果是_____。

```
#include <stdio.h>
int main()
{
    float f = 12.34567;
    printf("%f,%.4f,%4.3f,%10.3f ",f,f,f,f);
    return 0;
}
```

8. 下列程序的运行结果是_____。

```c
#include <stdio.h>
int main()
{
    printf("%d,%c\n", '5'-'0',5+'0');
    return 0;
}
```

9. 下列程序输入 1 2 3 后的运行结果是_____。

```c
#include <stdio.h>
int main()
{
    int i,j;
    char k;
    scanf("%d%c%d",&i,&k,&j);
    printf("i=%d,k=%c,j=%d\n",i,k,j);
    return 0;
}
```

10. C 语言中的_____字符是以反斜杠"\\"开头,后跟规定的单个字符或数字的字符常量。

三、改错题

1. 以下程序实现的是:从键盘输入一个整数、浮点数和字符,再依次将其输出。程序有两处错误,请找出并改正。

```c
int main()
{
    int n;
    float m;
    char ch;
    // 输入整数
    printf("请输入一个整数: ");
    scanf("%d", &n);
    // 输入浮点数
    printf("请输入一个浮点数: ");
    scanf("%f", &m);
    // 输入字符
    printf("请输入一个字符: ");
    scanf("%c",&ch);
    // 显示输入的内容
    printf("你输入的整数是%d\n",n);
    printf("你输入的浮点数是%.2f\n", m); // %.2f 表示保留两位小数
    printf("你输入的字符是%c\n", ch);
    return 0;
}
```

2. 以下程序实现的是:要求用户输入一个华氏温度,然后程序将其转换为摄氏温度并输出(均保留小数点后两位)。转换公式为 $C=(F-32)\times5/9$,其中 C 代表摄氏温度,F 代表华氏温度。程序有两处错误,请找出并改正。

```c
#include <stdio.h>
int main()
```

```
    {
        int fahrenheit, celsius;
        // 提示用户输入华氏温度
        printf("请输入一个华氏温度：");
        scanf("%f", fahrenheit);
        // 转换华氏温度到摄氏温度
        celsius = (fahrenheit - 32) * 5 / 9;
        // 输出摄氏温度
        printf("%.2f 华氏度等于 %.2f 摄氏度.\n", fahrenheit, celsius);
        return 0;
    }
```

四、编程题(注：由于还没有学习分支结构，因此题目中所有的除法均不进行除零检查)

1. 用户输入一个 4 位数，将其反向输出。

2. 用户输入一个十进制整数，依次按十进制、八进制、十六进制(小写形式)和十六进制(大写形式)将其输出。

3. 用户依次输入一个学生的大学语文成绩、高等数学成绩、大学英语成绩，计算其平均成绩(保留整数)，将其在屏幕上按照如下格式输出。

****

大学语文成绩：88.5

高等数学成绩：85

大学英语成绩：67.5

平均成绩：80

****

4. 用户由键盘输入一个 ASCII，将其对应的字符输出。

5. 用户输入出生年月日，转换形式后输出到显示器上。例如，用户输入 20030512，在显示器上输出：2003 年 5 月 12 日。

6. 用户输入字符，将其转换为对应的 ASCII 值输出。

7. 用户输入小写字母，将其转换为大写字母输出。

8. 用户输入 3 个电阻的阻值，计算其并联和串联后的电阻值(保留小数点后两位)，并输出到显示器。

9. 用户分别输入分子和分母，输出其分式和对应的小数值(保留小数点后两位)，示例如下。

用户输入：

分子：4

分母：5

屏幕输出：

分式：4/5

小数值：0.80

10. 用户输入两个数，分别计算它们的和、差、乘积、商，并在显示器输出(保留小数点后两位)。

第4章

选择结构程序设计

引言

学生成绩管理系统作为综合性项目出现在多个章节。作为系统的重要组成部分之一，学生成绩的评定是学生非常关心的内容。学生在查询自己的学科成绩的时候，有"及格"和"不及格"，是否需要重修，处于什么等级等关注点。本章介绍的选择结构程序设计，就能够根据学生的卷面成绩和平时成绩，给出相应的结果。

选择结构也称为分支结构。在特定语境之下，用分支结构比用选择结构更符合语境，因此，如果不特别说明，本章不刻意区分这两个概念。

C语言中实现选择结构的基本语句包括 if 语句、switch 语句两大类。其中，if 选择结构包括单分支 if 选择结构、双分支 if-else 选择结构、多分支 if-else if…选择结构。

本章导读

本章主要介绍选择结构程序设计的基本内容，包括 if 语句为基础的选择结构和 switch-case 选择结构。这几种不同的语句形式为选择结构的呈现提供了更多的控制方式。当检验条件较多的时候，使用 if 语句进行嵌套是可以实现功能的，但程序会显得比较复杂且可读性低，而 switch-case 语句可以比较简洁的方式实现多分支选择结构。

此外，本章还介绍了关系运算符、逻辑运算符的使用方法，以及条件表达式。

重点内容

（1）熟练掌握关系运算符、逻辑运算符的使用方法。

（2）熟练掌握单分支 if 选择结构、双分支 if-else 选择结构、多分支 if-else if…选择结构的使用方法。

（3）理解并掌握多重 if 结构、嵌套 if 结构的使用方法。

（4）熟练使用 switch-case 结构。

（5）理解条件运算符的用法。

世界计算机名人——丹尼斯·麦卡利斯泰尔·里奇

在 C 语言程序设计的殿堂里，有一个名字永远镌刻在历史的长河中，他就是丹尼斯·麦卡利斯泰尔·里奇(Dennis MacAlistair Ritchie)，(见图 4-1)，他被誉

图 4-1　丹尼斯·麦卡利斯泰尔·里奇

为"C语言之父"。今天,让我们一同走进丹尼斯·麦卡利斯泰尔·里奇的故事,感受他如何用智慧与汗水编织出C语言这一编程语言的辉煌篇章,并从中汲取前行的力量与智慧。

丹尼斯·麦卡利斯泰尔·里奇,这位在贝尔实验室默默耕耘的科学家,以其卓越的才华和不懈的努力,推动了计算机科学的飞速发展。他不仅是UNIX操作系统的核心开发者之一,更是C语言的创造者和主要设计者。C语言以其简洁、高效、可移植的特点,迅速成为计算机编程领域的通用语言,为后来的软件开发和系统设计奠定了坚实的基础。

团队合作的典范:丹尼斯·麦卡利斯泰尔·里奇与肯尼思·莱恩·汤普森的默契配合

在贝尔实验室的日子里,丹尼斯·麦卡利斯泰尔·里奇与本书在第3章介绍的肯尼思·莱恩·汤普森形成了深厚的友谊和默契的合作关系。他们共同面对挑战,相互支持,共同探索计算机科学的未知领域。在UNIX操作系统的开发过程中,他们各自发挥所长,丹尼斯·麦卡利斯泰尔·里奇以其深厚的编程功底和严谨的思维逻辑,负责系统的核心设计和优化;而肯尼思·莱恩·汤普森则以其丰富的想象力和创造力,为系统增添了诸多实用的功能和工具。正是这种互补的合作关系,使得UNIX操作系统能够不断进化,成为计算机历史上的里程碑。

而在C语言的诞生过程中,丹尼斯·麦卡利斯泰尔·里奇与肯尼思·莱恩·汤普森更是展现了团队合作的力量。他们意识到需要一个更加高效、灵活的编程语言来支持UNIX操作系统的开发,于是携手合作,共同设计并实现了C语言。C语言以其简洁的语法、强大的功能和良好的可移植性,迅速赢得了程序员的青睐,并成为计算机编程领域的通用语言。这一成就不仅归功于他们个人的才华和努力,更离不开他们之间默契的团队合作。

开放共享的精神:UNIX操作系统的开源

丹尼斯·麦卡利斯泰尔·里奇选择将UNIX操作系统开源,意味着他愿意将自己的智慧成果无私地贡献给整个社会,让全球的程序员和开发者都能够自由地使用、修改和完善这些技术。这种开放共享的精神,不仅促进了计算机科学的快速发展,也为我们树立了一个榜样,即技术应该服务于社会,而不是成为个人谋利的工具。

4.1　分支结构中关系运算符与表达式的应用

4.1.1　关系运算符的应用

关系运算符是用于比较两个或多个操作数的运算符。关系运算符对应的操作数可以是数字、字符、字符串、指针、对象等。C语言中的关系运算符包括"等于""不等于""大于""大于或等于""小于""小于或等于"6种,如表4-1所示。

表 4-1　关系运算符

运　算　符	含　义	示　例
==	等于	a==b
!=	不等于	a!=b
>	大于	a>b

续表

运 算 符	含 义	示 例
<	小于	a < b
>=	大于或等于	a >= b
<=	小于或等于	a <= b

关系运算的结果是布尔值,即真(true)或假(false)。C语言没有布尔类型,通常用 0 表示"假",非 0 表示"真"。

【例 4-1】　了解关系运算符的应用。从键盘输入 3 个整数,输出关系比较结果。

```
1    /* 例 4-1
2    目的: 验证关系运算符
3    应用场景: 无
4    */
5    # include < stdio. h>
6    # include < stdlib. h>
7    int main( )
8    {
9        // 变量声明
10       int a,b,c;
11       // 输入
12       printf("请输入 a,b,c: ");
13       scanf("% d, % d, % d",&a,&b,&c);
14       // 处理过程
15       printf("你的输入: a = % d; b = % d; c = % d\n",a,b,c);
16       printf("a > b? % d\n",a > b);
17       printf("a <= c? % d\n",a <= c);
18       printf("b == c? % d\n",b == c);
19       printf("a!= c? % d\n",a!= c);
20       return 0;
21   }
```

运行结果如下。

```
请输入 a,b,c:5,8,8↙
你的输入: a = 5; b = 8; c = 8
a > b? 0
a <= c? 1
b == c? 1
a!= c? 1
```

4.1.2　关系表达式的应用

C语言用于比较的表达式,称为"关系表达式"。关系表达式通常返回 1 或 0,表示真或假。C语言中,0 表示假,所有非零值表示真。比如,100 > 80 返回结果 1,12 > 15 则返回结果 0。

关系表达式常用于本章的条件判断 if 语句(包括 if-else 语句)或第 5 章的循环语句。

【例 4-2】 了解关系表达式的应用。从键盘输入 3 个整数,输出关系比较结果。

```
1    /* 例 4 - 2
2    目的: 验证关系运算符
3    应用场景: 无
4    */
5    # include < stdio. h>
6    # include < stdlib. h>
7    int main( )
8    {
9        // 变量声明
10       int a,b,c;
11       // 输入
12       printf("请输入 a,b,c: ");
13       scanf(" % d, % d, % d",&a,&b,&c);
14       // 处理过程
15       printf("你的输入: a = % d; b = % d; c = % d \n",a,b,c);
16       if(a>b)
17       {
18           printf("a 大于 b\n");
19       }
20       else
21       {
22           printf("a 不大于 b\n");
23       }
24       if(b==c)
25       {
26           printf("b 与 c 相等\n");
27       }
28       else
29       {
30           printf("b 与 c 不相等\n");
31       }
32       return 0;
33   }
```

程序运行结果如下。

```
请输入 a,b,c:5,8,8 ↙
你的输入: a = 5; b = 8; c = 8
a 不大于 b
b 与 c 相等
```

其中,if-else 语句的用法,将在第 4.2 节详细介绍。需要注意区分"=="和"="。前者是关系运算符,表达的是两个操作数"相等",表达式的结果是"真"(用非 0 来表示,通常是 1)或"假"(用 0 来表示);后者是赋值运算符,表达的是将赋值运算符右边表达式的值"赋值"给赋值运算符左边的变量。

有时候,可能会不小心写出错误的代码,它可以运行,但很容易出现意料之外的结果。例如,例 4-2 中,输入 b 和 c 的值都等于 8,因此,b==c 这个关系表达式的结果是"真",因此程序会执行第 26 行语句,输出"b 与 c 相等"的信息。但是,如果不小心将关系运算符"=="写成了赋值运算符"=",则会出现与原意不相符合的结果。当输入 b=8,c=9 的时候,原意是输出"b 与 c 不相等"的信息,但由于执行的是 if(b=c),程序会将 c 的值(假设输入 9)赋给 b,赋值表达式的结果是 9,因此条件判断语句变成 if(9),"非 0"即真,因此,仍然会执行第 26 行语句,输出"b 与 c 相等"的信息。这显然不是我们想要的结果。

为了防止出现这种错误,建议在使用"相等"关系运算符的时候,将变量写在等号的右边。例如,判断变量 a 的值是否为偶数,写成如下表达式。

```
0 == a % 2
```

【例 4-3】 了解相等表达式的应用。从键盘输入一个整数,输出该整数是偶数还是奇数。

```
1    /* 例 4 - 3
2    目的: 验证相等运算符 " == "
3    应用场景: 奇偶数判断
4    */
5    # include < stdio. h >
6    # include < stdlib. h >
7    int main( )
8    {
9        // 变量声明
10       int a;
11       // 输入
12       printf("请输入整数 a: ");
13       scanf(" % d",&a);
14       // 处理过程
15       printf("你的输入: a = % d, ",a);
16       if(0 == a % 2)
17       {
18           printf("a 是偶数.\n");
19       }
20       else
21       {
18           printf("a 是奇数.\n");
23       }
24       return 0;
25    }
```

输入 5 时的程序运行结果如下。

```
请输入 a:5↙
你的输入: a = 5,a 是奇数。
```

输入 8 时的程序运行结果如下。

```
请输入 a:8↙
你的输入: a = 8,a 是偶数。
```

其中,if-else 语句的用法,将在第 4.2 节详细介绍。在使用关系运算符构成关系表达式的时候,还需要注意多个关系运算符不宜连用,而应该用逻辑运算符。

4.2　if 语句

if 语句可以构成选择结构,它根据给定的条件进行判断,以决定执行某个分支程序段或语句块。其基本形式包括单分支 if 选择结构、双分支 if-else 选择结构、多分支 if-else if…选择结构 3 种,对应流程分别如图 4-2、图 4-3 及图 4-4 所示。

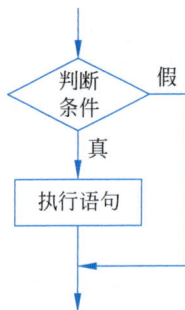

图 4-2　单分支 if 选择结构流程

图 4-3　双分支 if-else 选择结构流程

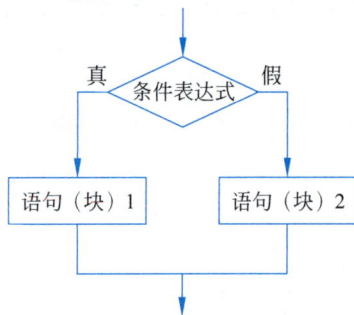

图 4-4　多分支 if-else if…选择结构流程

4.2.1　用 if 语句实现单分支选择结构

单分支选择结构 if 语句是一种常见的编程语言中用于实现条件判断的语句,可对应于日常生活中的"如果……就……"。基本语法格式如下。

```
if(条件表达式)
{
    语句序列;
}
```

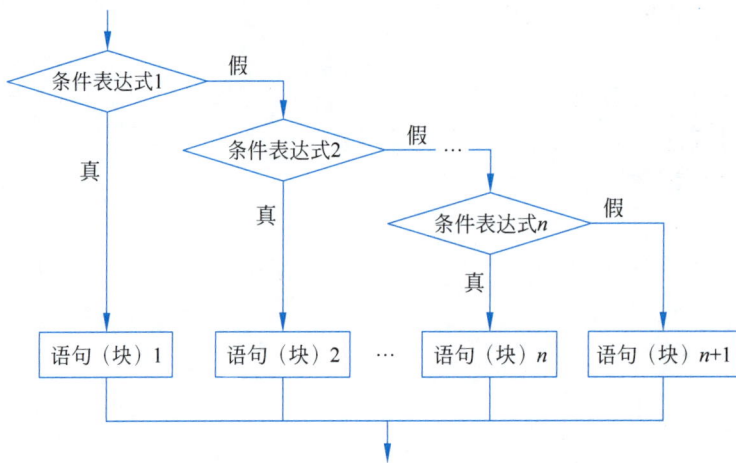
第 8 集
微课视频

其中,如果条件表达式的结果为真,则执行花括号中的语句序列,否则跳过整个 if 语句。单分支 if 选择结构流程如图 4-2 所示。

单分支 if 选择结构的应用非常广泛,例如可以用它来判断用户的输入是否合法,或者根据某个条件来控制程序的执行流程。以学生成绩管理系统里的成绩判断为例解释如下。

【例 4-4】 成绩评定:从键盘输入一个成绩,输出及格与否,是否需要重修。

分析:用户首先根据提示输入一个成绩。如果成绩低于 60 分,则表示成绩不及格,需要重修。用 if 语句实现单分支选择结构。代码如下。

```
1      /* 例 4 - 4
2      目的:验证单分支 if 选择结构
3      应用场景:成绩评定(如果某学生考试成绩低于 60 分,则显示不及格,需要重修)
4      */
5      # include < stdio. h >
6      # include < stdlib. h >
7      int main( )
8      {
9          // 变量声明
10         int Score;
11         // 输入
12         printf("请输入成绩: ");
13         scanf(" % d",&Score);
14         // 处理过程
15         if(Score < 60)
16         {
17             printf("成绩不及格,需要重修。\n");       //输出 (已包括在处理过程中)
18         }
19         return 0;
20     }
```

程序运行结果如下。

```
请输入成绩: 55 ↙
成绩不及格,需要重修。
```

例 4-4 给出一个非常完整的程序,目的是希望读者在编程实践中能够严格遵循基本的程序设计规范,养成良好的编程风格。在本章其他示例中,为了节省篇幅,将主要突出基本的处理过程而省略完整的程序结构。

例 4-4 代码主要的处理过程如下:首先定义一个变量 Score,然后提示用户输入一个成绩,并赋给 Score 变量。接着判断 Score 是否低于 60 分,如果低于 60 分,则输出不及格相关信息。这属于典型的单分支选择结构。

在使用单分支 if 选择结构语句时需要注意的是,条件表达式的结果必须是一个布尔类型的值(C 语言没有布尔数据类型,因此用整数 0 和非 0 代替"假"和"真"),而且在花括号中的执行语句也必须是符合语法的代码块,否则会导致编译错误。

另外,为了增加代码的可读性,建议在写 if 语句时加上注释,以便日后修改完善代码。

【例 4-5】 输入检查：从键盘输入一个成绩，如果输入的是负数，提醒输入不正确。

分析：用户首先根据提示输入一个成绩。如果成绩低于 0，则提示输入不正确，需要重新输入。代码如下。

```
1   /* 例 4-5
2   目的：验证单分支 if 选择结构
3   应用场景：输入检查(如果输入的学生考试成绩低于 0,则提示输入不正确)
4   */
5   #include<stdio.h>
6   #include<stdlib.h>
7   int main()
8   {
9       // 变量声明
10      int Score;
11      // 输入
12      printf("请输入成绩：");
13      scanf("%d",&Score);
14      // 处理过程
15      if(Score<0)
16      {
17          printf("输入不正确。\n");      //输出 (已包括在处理过程中)
18      }
19      return 0;
20  }
```

程序运行结果如下。

```
请输入成绩：-4↙
输入不正确。
```

例 4-5 和例 4-4 几乎一致，但例 4-5 用于对输入的成绩是否正确进行检查。如果需要反复输入直到正确为止，需要用到第 5 章介绍的循环结构，详见第 5 章。

如果要在 if 语句中执行多个语句，则必须将语句放在花括号内。如果不把要在 if 中执行的语句放在花括号内，程序只会在 if 下面执行一个语句，可能造成与预想不一样的结果。下面通过例 4-6 进行说明。

【例 4-6】 输入检查：从键盘输入一个成绩，如果输入的是负数，则求其绝对值，并输出。

```
1   /* 例 4-6
2   目的：验证单分支 if 选择结构
3   应用场景：输入检查(如果这个数是负数,则取它的绝对值)
4   */
5   #include<stdio.h>
6   #include<stdlib.h>
7   int main()
8   {
9       // 变量声明
10      int Score;
11      // 输入
```

```
12        printf("请输入成绩：");
13        scanf("% d",&Score);
14        // 处理过程
15        if(Score < 0)
16            Score = -1 * Score;
17            printf("输入的成绩为\n",Score);
18        return 0;
19    }
```

例 4-6 第 16 行和第 17 行在 if(Score < 0)语句之后,本意是想都作为单分支 if 选择结构的执行语句,但因为没有放在一对花括号之内,if 单分支选择结构的实际执行语句只有第 16 行。

输入−89 时的程序运行结果如下。

请输入成绩：−89 ✓
输入的成绩为 89

输入 89 时的程序运行结果如下。

请输入成绩：89 ✓
输入的成绩为 89

而如果将第 16 行和第 17 行用花括号定界,都作为单分支 if 选择结构的执行语句,即程序第 15 行代码如下。

```
15        if(Score < 0)
16        {
17            Score = -1 * Score;
18            printf("输入的成绩为\n",Score);
19        }
20        return 0;
21    }
```

输入−89 时的程序运行结果如下。

请输入成绩：−89 ✓
输入的成绩为 89

输入 89 时的程序运行结果如下。

请输入成绩：89 ✓

4.2.2 用 if-else 语句实现双分支选择结构

如果说单分支选择结构通常用于"如果……就……"的生活场景,双分支选择结构则通常用于"非此即彼"的判断中,实现"如果……就……,否则……就……"的场景。基本语法格式如下。

```
if(条件表达式)
{
     语句序列(块)1;
}
else
{
     语句序列(块)2;
}
```

双分支 if-else 选择结构流程如图 4-3 所示。其中,如果条件表达式的结果为真,则执行花括号中的语句序列(块) 1,否则执行 else 语句之后的花括号中的语句序列(块) 2。

双分支 if-else 选择结构的应用非常广泛,只要是非此即彼的判断,都可以用双分支 if-else 选择结构来实现。仍然以学生成绩管理系统里的应用场景为例说明。期评成绩指期末考试测评成绩,通常由平时成绩和期末卷面成绩组成。如果学生的期末卷面成绩低于 50 分,则失去加平时成绩的权利,期评成绩等于卷面成绩,否则,可以加平时成绩的比例。因此,某学生如果期末卷面成绩在 50~59 分,则有可能因为平时成绩比较高而获得及格以上的成绩。

【例 4-7】 期末成绩评定:从键盘输入期末卷面成绩和平时成绩,根据期末卷面成绩判断是否需要加平时成绩,最后输出期评成绩。

分析:用户首先根据提示输入一个期末卷面成绩。如果期末卷面成绩低于 50 分,则期评成绩等于期末卷面成绩;否则,期评成绩等于期末卷面成绩×70%＋平时成绩×30%。用 if-else 语句实现双分支选择结构。代码如下。

```
1    /* 例 4-7
2      目的:验证双分支 if-else 选择结构
3    */
4    #include<stdio.h>
5    #include<stdlib.h>
6    int main( )
7    {
8        // 变量声明
9        int Score,Score_1, Score_final;
10       // 输入
11       printf("请输入期末卷面成绩和平时成绩: \n");
12       scanf("%d%*c%d",&Score,&Score_1);
13       // 处理过程
14       if(Score<50)
15       {
16           Score_final = Score;
17       }
18       else
19       {
20           Score_final = (int)(Score*0.7 + Score_1*0.3);
21       }
22       // 输出
```

```
23        printf("期评成绩为%d\n",Score_final);
24        system("pause");
25        return 0;
26   }
```

例 4-7 的主要处理过程如下：首先定义 Score、Score_1、Score_final 变量，然后提示用户输入期末卷面成绩和平时成绩。接着判断 Score 是否低于 50 分，如果低于 50 分，则最终的期评成绩等于期末的卷面成绩；否则，最终的期评成绩等于期末卷面成绩乘以 0.7 加上平时成绩乘以 0.3，最后输出期末成绩。

输入期末卷面成绩和平时成绩分别为 48,76 时，程序运行结果如下。

```
请输入期末卷面成绩和平时成绩：
48,76↙
期评成绩为 48
```

输入期末卷面成绩和平时成绩分别为 85,95 时，程序运行结果如下。

```
请输入期末卷面成绩和平时成绩：
85,95↙
期评成绩为 87
```

4.2.3 条件运算符和条件表达式

在 if-else 语句中，如果只执行单个的赋值语句，通常可以用条件表达式来实现，不但可以使程序简洁，而且也提高了运行效率。条件表达式一般形式如下。

```
表达式 1?表达式 2:表达式 3;
```

其中，由一个问号和一个冒号组成的运算符称为条件运算符，是 C 语言中唯一的一个三目运算符，即有 3 个参与运算的参量。条件表达式的求值规则：先判断表达式 1 的值，如果表达式 1 的值为真(非 0)，则以表达式 2 的值作为条件表达式的值；否则以表达式 3 的值作为条件表达式的值。

条件表达式通常用于赋值语句之中。其赋值过程如图 4-5 所示。

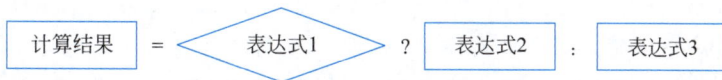

图 4-5 条件表达式赋值过程

例如求 a 和 b 的最大值，使用 if-else 语句编写程序如下。

```
if(a>b) max=a;
else max=b;
```

用条件表达式编写程序如下。

```
max=(a>b)?a:b;
```

使用条件运算符需要注意如下两点。

(1) 条件运算符是一个整体,其中的问号和冒号不能分开使用。

(2) 条件运算符的优先级低于关系运算符和算术运算符,高于赋值运算符。因此,max＝ (a＞b)?a:b 语句中的圆括号可以去掉而不影响结果,即可以写成 max＝a＞b?a:b。

【例 4-8】 了解条件运算符的基本使用方法。从键盘输入两个整数,求其最大值。

分析:用条件运算符可以简洁地表达。代码如下。

```
1    /* 例 4-8
2      目的:验证条件运算符的使用方法
3    */
4    # include < stdio.h >
5    # include < stdlib.h >
6    int main( )
7    {
8        // 变量声明
9        int a,b,max;
10       // 输入
11       printf("请输入两个整数: \n");
12       scanf("%d%*c%d",&a,&b);
13       // 处理过程
14       max = (a > b) ? a : b;
15       // 输出
16       printf("最大值为%d", max);
17       return 0;
18   }
```

例 4-8 中,首先声明 3 个变量 a、b 和 max,然后使用条件运算符来比较 a 和 b,如果 a 大于 b,则将 a 的值赋给 max,否则将 b 的值赋给 max。

程序运行结果如下。

```
请输入两个整数: 48,76↙
最大值为 76
```

【例 4-9】 了解条件运算符的基本使用方法。无论输入的是大写字母还是小写字母,都输出小写字母。

分析:检查一个字符是否是大写字母,如果是,则将其转换为小写字母。首先声明一个字符变量 ch,然后使用条件运算符来检查 ch 是否是大写字母,如果是,则将 ch 转换为小写字母,否则不进行转换。代码如下。

```
1    /* 例 4-9
2      目的:验证条件运算符的使用方法
3    */
4    # include < stdio.h >
5    # include < stdlib.h >
6    int main( )
7    {
```

```
8          // 变量声明
9          char ch, ch_low;
10         // 输入
11         printf("请输入一个字母: ");
12         scanf(" % c",&ch);
13         // 处理过程
14         ch_low = (ch >= 'A' && ch <= 'Z') ? ch + 32 : ch;
15         // 输出
16         printf("忽略大小写,你输入的是 % c",ch_low);
17         return 0;
18    }
```

例 4-9 中在判断是否是大写字母的时候,用到了 4.4 节中介绍的逻辑运算符"&&"。这里对输入的字符进行大小比较,判断是否处于'A'和'Z'之间,如果是,则 ch_low 的值由 ch+32 获得,即转换为小写字母;否则由 ch 本身获得。

输入 a 时,程序运行结果如下。

```
请输入一个字母: a ↙
忽略大小写,你输入的是 a
```

输入 M 时,程序运行结果如下。

```
请输入一个字母: M ↙
忽略大小写,你输入的是 m
```

4.2.4　用 if-else if···语句实现多分支选择结构

多分支选择结构基本语法格式如下。

```
if(条件表达式 1)
{
      语句(块)1
}
else if(条件表达式 2)
{
      语句(块)2
}
else if(条件表达式 3)
{
      语句(块)3
}
…
else if(条件表达式 n)
{
      语句(块)n
}
else
{
      语句(块)n+1
}
```

多分支 if-else if…选择结构流程如图 4-4 所示。如果条件表达式 1 为真,则执行语句(块)1;否则,再判断条件表达式 2,如果为真,则执行语句(块)2……,以此类推。如果到条件表达式 n 都不为真,则执行 else 语句之后的语句(块)$n+1$。

仍然以学生成绩管理系统里的应用场景为例说明。对学生的成绩评定,除了通常的百分制之外,还有等级制,通常包括"优秀""良好""中等""及格""不及格"5 个等级。等级制与百分制的换算关系如表 4-2 所示。

表 4-2　成绩评定中等级制与百分制的换算关系

百分制成绩	五级制评定等级	百分制成绩	五级制评定等级
0～59	不及格	80～89	良好
60～69	及格	90～100	优秀
70～79	中等		

【例 4-10】　百分制成绩转换为五级制评定等级。从键盘输入学生的成绩,输出该学生的等级制成绩。

分析:成绩的等级制分为"优秀""良好""中等""及格""不及格"5 个等级,用多分支 if-else if…选择结构可以实现百分制成绩向等级制成绩的转换。代码如下。

```
1    /* 例 4-10
2      目的:验证多分支 if-else if…选择结构
3      应用场景:成绩评定:百分制成绩转换为等级制
4    */
5    #include <stdio.h>
6    #include <stdlib.h>
7    int main()
8    {
9        // 变量声明
10       int Score;
11       // 输入
12       printf("请输入期评成绩:");
13       scanf("%d",&Score);
14       // 处理过程
15       if(Score<60)
16           printf("期评等级:不及格\n");
17       else if(Score<70)
18           printf("期评等级:及格\n");
19       else if(Score<80)
20           printf("期评等级:中等\n");
21       else if(Score<90)
22           printf("期评等级:良好\n");
23       else
24           printf("期评等级:优秀\n");
25       return 0;
26   }
```

例 4-10 的主要的处理过程如下:首先定义 Score 变量表示某学生的期评成绩,并提示用户输入期评成绩。然后根据 Score 的分值,用多分支 if-else if…选择结构来给出等级。

输入期评成绩为 87 时,程序运行结果如下。

请输入期评成绩: 87 ✓
期评等级: 良好

输入期评成绩为 95 时,程序运行结果如下。

请输入期评成绩: 95 ✓
期评等级: 优秀

输入期评成绩为 59 时,程序运行结果如下。

请输入期评成绩: 59 ✓
期评等级: 不及格

例如用户输入的值是 87,该值不满足第 1 个条件表达式(Score < 60),则进入 else if 语句,判断是否满足第 2 个条件表达式(Score < 70)。仍然不满足则继续进入 else if 语句,判断是否满足第 3 个条件表达式(Score < 80)。仍然不满足,然后继续进入 else if 语句,判断是否满足第 4 个条件表达式(Score < 90)。此时第 4 个条件表达式得到满足,则执行 printf("期评等级:良好\n")语句,给出"良好"的等级评定。

如果用户输入 59,则满足第一个条件表达式(Score < 60),直接执行 printf("期评等级:不及格\n")语句,给出"不及格"的等级评定。

这种多选择结构也称为阶梯式 if-else-if,是多重 if 结构,可以理解为 if-else 的一种特殊形式。事实上,如果把 else if 语句的 if 写在 else 的换行之后,并且用花括号括起来,就可以认为是 4.2.5 节介绍的嵌套 if-else 结构。此时,if-else if…语句的语法格式如下。

```
if(条件表达式 1)
{
    语句(块)1;
}
else
{
    if(条件表达式 2)
    {
        语句(块)2;
    }
    else
    {
        if(条件表达式 3)
        {
            语句(块)3;
        }
        …
    }
}
```

可以看出,这种结构的层次感较强,但程序的复杂性有增加。

4.2.5　if-else 语句的嵌套

本书力求给读者展示一种严谨的编程风格,因此,在 4.2.1 节、4.2.2 节、4.2.3 节中介绍的 if 语句、if-else 语句、if-else if…语句中的执行语句(块)都用一对花括号进行定界。事实上,如果某一个执行语句(块)中只有一个语句,这个花括号是可以省略的。但是,为了避免一些可能的错误,在编程中添加这一对花括号是一个良好的编程习惯。

嵌套其实是对 if-else 语句中的执行语句(块)的扩展。执行语句(块)可以是任何语句的集合,当然也包括由分支语句实现的 if-else 语句。以"if-else 语句"嵌套"if-else 语句"为例,嵌套语句的构成如图 4-6 所示。

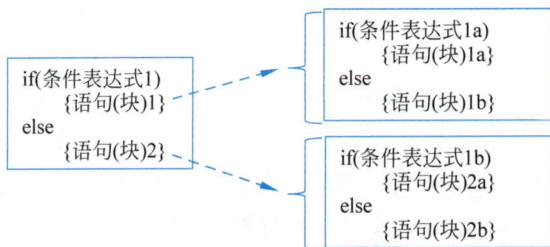

图 4-6　if-else 语句的嵌套

根据图 4-6 写出的 if-else 语句二级嵌套语法格式如下。

```
if(条件表达式 1)
{
    if(条件表达式 1a)
    {
        语句(块)1a
    }
    else
    {
        语句(块)1b
    }
}
else
{
    if(条件表达式 1b)
    {
        语句(块)2a
    }
    else
    {
        语句(块)2b
    }
}
```

嵌套可以是多级的。图 4-6 对应的语法只是两级嵌套。初学者应首先掌握两级嵌套的应用,在熟悉嵌套的思想的基础之上再进行更加复杂的嵌套程序设计。

用 if-else 语句的嵌套可以完成很复杂的分支程序设计,实现复杂的功能。以成绩管理系统为例,大于或等于 60 分和小于 60 分是两个大的分支;在超过 60 分的分支中,可以有很多新的功能,比如可以评定优秀,有资格进行奖学金评选等。

下例以学生申评奖学金为例进行说明。在申评奖学金的时候,虽然成绩是一个非常重要的因素,但不是唯一的,通常还有很多其他因素,比如申请人必须热爱祖国,拥护党的领导,遵纪守法,诚实守信;综合排名在年级前 30% 、无不良记录、实践能力突出等。详见例 4-11。

【例 4-11】 奖学金申评条件。从键盘输入学生的 3 个分数,输出是否符合奖学金评审条件。其中,3 个分数,分别代表学科综合成绩、代表"热爱祖国,拥护党的领导,遵纪守法,诚实守信"的品德成绩、代表"实践能力"的实践成绩。符合奖学金的评审条件规定如下所示。

(1) 基础条件:品德成绩必须高于或等于 80 分才有资格申请奖学金;否则不能。

(2) 在满足基础条件的基础之上,实践成绩在 80 分以上,且学科综合成绩在 80 分以上有资格申评;如果实践成绩低于 80 分但高于 60 分,则学科综合成绩在 90 分以上才有资格申评。

分析:为了简化问题,本例设定 3 个分数,分别是代表学科综合成绩的 Score、代表"热爱祖国,拥护党的领导,遵纪守法,诚实守信"的品德成绩 Score_morality、代表"实践能力"的实践成绩 Score_practice。按基础条件规定,Score_morality≥80 才能申请奖学金,因此,后面的规定(2)是在规定(1)满足了的基础之上的。因此,这是一个典型的嵌套语句。用 if-else 嵌套语句实现的程序如下。

```
1    /* 例 4-11 奖学金申评条件
2      目的: 验证 if-else 嵌套语句
3      应用场景: 奖学金申评条件
4    */
5    #include <stdio.h>
6    #include <stdlib.h>
7    int main()
8    {
9        // 变量声明
10       int Score;            // 代表"学科综合成绩"的分数
11       int Score_morality;   // 代表"热爱祖国,拥护党的领导,遵纪守法,诚实守信"的品德成绩
12       int Score_practice;   // 代表"实践能力"的实践成绩
13       // 输入
14       printf("请分别输入学科综合成绩、品德成绩和实践成绩:\n");
15       scanf("%d %d %d",&Score,&Score_morality,&Score_practice);
16       // 处理过程
17       if(Score_morality >= 80)
18       {
19           if(Score_practice >= 80)
20           {
21               if(Score >= 80)
22               {
23                   printf("可以评奖学金。\n");
24               }
25               else
26               {
27                   printf("不可以评奖学金。\n");
```

```
28                  }
29              }
30          else if(Score_practice > = 60)
31          {
32              if(Score > = 90)
33              {
34                  printf("可以评奖学金。\n");
35              }
36              else
37              {
38                  printf("不可以评奖学金。\n");
39              }
40          }
41          else
42          {
43              printf("不可以评奖学金。\n");
44          }
45      }
46      else
47      {
48          printf("不可以评奖学金。\n");
49      }
50      return 0;
51  }
```

例 4-11 用双重 if-else 嵌套语句实现根据 3 个分数判断是否满足申评奖学金的资格的判断。其中第一层 if-else 语句,根据 Score_morality(代表"热爱祖国,拥护党的领导,遵纪守法,诚实守信"的分数)来判断,满足 Score_morality >=80 的基本条件才能进行其他条件的判断。例 4-11 的主要处理过程如下:首先根据提示输入学科综合成绩、品德成绩和实践成绩,然后用 if-else if 这种多选择结构来判断是否符合申评奖学金的条件。

按照提示输入的 3 个成绩分别为 87、75、88 时,程序运行结果如下。

请分别输入学科综合成绩、品德成绩和实践成绩: 87,75,88 ↙
不可以评奖学金。

按照提示输入的 3 个成绩分别为 87、88、88 时,程序运行结果如下。

请分别输入学科综合成绩、品德成绩和实践成绩: 87,88,88 ↙
可以评奖学金。

在使用 if-else 嵌套语句的时候,一个容易出现的错误是 if-else 配对混乱的情况。这时要特别注意 if 和 else 的配对问题。例如下面的语句中,程序设计者希望 else 语句是与第一个 if 语句进行配对的。

```
if(条件表达式 1)
    if(条件表达式 2)
        语句(块)1;
else
    语句(块)2;
```

然而,将上面的语句变成如下的语句似乎更符合逻辑。

```
if(条件表达式 1)
     if(条件表达式 2)
         语句(块)1;
     else
         语句(块)2;
```

注意,为了避免这种二义性,C 语言编译器的规范中,else 总是与最邻近的前面的 if 进行配对。因此对上述例子应按后一种情况理解。在使用 if-else 嵌套语句的时候要特别注意 if 和 else 的配对问题。

但是读者如果养成良好的编程风格,在每一个语句(块)上都加入一对花括号作为边界,就可以避免 if-else 配对混乱的情况。例如,将上面的语句在最外层的 if 语句中加入一对花括号进行定界,则不存在理解上的二义性,以避免可能的错误。

```
if(条件表达式 1)
{
     if(条件表达式 2)
     {
         语句(块)1;
     }
}
else
{
     语句(块)2;
}
```

读者可对例 4-11 做试验。如果将部分花括号去掉,例如下面左侧的代码变成右侧的代码,结果会是怎么样。

```
if(Score_practice > 80)
{
if(Score > 80)
    printf("可以评奖学金。\n");
else
    printf("不可以评奖学金。\n");
}
else if(Score_practice > 60)
{
if(Score > 90)
    printf("可以评奖学金。\n");
else
    printf("不可以评奖学金。\n");
}
else
    printf("不可以评奖学金。\n");
```

```
if(Score_practice > 80)

if(Score > 80)
    printf("可以评奖学金。\n");
else
    printf("不可以评奖学金。\n");
else if(Score_practice > 60)

if(Score > 90)
    printf("可以评奖学金。\n");
else
    printf("不可以评奖学金。\n");
else
    printf("不可以评奖学金。\n");
```

本章执行严谨的编程风格,在每一个分支语句中,都在 if 语句的语句(块)上加上了一对花括号作为定界符。

4.3　switch-case 语句

在前面介绍的 if 语句中,我们既可以用多重 if-else 语句来实现多分支选择结构,也可以使用嵌套 if-else 语句来实现复杂的分支选择结构。但是,如果分支较多,将会使得嵌套的 if-else 语句的层数较多,程序冗杂、可读性差。C 语言提供了 switch-case 语句来直接处理多分支选择的情况,大大提高代码的可读性。

4.3.1　switch-case 语句的基本形式

switch-case 语句是多路开关语句,其基本语法结构如下。

```
switch (变量表达式)
{
case 常量 1:
    语句(块)1;
    break;
case 常量 2:
    语句(块)2;
    break;
case 常量 3:
    语句(块)3;
    break;
...
case 常量 n:
    语句(块)n;
    break;
default: //默认情况
    语句(块)n + 1;
    break;
}
```

其中,switch,case,break 和 default 都是 C 语言中的关键字。

当变量表达式所表达的量与其中一个 case 语句中的常量相符时,就执行此 case 语句后面的语句,并依次下去执行后面所有 case 语句中的语句,除非遇到 break 语句跳出 switch-case 语句为止。如果变量表达式的量与所有 case 语句的常量都不相符,就执行 default 语句中的语句。

switch-case 语句都必须遵循以下规则。

(1) switch (变量表达式)中表达式的执行结果只能为整型和字符型,不能为实型。因此只能针对基本数据类型中的整型变量使用 switch-case 语句,这些类型包括 int、char 等。对于其他类型,必须使用 if 语句。

(2) case 标签必须是常量表达式,如 2 或者 '2'。case 标签必须是唯一性的表达式;也就是说,不允许两个 case 具有相同的值。

switch-case 语句非常有用,但在使用时必须谨慎。在使用 switch-case 语句时应注意以下几点。

（1）在 case 后的各常量表达式的值不能相同，否则会出现错误。

（2）在 case 后，允许有多个语句，可以不用{}括起来。

（3）各 case 语句和 default 语句的先后顺序可以变动，而不会影响程序执行结果。

（4）default 语句可以省略。

以成绩管理系统中的等级评定的情况说明问题。输入一个等级，输出对应的分数段。

【例 4-12】 成绩评定中五级制评定等级转换为百分制成绩。从键盘输入学生的五级制等级，输出对应的分数段。

分析：五级制评定等级有 A、B、C、D、E 分别代表优秀、良好、中等、及格和不及格。用 switch-case 语句可以轻易实现该转换过程。代码如下。

```
1    /* 例 4-12 成绩评定中五级制评定等级转换为百分制成绩
2      目的：验证 switch-case 语句
3      应用场景：成绩评定
4    */
5    #include <stdio.h>
6    #include <stdlib.h>
7    int main()
8    {
9        // 变量声明
10       char Score;
11       // 输入
12       printf("请输入五级制评定等级(A、B、C、D、E)：\n");
13       scanf(" %c",&Score);
14       // 处理过程
15       switch(Score)
16       {
17           case 'A':
18               printf("优秀(90~100)\n");
19               break;
20           case 'B':
21               printf("良好(80~89)\n");
22               break;
23           case 'C':
24               printf("中等(70~79)\n");
25               break;
26           case 'D':
27               printf("及格(60~69)\n");
28               break;
29           case 'E':
30               printf("不及格(0~59)\n");
31               break;
32           default:
33               printf("error!\n");
34               break;
35       }
36       return 0;
37   }
```

输入 B 时,程序运行结果如下。

```
请输入五级制评定等级(A、B、C、D、E):
B↙
良好(80~89)
```

输入 D 时,程序运行结果如下。

```
请输入五级制评定等级(A、B、C、D、E):
D↙
及格(60~69)
```

注意,每个 case 语句表示的条件后面都有一个冒号,即使是空语句,也不能省略该冒号,否则程序会出错。

通常 switch 语句和 break 语句配合使用才能形成真正意义上的多分支选择结构。执行完某一个分支之后,一般要用 break 语句跳出整个 switch 语句。

4.3.2 switch-case 语句实现多路开关控制结构

通常情况下,每个 case 语句后都应该有一个 break 语句,否则容易出现错误。但如果是多种情况对于同一个执行语句的时候,则不用 break 语句跳出 switch-case 语句。利用这个特点,可以用 switch-case 语句实现多路开关控制结构的程序设计。其基本形式如下。

第 10 集
微课视频

```
switch(变量表达式)
{
    case 常量 1:
        语句(块)1;
        break;
    case 常量 2:
    case 常量 3:
    case 常量 4:
        语句(块)2;
        break;
    ...
    case 常量 n:
        语句(块)n;
        break;
    default: //默认情况
        语句(块)n+1;
        break;
}
```

在这种结构中,如果在 case 常量 2 和 case 常量 3 分号后面是空语句,并且没有 break 语句,因此,符合检验条件 2、检验条件 3 的情况和检验条件 4 的情况是一样的,都执行 case 常量 4 分号后的语句(块)2。下面通过学生成绩管理系统中的五级制评定等级来说明。

【例 4-13】 成绩评定中百分制成绩转换为五级制评定等级。从键盘输入学生的百分制分数,输出对应的五级制评定等级。

分析:五级制评定等级有 A、B、C、D、E 分别代表优秀、良好、中等、及格和不及格。用

switch-case 语句可以轻易实现该转换过程。代码如下。

```
1    /* 例4-13 成绩评定中百分制成绩转换为五级制评定等级
2       目的：验证 switch-case 语句实现多路开关控制结构
3       应用场景：成绩评定
4    */
5    #include <stdio.h>
6    #include <stdlib.h>
7    int main()
8    {
9        // 变量声明
10       int Score;
11       // 输入
12       printf("请输入百分制分数：\n");
13       scanf("%d",&Score);
14       // 处理过程
15       switch(Score/10)              // 整数相除
16       {
17           case 10:
18           case 9:
19               printf("A(优秀)\n");
20               break;
21           case 8:
22               printf("B(良好)\n");
23               break;
24           case 7:
25               printf("C(中等)\n");
26               break;
27           case 6:
28               printf("D(及格)\n");
29               break;
30           case 5:
31           case 4:
32           case 3:
33           case 2:
34           case 1:
35           case 0:
36               printf("E(不及格)\n");
37               break;
38           default:
39               printf("分数错误!\n");
40               break;
41       }
42       return 0;
43   }
```

例4-13的主要的处理过程如下：首先定义 Score 变量表示某学生的百分制成绩，然后提示用户输入百分制成绩。根据 Score 的分值，用 switch-case 语句实现多分支判断从而给出相应的等级。switch 后面的表达式 Score/10 执行之后可以根据分数(0～100)得到 0、1、2、…、10 等11种可能的值。case 语句则对这11种可能的值进行选择。如果结果为10或者9，对应的是 90～100 分的情况,评定为优秀(等级 A),break 语句退出整个 switch-case 语句。类似地,对 0～59 分的情况,对应于 case 值为 5、4、3、2、1、0 这几种,因此,case 5、4、3、2、1 后面都是空语句,并且也不用 break 跳出。但是,如果在 case 9、8、7、6 之后不用 break 语句跳出,则会出现与预想不符合的运行结果。

输入 86 时的程序运行结果如下。

```
请输入百分制分数:
86 ↙
B(良好)
```

输入 66 时的程序运行结果如下。

```
请输入百分制分数:
66 ↙
D(及格)
```

输入 78 时,正常情况下输出结果如下。

```
请输入百分制分数:
78 ↙
C(中等)
```

如果将 case 7 后面的 break 语句去掉,则输入 78 时程序运行结果如下。

```
请输入百分制分数:
78 ↙
C(中等)
D(及格)
```

显然这不是程序设计者希望得到的结果,在这种情况下,break 语句是必不可少的。然而,对于 case10,对应的是输入分数为 100 的情况,与 90～99 分都属于"优秀"等级,因此,case10 分号后面是空语句,执行的是与后面 case9 相同的处理语句。后面 case5、case4、case3、case2、case1 情况类似。部分 case 分号后面为空,而执行与紧接其后的某 case 语句相同的处理语句,这种情况就是用 switch-case 语句实现多路开关控制结构的程序设计。

4.4　分支结构中逻辑运算符的应用及短路特性

在第 4.1 节中讲到的关系运算符,通常用于比较两个操作数,因此一般情况下由两个操作数进行关系比较可以得到判断结果。但很多情况下,需要构建更复杂的表达式来形成条件判断。因此,C 语言提供了逻辑运算符对表达式进行逻辑运算,构成更复杂的表达式。

下面的表达式是用两个关系运算符和 3 个操作数构成的。

```
i < j < k
```

上面示例中,连续使用两个小于运算符。这是合法表达式,程序不会报错,但是通常达不到想要的结果。即不是保证变量 j 的值在 i 和 k 之间。因为关系运算符是从左到右计算，所以实际执行的是下面的表达式。

```
(i<j)<k
```

其中，i<j 返回 0 或 1，因此整体表达的是由"1"或者"0"与变量 k 进行比较，如果 k 的值大于 1，则无论 i 和 j 是何值，最终的结果都为 1（即"真"）。如果想要判断变量 j 的值是否在 i 和 k 之间，应该使用下面的写法。

```
i<j && j<k
```

其中，&& 表示"逻辑与"，为一个逻辑运算符。本节重点对逻辑运算符进行阐述。

4.4.1　逻辑非、与、或运算符的应用

逻辑运算符提供逻辑判断功能，用于构建更复杂的表达式。C 语言中的逻辑运算符有下面 3 个。

（1）!：逻辑非（取反）运算符，改变单个表达式的真假。

（2）&&：逻辑与运算符，即"并且"，当两侧的表达式都为真时逻辑结果为真，否则为假。

（3）||：逻辑或运算符，即"或者"，当两侧至少有一个表达式为真时为真，否则为假。

1. 逻辑非运算符

逻辑非运算符"!"是一个单目操作符，只有一个操作数，表达的是"取反"的意思。通常在程序中对表达"某一种结果是否达成"设置一个变量 flag，如果达成了，将 flag 设置为 1，否则设置为 0。这样，方便后续对该结果做判断。如果 flag 为真，则 !flag 为假；反之亦然。

在例 4-3 中，用 if-else 语句判断一个整数是奇数还是偶数。如果改用设置 flag 的方式来表达，则可将代码改为如下代码。

（同）【例 4-3】

```
1    /* 例 4-3
2    目的: 验证设置 flag 的方法
3    应用场景: 奇偶数判断
4    */
5    # include < stdio. h>
6    # include < stdlib. h>
7    int main( )
8    {
9        // 变量声明
10       int a;
11       int flag = 0;            // 默认 0,为奇数
12       // 输入
```

```
13        printf("请输入整数 a: ");
14        scanf("%d",&a);
15        // 处理过程
16        printf("你的输入: a = %d, ",a);
17        if(0 == a % 2)
18        {
19            flag = 1;           // 代表偶数
20        }
21        // 输出
22        if(!flag)
23        {
24            printf("a 是偶数.\n");
25        }
26        else
27        {
28            printf("a 是奇数.\n");
29        }
30        return 0;
31    }
```

输入 5 时,程序运行结果如下。

```
请输入 a:5 ↙
你的输入: a = 5,a 是奇数。
```

输入 8 时,程序运行结果如下。

```
请输入 a:8 ↙
你的输入: a = 8,8 是偶数。
```

如果 flag 为 0(假),则!flag 为 1(真),因此输入 8 的时候,执行的是第 24 行语句,输出"8 是偶数。"的信息。

2. 逻辑与运算符

逻辑与运算符"&&"是一个双目操作符,有两个操作数,表达的是"并且"的意思。使用的方式是 a&&b,即当 a 为"真"且 b 为"真"的时候,整个表达式才为真;只要有一个操作数的值为"假",则整个表达式的逻辑结果为"假"。

例如,成绩评定的时候评定为"良好"的条件是 80 =< score < 90,表述如下。

```
if(80 =< score && score < 90)
{
    printf("良好\n");
}
```

这里表达的意思就是 score 既要大于或等于 80,又要小于 90,两个条件必须同时满足方可评定为"良好"。

3. 逻辑或运算符

逻辑或运算符"||"也是一个双目操作符,表达的是"或者"的意思,使用的方式是 a||b。

两边的表达式只要有一个是真,整个表达式就是真;两边的表达式都为假的时候,整个表达式才为假。下面通过判断三角形是否能够构成的例子来说明。

【例 4-14】　三角形判断:从键盘输入三角形的 3 条边,判断是否能够构成三角形,若能构成则输出三角形的面积,否则给出错误提示。

分析:三角形的 3 条边之间存在如下关系:任意两条边的边长和都大于第三条边。因此用"逻辑或"运算符可以实现相应的判断,并用 if-else 语句实现双分支判断。代码如下。

```
1      / * 例 4-14 三角形判断
2      目的:验证 逻辑或运算符 "||"
3      */
4      # include < stdio. h >
5      # include < math. h >
6      int main( )
7      {
8          // 变量声明
9          int a, b, c;
10         float s,area;
11         // 输入
12         printf("请输入三角形的 3 条边长:");
13         scanf(" % d, % d, % d",&a,&b,&c);
14         // 处理过程
15         s = (a + b + c)/2.0;
16         if (a + b<= c || a + c <= a || a + c <= b)
17         {
18             printf("不构成三角形\n");
19         }
20         else
21         {
22             area = sqrt(s * (s - a) * (s - b) * (s - c));
23             printf("三角形的面积是:% f", area) ;
24         }
25         return 0;
26     }
```

例 4-14 中,程序第 16 行代码即为用"逻辑或"运算符对 3 个条件(a+b<=c)、(a+c<=a)和(a+c<=b)进行逻辑连接,3 个条件满足其中一个就表示 3 条边不能构成三角形。

输入三角形的 3 条边长分别为 5、6、7 时,程序运行结果如下。

```
请输入三角形的 3 条边长:5,6,7 ↙
三角形的面积是:14.696938
```

输入三角形的 3 条边长分别为 4、7、12 时,程序运行结果如下。

```
请输入三角形的 3 条边长:4,7,12 ↙
不构成三角形
```

本小节介绍的 3 种逻辑运算符的运算结果在 2.4.5 节做了归纳。

运用逻辑运算符构成的表达式称为逻辑表达式,一般可以构建更为复杂的逻辑表达功能。下面以闰年判断为例进行说明。

【例 4-15】　闰年判断。输入一个年份,输出是否是闰年。

分析:闰年的判断条件如下。

(1) 能被 4 整除并且不能被 100 整除是闰年。

(2) 能被 400 整除是闰年。

因此,综合应用"逻辑与"和"逻辑或"运算符形成逻辑表达式,可以完成闰年的判断。代码如下。

```
1    /* 例 4-15 闰年判断
2       目的: 验证逻辑表达式
3    */
4    # include < stdio.h >
5    # include < stdlib.h >
6    int main( )
7    {
8        // 变量声明
9        int year,flag;
10       // 输入
11       printf("请输入年份: ");
12       scanf("%d",&year);
13       // 处理过程
14       flag = year % 4 == 0&&year % 100!= 0||year % 400 == 0?1:0;
15       // 输出
16       if(flag == 1)
17       {
18           printf("%d年是闰年。\n",year);
19       }
20       else
21       {
22           printf("%d年不是闰年。\n",year);
23       }
24       return 0;
25   }
```

例 4-15 的主要处理过程如下:首先接收输入一个年份;然后用 4.2.3 节介绍的条件运算符来判断是否是闰年,并用一个标志位 flag 变量来表示。最后用 if-else 语句根据 flag 变量是否为 1 来给出是否是闰年的结果。

判断闰年的条件简写如下。

```
year % 4 == 0 && year % 100 != 0 || year % 400 == 0
```

输入年份为 2023 时,程序运行结果如下。

```
请输入年份: 2023↙
2023 年不是闰年。
```

输入年份为 2024 时,程序运行结果如下。

请输入年份：2024 ↙
2024 年是闰年。

4.4.2　逻辑表达式的短路特性

C 语言逻辑运算的特点是先对左侧的表达式求值，再对右侧的表达式求值。如果左边的表达式满足逻辑运算符的条件，就不再对右边的表达式计算，这种情况称为"短路"。

对于逻辑与运算符"&&"，在上文中提到的成绩评定中表示"良好"的评定条件如下。

```
if(score >= 80 && score < 90)
```

表达式中"&&"的左操作数是 score >= 80，右操作数是 score < 90。如果 score 为 79，score >= 80 为假，即使不判断 score < 90 是否为真，整个表达式的结果也是假。因此对于"&&"操作符来说，左操作数的结果已经为假，右操作数就不会被执行。

对于逻辑或运算符"||"，判断当前月份所处的季节是否是冬季的判断条件如下。

```
if(month == 12 || month == 1 || month == 2)
```

如果当前月份为 12 月，month == 12 已经为真，则不需要再判断 month == 1 ||month == 2，整个表达式的结果为真。因此当"||"运算符的左操作数的结果不为 0 时，就不需要执行右操作数中的相关表达式了。

上述这种仅仅根据左操作数的结果就能知道整个表达式的结果，不再对右操作数进行计算的逻辑运算称为"短路求值"。

下面通过一个例子来进一步说明"&&"和"||"的短路特性。

【例 4-16】　逻辑运算的短路求值。

```
1    /* 例 4-16 逻辑运算短路求值
2      目的：验证逻辑运算的短路特性
3      应用场景：空
4    */
5    # include < stdio.h >
6    # include < stdlib.h >
7    int main( )
8    {
9        // 变量声明
10       int a = 1,b = 2,c = 3,d = 4;
11       int m = 0,n = 0;
12       // 处理过程
13       m = --a && --b && d++;
14       n = b-- || ++c || d++;
15       // 输出
16       printf(" a = %d\n b = %d\n c = %d\n d = %d\n", a, b, c, d);
17       return 0;
18   }
```

程序运行结果如下。

```
a = 0
b = 1
c = 3
d = 4
```

例 4-16 中,a 初始化为 1,因此在程序第 13 行对 m 进行求值计算的时候,先计算－－a,结果为 0,因此,该行代码中第一个"&&"运算符右侧的表达式不需要计算。

程序第 14 行对 n 进行求值的时候,由于 b 初始化为 2,执行"b－－"的结果为 1,因此"||"左侧表达式为真,此时右侧的表达式不需要再执行。因此,c 和 d 的值实际上并没有改变。

为了验证逻辑表达式的短路特性,将程序第 13 行修改为如下代码。

```
13        m = a-- && --b && d++;
```

程序运行结果如下。

```
a = 0
b = 0
c = 3
d = 5
```

请读者思考一下具体的执行过程。

4.5　科技前沿之机器学习

机器学习是一种实现人工智能的方法。

1. 机器学习的含义

机器学习指机器使用大量数据进行学习的能力,而不是使用硬编码规则。机器学习就是通过算法,使得机器能从大量历史数据中学习规律,从而对新的样本做智能识别或对未来做预测。

2. 溯源

机器学习直接来源于早期的人工智能领域,传统的算法包括决策树、聚类、贝叶斯分类、支持向量机、最大期望算法、Adaboost 算法等。

3. 机器学习算法

按照学习方法分类,机器学习算法可以分为监督学习(如分类问题)、无监督学习(如聚类问题)、半监督学习、集成学习、深度学习和强化学习等。

4. 机器学习如何学习

机器学习是一种实现人工智能的方法,也是目前被认为比较有效的实现人工智能的手段。机器学习允许计算机自己学习,这种学习方式利用了现代计算机的处理能力,可以轻松地处理大型数据集。机器学习最基本的做法,是使用算法来解析数据、从中学习,然后对真实世界中的事件做出决策或预测。与传统的为解决特定任务、硬编码的软件程序不同,机器学习用大量的数据来"训练",通过各种算法从数据中学习如何完成任务。

举个简单的例子,当我们浏览网上商城时,经常会出现商品推荐的信息。这是商城根据你往期的购物记录和冗长的收藏清单,识别出其中哪些是你真正感兴趣,并且愿意购买的产品后做出的推荐。这样的决策模型,可以帮助商城为客户提供建议并鼓励产品消费。

5. 机器学习应用领域

目前在业界使用机器学习的领域很多,例如:计算机视觉、自然语言处理、推荐系统等。大家生活中经常用到的比如高速公路上的电子不停车收费(Electronic Toll Collection)车牌识别、新闻网站的新闻推荐、购物网站上的评价描述等,都大量使用了机器学习的算法。

本章小结

本章主要介绍用 if 语句和 switch-case 语句实现的选择结构程序设计。对 if 语句,主要介绍了最简单的单分支 if 选择结构、双分支 if-else 选择结构和多分支 if-else if…选择结构,并对 if-else 嵌套语句的程序设计进行了简单介绍。注意到,多重 if 结构就是在主 if 块的 else 部分中还包含其他 if 块;嵌套 if 结构是在主 if 块中还包含另一个 if 语句。另外,介绍了 switch-case 语句。switch-case 结构也可以用于多分支选择,主要用于分支条件是整型表达式的情况,并且应该判断该整型表达式的值是否等于某些可以罗列的值,然后根据不同的情况,执行不同的操作。

由于关系表达式在分支选择结构程序设计中起到基础性作用,本章首先介绍了关系运算符和关系表达式。C 语言中的关系运算符包括"等于""不等于""大于""大于或等于""小于""小于或等于"6 种。关系运算的结果是布尔值:真(true)或者假(false)。C 语言没有布尔类型,通常用 0 表示"假",非 0 表示"真"。

逻辑运算符提供逻辑判断功能,用于构建更复杂的表达式。C 语言中的逻辑运算符有逻辑非(!)、逻辑与(&&)和逻辑或(||)3 种。C 语言逻辑运算的特点是先对左侧的表达式求值,再对右侧的表达式求值。如果左边的表达式满足逻辑运算符的条件,就不再对右边的表达式计算,这种情况称为"短路"。

另外还介绍了由一个问号和一个冒号组成的条件运算符。由条件运算符构成的条件表达式,通常用于赋值语句之中,不但可以使程序简洁,也提高了运行效率。

本章习题

一、单选题

1. 以下能判断 ch 是数字字符的选项是(　　　)。
   A. if (ch >= '0' && ch <= '9')   B. if (ch >= 0 && ch <= 9)
   C. if ('0' <= ch <= '9')   D. if (0 <= ch <= 9)

2. 以下能判断 ch 是大写英文字符的选项是(　　　)。

    A. if ('A'<=ch<='Z')　　　　　　　　B. if (A<=ch<=Z)

    C. if (ch>= 'A' && ch<='Z')　　　　　D. if (ch>= A && ch<=Z)

3. 运行下列程序,k 输入为 1 的结果是(　　　)。

```
main( )
{ int k;
  scanf(" % d",&k);
switch(k)
  { case 1:
     printf(" % d",k++);
   case 2:
    printf(" % d",k++);
   case 3:
    printf(" % d",k++);
   break;
   default:
   printf("Full!");
   }
}
```

    A. 1　　　　　　　　B. 2　　　　　　　　C. 3　　　　　　　　D. 123

4. 下列语句中,功能与其他语句不同的是(　　　)。

    A. if(a) printf("%d\n",x); else printf("%d\n",y);

    B. if(a==0) printf("%d\n",y); else printf("%d\n",x);

    C. if (a!=0) printf("%d\n",x); else printf("%d\n",y);

    D. if(a==0) printf("%d\n",x); else printf("%d\n",y);

5. 运行下列程序的输出结果是(　　　)。

```
int main( )
{
    int a = 3,b = 4,c = 5,d = 2;
    if(a > b)
    if(b > c)
    printf(" % d",d++ + 1);
    else
    printf(" % d",++d + 1);
    printf(" % d\n",d);
    return 0;
}
```

    A. 2　　　　　　　　B. 3　　　　　　　　C. 43　　　　　　　　D. 44

6. 运行下列程序的输出结果是(　　　)。

```
main( )
{ int i;
for(i = 0;i < 3;i++)
switch(i)
{
```

```
case 0:printf("%d",i);
case 2:printf("%d",i);
default:printf("%d",i);
}
}
```

    A. 022111   B. 021021   C. 000122   D. 012

7. 运行下列程序,并从键盘输入 01 后回车,输出结果是(　　)。

```
main( )
{
    char k; int i;
    for(i=1;i<3;i++)
    {
        scanf("%c",&k);
        switch(k)
        {
            case '0': printf("another\n");
            case '1': printf("number\n");
        }
    }
}
```

    A. another   B. another   C. another   D. number
      number   number   number   number
      another   number

8. 运行下列程序的输出结果是(　　)。

```
main( )
{
  int a=5,b=4,c=3,d=2;
  if(a>b>c)
      printf("%d\n",d);
  else if((c-1>=d)==1)
     printf("%d\n",d+1);
  else
     printf("%d\n",d+2);
}
```

    A. 2   B. 3
    C. 4   D. 编译时有错,无结果

9. 运行下列程序的输出结果是(　　)。

```
main( )
{ int i=1,j=1,k=2;
 if((j++||k++)&&i++) printf("%d,%d,%d\n",i,j,k);
}
```

    A. 1,1,2   B. 2,2,1   C. 2,2,2   D. 2,2,3

10. 运行下列程序的输出结果是(　　)。

```
    main( )
```

```
{ int i;
 for(i = 0;i < 3;i++)
 switch(i)
 { case 1: printf("%d",i);
 case 2: printf("%d",i);
 default: printf("%d",i);
 }
}
```

A. 011122　　　　B. 012　　　　　　C. 012020　　　　D. 120

11. 运行下列程序的输出结果是(　　　)。

```
main( )
{
    int a = 15,b = 21,m = 0;
    switch(a % 3)
    {
        case 0:m++;break;
        case 1:m++;
        switch(b % 2)
        {
            default:m++;
            case 0:m++;break;
        }
    }
    printf("%d\n",m);
}
```

A. 1　　　　　　B. 2　　　　　　　C. 3　　　　　　D. 4

12. 运行下列程序的输出结果是(　　　)。

```
int main( )
{ int a = 0,i;
  for(i = ;i < 5;i++)
  { switch(i)
    { case 0:
      case 3:a += 2;
      case 1:
      case 2:a += 3;
      default:a += 5;
    }
  }
  printf("%d\n",a);
  return 0;
}
```

A. 31　　　　　　B. 13　　　　　　C. 10　　　　　　D. 20

13. 运行下列程序,如果从键盘上输入的值是5,则输出结果是(　　　)。

```
int main( )
{ int x;
  scanf("%d",&x);
  if(x -- < 5) printf("%d"'x);
```

```
    else printf("%d"'x++);
    return 0;
}
```

  A. 3   B. 4   C. 5   D. 6

  14. 在下面的条件语句中,只有一个在功能上与其他 3 个语句不等价(其中 s1 和 s2 表示某个 C 语句),这个不等价的语句是( )。

  A. if (a) s1; else s2;   B. if (!a) s2; else s1;

  C. if (a != 0) s1; else s2;   D. if (a == 0) s1; else s2;

  15. 为了避免嵌套的条件语句 if-else 的二义性,C 语言规定 else 总是与( )配对。

  A. 同一行上的 if   B. 缩排位置相同的 if

  C. 其之前最近的未曾配对的 if   D. 其之后最近的未曾配对的 if

  16. 已知字符'A'的 ASCII 值是 65,当从键盘输入字母 A 时,运行下面程序的输出结果为( )。

```
char ch;
ch = getchar();
switch(ch)
{
    case 65:
        printf("%c",'A');
    case 66:
        printf("%c",'B');
    default:
        printf("%s\n","other");
}
```

  A. A   B. ABother

  C. Aother   D. 编译错误,无法运行

  17. 运行下列程序的输出结果是( )。

```
# include < stdio. h >
int main( )
{
    int a = 10,b = 0;
    if(a = 12)
    {   a = a + 1; b = b + 1;
    }
    else
    {   a = a + 4; b = b + 4;
    }
    printf("%d;%d\n",a,b);
    return 0;
}
```

  A. 13;1   B. 14;4   C. 11;1   D. 10;0

  18. 运行如下程序的输出结果是( )。

```
# include < stdio. h >
```

```
int main( )
{
    int a = -1,b = 1,k;
    if((++a<0)&&!(b--<=0))
        printf("%d  %d\n",a,b);
    else printf("%d  %d\n",b,a);
    return 0;
}
```

    A. -1 1   B. 0 1   C. 1 0   D. 0 0

19. 运行如下程序的输出结果是(   )。

```
#include<stdio.h>
int main( )
{
    int a,b,c;
    a=1,b=2,c=3;
    if(a>b)
        if(a>c)
            printf("%d",a);
    else printf("%d",b);
    printf("%d\n",c);
    return 0;
}
```

    A. 1 2   B. 2 3   C. 3   D. 以上3个都不对

20. 如果 int a=3,b=4; 则条件表达式"a<b?a:b"的值是(   )。

    A. 3   B. 4   C. 0   D. 1

21. 若 int x=2,y=3,z=4 则表达式"x<z?y:z"的结果是(   )。

    A. 4   B. 3   C. 2   D. 0

22. C语言中,关系表达式和逻辑表达式的值是(   )。

    A. 0   B. 0 或 1   C. 1   D. 'T'或'F'

23. 设 x、y 和 z 是 int 型变量,且 x=3,y=4,z=5,则下面表达式中值为 0 的是(   )。

    A. 'x'&&'y'   B. x<=y

    C. x||y+z&&y-z   D. !((x<y)&&!z||1)

24. 条件表达"a>b?(a>c?a:c):(b>c?b:c);"的结果是(   )。

    A. 无法确定   B. a、b、c 的最小值

    C. a、b、c 的中间值   D. a、b、c 的最大值

25. 以下能判断 ch 是大写英文字符的选项是(   )。

    A. if ('A'<=ch<='Z')   B. if (A<=ch<=Z)

    C. if (ch>= 'A' && ch<='Z')   D. if (ch >= A && ch<=Z)

26. 下列程序运行时如果从键盘输入"7 9 8",则程序运行结果是(   )。

```
#include<stdio.h>
int main( )
{   int a,b,c,x,y;
```

```
    printf("请输入 3 个整数");
    scanf("%d%d%d",&a,&b,&c);
    if(a>b) {
       x=a;y=b;   }
    else {
       x=b;y=a;   }
    if(x<c) x=c;
    if(y>c) y=c;
    printf("x=%d,y=%d",x,y);
    return 0;
}
```

A. x=9,y=9；　　B. x=9,y=7　　C. x=8,y=8　　D. x=8,y=7

27. 下列程序可运行的是(　　)。

A.
```
if(a>b)
    max=a;
    printf("max=%d\n",a);
else
    max=b;
    printf("max=%d\n",b);
```

B.
```
if(a>b);
    max=a;
    printf("max=%d\n",a);
else
    max=b;
    printf("max=%d\n",b);
```

C.
```
if(a>b)
{
    max=a;
    printf("max=%d\n",a);
}
else
{
    max=b;
    printf("max=%d\n",b);
}
```

D.
```
if(a>b);
{
    max=a;
}
else
{
    max=b;
}
```

28. 以下程序的运行结果是(　　)。

```
#include<stdio.h>
int main(void)
{   int a,b,c;
    a=20;b=30;c=10;
    if(a<b) a=b;
    if(a>=b) b=c;c=a;
    printf("a=%d,b=%d,c=%d",a,b,c);
    return 0;
}
```

A. a=20,b=10,c=20　　　　　　B. a=30,b=10,c=20

C. a=30,b=10,c=30　　　　　　D. a=30,b=10,c=20

29. 运行下面程序的输出结果是(　　)。

```
#include<stdio.h>
int main()
{
    int a=10,b=0;
    if(a=12)
```

```
{ a = a + 1;
  b = b + 1;
}else
{ a = a + 4;
  b = b + 4;
}
printf("%d;%d\n",a,b);
return 0;
}
```

　　A. 14;4　　　　　　B. 11;1　　　　　　C. 13;1　　　　　　D. 10;0

二、填空题

1. 已知变量 int n＝5；执行语句 n－＝n＋＝n＊n;之后,n 的结果为_____。

2. 条件表达式的一般形式为_____。

3. 设有说明语句 int a＝1，b＝0；则运行以下语句后输出为_____。

```
switch(a)
{
case 1:
  switch(b)
  {
    case 0: printf("* *0* *"); break;
    case 1: printf("* *1* *"); break;
  }
case 2: printf("* *2* *"); break;
}
```

4. 下面这段代码的运行结果为_____。

```
int a = 2,b = -1,c = 2;
if(a<b)
if(b<0) c = 0;
else c += 1;
printf("%d\n",c);
```

5. 下面程序的运行结果为_____。

```
#include<stdio.h>
int main( )
{
    int x = 1,a = 0,b = 0;
    switch(x)
    {
    case 0:b++;
    case 1:a++;
    case 2:a++,b++;
    }
    printf("a = %d,b = %d\n",a,b);
    return 0;
}
```

6. 下面程序实现的功能是：从键盘输入 3 个整数,然后找出最大的数并输出。请在空白处补充适当代码完成程序。

```
#include <stdio.h>
int main( )
{
    int a, b, c, max;
    printf("请输入 3 个整数: \n");
    scanf("%d, %d, %d", &a, &b, &c);
    printf("The three numbers are: %d, %d, %d\n", a, b, c);
    if (a > b)
        _____;
    else
        _____;
    if (max < c)
        _____;
    printf("max = %d\n", max);
    return 0;
}
```

7. 下面程序实现的功能是：从键盘输入一个整数，如果这个数是负数，则取它的绝对值，并显示出来。请在空白处补充适当代码完成程序。

```
#include <stdio.h>
int main( )
{
    long int n;

    printf("Enter the data:\n");
    scanf(_____);
    printf(" *** the absolute value *** \n");
    if (n < 0)
        _____
    printf("\n\n");
    printf(_____);
    return 0;
}
```

8. 下面程序的运行结果为_____。

```
#include <stdio.h>
int main()
{
    int n;
    for (n = 1;n <= 5;n++)
    {
        if (n%2)
        {
            printf(" * ");
        }
        else
        {
            continue;
        }
    }
```

```
        printf("＃");
    }
    printf("＄\n");
    return 0;
}
```

三、程序设计题

1. 输入一个整数，判断该数是否能被 7 整除。

2. 从键盘任意输入一个字符，编程判断该字符是数字字符、英文字母、空格还是其他字符。

3. 请编制一个计算 $y=f(x)$ 的程序，计算方式如式(4-1)所示。

$$y=\begin{cases}x, & x<1\\-1/x-1, & 1\leqslant x<10\\5x-11, & x\geqslant 10\end{cases} \tag{4-1}$$

4. 编程计算如式(4-2)所示的函数，根据从键盘输入的整数 x 的值，输出 y 值。

$$y=\begin{cases}e^{-x}, & x>0\\1, & x=0\\-e^{x}, & x<0\end{cases} \tag{4-2}$$

5. 已知闰年的判断方法：能被 4 整除但不能被 100 整除；或能被 400 整除。请输入年份，判断是否是闰年。

6. 编程从键盘输入某年某月，编程输出该年该月对应的天数。要求考虑闰年以及输入月份不在合法范围内的情况。已知闰年的 2 月有 29 天，平年的 2 月有 28 天。

7. 求解一元二次方程。输入二次项 a、一次项 b、常数项系数 c，其中 a 不等于 0。根据输入，判断是否符合一元二次方程，以及有一个还是两个根，并输出根。

8. 请输入圆的圆心坐标和半径，并输入二维空间中的一个点，判断该点是否在圆内，输出：该点在圆内、该点在圆上、该点在圆外。

9. 已知计算三角形面积的公式为 $s=(a+b+c)/2$，area＝sqrt$(s(s-a)(s-b)(s-c))$。请从键盘输入三角形 3 条边 a、b、c 的值，若 a、b、c 构成三角形，则计算并输出三角形的面积；否则输出错误信息。

10. 编写程序计算上网费用。网络公司根据上网时间计算上网费用，计算方法如下。

(1) 当月上网时间不足 10h，收取基本费用为 30 元；

(2) 上网时间在 10～50h，每小时 3 元；

(3) 上网时间大于或等于 50h，每小时 2.5 元。

要求输入每月上网小时数，显示该月总的上网费用。

11. 编写程序计算电费。为了倡导居民节约用电，某电力公司执行"阶梯电价"，安装一户一表的居民用户电价分为两个"阶梯"：月用电量 50kW·h 以内的，电价为 0.53 元/(kW·h)；月用电量超过 50kW·h，电价上调 0.05 元/(kW·h)。编写程序，输入用户的月用电量(kW·h)，计算并输出该用户应支付的电费(元)。

12. 编程实现简单的计算器功能,要求用户按如下格式从键盘输入任意一个整数算术表达式:操作数 1 运算符 op 操作数 2,计算并输出表达式的值,其中,算术运算符包括:加(+)、减(−)、乘(＊)、除(/)。(要求使用 switch-case 语句实现,可以添加 if 判断。)

13. 计算体重指数并判断体型。从键盘输入某人的身高(以厘米为单位,如 174cm)和体重(以千克为单位,如 70kg),将身高(以米为单位,如 1.74m)和体重(以斤为单位,如 140 斤)输出在显示器上,并按照以下公式计算并输出体重指数,要求结果保留到小数点后两位。

假设体重为 w,身高为 h,则体重指数的计算公式为 $t = w/(h \times h)$。

根据给定的体重指数 t 计算公式,可判断属于何种类型,具体判断规则如下。

当 $t < 18$ 时,为低体重;

当 $18 \leqslant t < 25$ 时,为正常体重;

当 $25 \leqslant t < 27$ 时,为超重体重;

当 $t \geqslant 27$ 时,为肥胖。

14. 写一个程序根据从键盘输入的里氏强度显示地震的后果。里氏强度对应的地震后果如表 4-3 所示。

表 4-3　里氏强度对应的地震后果

里 氏 强 度	地 震 后 果
[0,4)	很小
[4.0,5.0)	窗户晃动
[5.0,6.0)	墙倒塌;不结实的建筑物被破坏
[6.0,7.0)	烟囱倒塌;普通建筑物被破坏
[7.0,8.0)	地下管线破裂;结实的建筑物也被破坏
[8.0,∞)	地面波浪状起伏;大多数建筑物损毁

15. 身高预测。为人父母者都关心自己孩子成人后的身高,据有关生理卫生知识与数理统计分析表明,影响小孩成人后的身高的因素包括遗传、饮食习惯与体育锻炼等。小孩成人后的身高与其父母的身高和自身的性别密切相关。

设 faHeight 为其父身高,moHeight 为其母身高,均为 float 型。身高预测公式如下所示。

男性成人时身高 = (faHeight + moHeight) × 0.54 cm

女性成人时身高 = (faHeight × 0.923 + moHeight) / 2 cm

此外,如果喜爱体育锻炼,那么身高可增加 2%;如果有良好的卫生饮食习惯,那么身高可增加 1.5%。

请编程从键盘输入用户的性别、父母身高、是否喜爱体育锻炼、是否有良好的饮食习惯等条件,利用给定公式和身高预测方法对身高进行预测。

16. 为提高员工的工作积极性,某公司人事部门根据董事会最新要求制定奖金发放标准,发放的奖金根据利润 I 提成。

(1) 利润低于或等于 10 万元时,奖金可提成 10%;

（2）利润高于 10 万元，低于 20 万（100000 < I ≤ 200000）元时，低于 10 万元的部分按 10%提成，高于 10 万元的部分可提成 7.5%；

（3）利润高于 20 万元，低于或等于 40 万（200000 < I ≤ 400000）元时，高于 20 万元的部分按 5%提成；

（4）利润高于 40 万元，低于或等于 60 万（400000 < I ≤ 600000）元时，高于 40 万元的部分按 3%提成；

（5）利润高于 60 万元，低于或等于 100 万（600000 < I ≤ 1000000）元时，高于 60 万元的部分按 1.5%提成；

（6）利润高于 100 万元（I > 1000000）时，超过 100 万元的部分按 1%提成。

请从键盘输入当月利润 I，求应发放奖金总数。要求：用 switch-case 语句编程序实现。

第 5 章

循环结构程序设计

引言

学生成绩管理系统作为综合性项目出现在多个章节。在学生成绩管理系统中,有很多需要重复进行的应用。比如,在建立系统的阶段,需要执行重复的输入;在应用阶段,需要提供给学生查询,因此需要一个循环进行的进程等。本章将重点介绍循环程序设计结构。

实际应用中有很多需要重复进行的场合,例如,重复的赋值、重复的输入、重复的输出等,这种重复的过程称为循环过程。在高级语言程序设计中,在满足给定条件(即条件表达式为真)的情况下,重复执行一个语句序列,这个被重复执行的语句序列称为循环语句(Loop Statement)。按照结构化程序设计的观点,任何复杂的问题都可以用顺序结构、选择结构和循环结构 3 种基本结构来实现,因此循环结构是结构化程序设计的基本结构之一。熟练掌握循环结构是程序设计的基本要求。

C 语言的循环结构通常用 3 种循环语句来实现,包括 for 语句、while 语句、do-while 语句,分别称为 for 循环结构、while 循环结构和 do-while 循环结构。这 3 种基本循环结构总体上可以分为两大类,即"当"型循环和"直到"型循环。

"当"型循环结构特点是先判断条件是否满足,然后根据条件的结果决定是否执行循环体。具体来说包括如下几个步骤:

(1)"当"型循环会在循环体执行之前进行循环条件判断。

(2)如果条件满足,则进入循环体执行代码;如果条件不满足,则结束循环。

"当"型循环也被称为"前测试"型循环。在循环体结束时,流程会自动返回到循环入口处,再次判断循环条件,如果条件为假,则退出循环体到达流程出口处。

"直到"型循环则先在执行了一次循环体之后,再对控制条件进行判断,当条件不满足时执行循环体,满足时则停止。两种循环的区别就在于"当"型循环是先判断后循环;"直到"型循环是先执行一次循环体,然后再判断是否继续循环。"当"型循环是在条件满足时执行循环体;"直到"型循环是在条件不满足时执行循环体。

循环条件控制是循环结构中非常重要的组成部分。如果控制不合理,循环将不能正常进行,或者陷入无限循环之中。

本章导读

本章介绍了循环结构程序设计的基本内涵、3 种基本循环结构(for 循环结构、while 循环结构和 do-while 循环结构)的基本定义和使用方法、两种循环控制方法(计数控制和条件控制)的基本概念和应用,以及几种嵌套循环结构,最后介绍了以 break 语句和 continue 语句为代表的循环转移控制方法等。

重点内容

(1) 理解为什么使用循环结构。

(2) 熟练掌握 for 循环结构、while 循环结构和 do-while 循环结构的使用方法,并理解 while 循环和 do-while 循环的区别。

(3) 理解计数控制的循环和条件控制的循环结构的用法。

(4) 掌握嵌套循环结构的使用方法。

(5) 理解 break 语句和 continue 语句的用法。

世界计算机名人——莱纳斯·贝内迪克特·托瓦兹

莱纳斯·贝内迪克特·托瓦兹(Linus Benedict Torvalds)(见图 5-1)这个名字在计算机科学领域几乎无人不知,无人不晓。他是 Linux 操作系统的创始人,一个彻底改变了开源软件世界和计算机行业格局的传奇人物。

图 5-1　莱纳斯·贝内迪克特·托瓦兹

莱纳斯·贝内迪克特·托瓦兹的故事始于芬兰的一个普通家庭。从小,他就对计算机展现出了浓厚的兴趣。在大学期间,他因不满当时市场上现有的操作系统,决定自己动手编写一个免费的、开源的操作系统内核。1991 年,他在互联网上发布了 Linux 的第一个版本,这一举动迅速吸引了全球范围内的程序员和开发者加入,共同为 Linux 的发展贡献力量。

随着时间的推移,Linux 逐渐从一个简陋的操作系统内核发展成为了一个功能强大、稳定可靠的操作系统,广泛应用于服务器、个人计算机、嵌入式设备等多个领域。它不仅打破了商业操作系统的垄断地位,还推动了开源文化和社区的发展,为计算机科学的进步注入了新的活力。

勇于创新,敢于挑战

莱纳斯·贝内迪克特·托瓦兹的故事告诉我们,创新是推动社会进步的重要动力。他敢于挑战现有的权威和规则,用自己的智慧和勇气开辟了新的道路。在学习和工作中,我们也应该保持这种勇于创新、敢于挑战的精神,不断突破自我,追求更高的目标。

开放共享,合作共赢

Linux 的成功离不开开源文化的支持。莱纳斯·贝内迪克特·托瓦兹将 Linux 的源代码公开,鼓励全球范围内的程序员和开发者共同参与开发和完善。这种开放共享的精神促进了技术的交流和共享,加速了技术的进步和发展。我们应该学习这种精神,积极与他人合作,共同为社会的进步贡献力量。

坚持不懈,追求卓越

莱纳斯·贝内迪克特·托瓦兹在开发 Linux 的过程中遇到了无数的困难和挑战,但他始终坚持不懈地努力着。他追求卓越的品质和完美的体验,不断推动 Linux 的发展和完善。这种坚持不懈、追求卓越的精神是我们每个人都应该具备的。在学习和工作中,我们应该保持这种精神,不断追求更高的标准和更好的成绩。

服务社会,回馈社会

莱纳斯·贝内迪克特·托瓦兹通过开发 Linux 为社会做出了巨大的贡献。他不仅为全球的程序员和开发者提供了一个免费的、开源的操作系统平台,还推动了开源文化和社区的发展。他的行为体现了服务社会、回馈社会的精神。我们应该学习这种精神,用自己的知识和技能为社会做出自己应有的贡献,回馈社会的关爱和支持。

5.1 基本循环结构

5.1.1 for 循环结构

for 循环结构属于"当"型循环结构,即,当给定的条件表达式为真的时候执行循环语句。它的使用方式非常灵活,在 C 语言程序设计中的使用频率也最高。其一般形式如下。

第 11 集
微课视频

```
for(表达式 1;表达式 2;表达式 3)
{
    语句序列;
}
```

表达式 1 也称为初始化表达式,其作用是为循环控制变量初始化,即赋初值,它决定了循环的起始条件设置。该语句只执行一次,可以为零个、一个或多个变量设置初值执行。表达式 2 也称为循环控制表达式,是循环控制条件(Loop Control Condition),用来判定是否继续循环,在每次执行循环体前先执行此表达式,决定是否继续执行循环。表达式 3 也称为增值表达式,其作用是每执行一次循环后将循环控制变量增值。该表达式作为循环变量的调整器,例如使循环变量增值,需要在执行完循环体后进行。如下表述更符合初学者的理解。

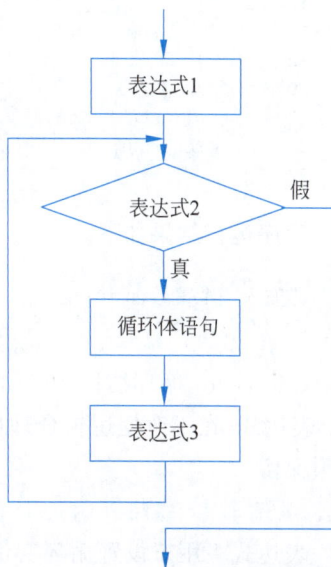

图 5-2 for 循环结构的运行流程

```
for(初始化表达式; 循环控制表达式; 增值表达式)
{
    语句序列;
}
```

for 循环结构的运行流程如图 5-2 所示,解释如下。

(1) 求解表达式1。

(2) 求解表达式2,若其值为真,执行循环体,然后执行步骤(3)。若为假,则结束循环,转到步骤(5)。

(3) 求解表达式3。

(4) 转回步骤(2)继续执行。

(5) 循环结束,执行 for 循环结构下面的一个语句。

【例 5-1】 编程实现 1 到 n 的求和:$S=1+2+\cdots+n$。要求从键盘输入一个整数 n,输出求和结果。

分析:用户首先根据提示输入一个数。用一个 sum 变量进行累加求和,因此用 for 循环结构来实现。代码如下。

```
1    /* 例 5-1
2    目的: 验证 for 循环结构
3    应用场景: 算术运算
4    任务载体: 编程实现 1 到 n 的求和: S = 1 + 2 + … + n
5    */
6    # include < stdio.h >
7    int main()
8    {
9        // 变量声明
10       int i, n, sum = 0;
11       // 变量输入或者赋值
12       printf("请输入一个整数.n = ");
13       scanf("% d", &n);
14       // 处理过程
15       for(i = 1; i < = n; i++)
16       {
17           sum = sum + i;
18       }
19       // 输出
20       printf("1 + 2 + … + % d = % d\n", n, sum);
21       return 0;
22   }
```

程序运行结果如下。

```
请输入一个整数.n = 10 ↙
1 + 2 + … + 10 = 55
```

C 语言 for 循环结构中的 3 个条件表达式,即 for(表达式1;表达式2;表达式3)中的 3 个表达式,在不改变逻辑合理性的情况下都可以省略。但是,需要注意的是,两个分号(;)必须保留。

1. 情形 1:省略表达式 1(初始化表达式)

表达式 1 用于设置循环变量的初始值。如果省略了这一部分,需要在循环外部对变量进行初始化。例如,在 for(; i <= 10;)的例子中,i 的值需要在循环外部被初始化。下面是

具体例子。

省略表达式 1 之前的代码如下。

```
for(n = 1,sum = 0;n < = 100;n++)
    sum = sum + n;
```

省略表达式 1 之后的代码如下。

```
n = 1,sum = 0; //在循环外部进行相关变量的初始化
for( ;n < = 100;n++)
    sum = sum + n;
```

2. 情形 2：省略表达式 2（循环控制表达式）

表达式 2 用于判断循环是否继续执行。如果省略了这一部分，循环会变成一个死循环，除非在循环体内部有其他逻辑来终止循环。例如，在 for(; ;)的例子中，由于缺少了循环控制条件，循环将无限进行下去，直到在循环体内部遇到 break 语句或者其他方式来终止循环。

省略表达式 2 之后的代码如下。

```
for(n = 1,sum = 0 ; ; n++)
{
  sum = sum + n;
  if(n > 100) break;
}
```

在上述代码中，本应放在 for 语句括号中的表达式 2 被省略掉了，但是在循环体内用一个判断逻辑来代替了循环条件判断的任务。代码中的 break 语句是一个终止跳转语句，作用是跳出循环。该语句将在第 5.4 节详述。

3. 情形 3：省略表达式 3（增值表达式）

表达式 3 通常用于在每次循环后更新循环变量。如果省略了这一部分，需要在循环体内部进行循环变量的更新。例如，在 for(i = 1; i <= 10;)的例子中，需要在循环体内部对 i 进行递增操作。

省略表达式 3 之后的代码如下。

```
for(n = 1,sum = 0 ; n < = 100; )
{
    sum = sum + n;
    n++;
}
```

在上述代码中，for 循环的自增表达式放在了循环体的最后一句，逻辑与 for 语句的括号中的表达式 3 是一样的。

甚至 3 个表达式都是可以省略的，只要在程序设计中满足逻辑的合理性。总结来说，虽然 for 循环结构的 3 个条件表达式可以省略，但是需要确保逻辑上是合理的，并且两个分号

是不可省略的。

5.1.2 while 循环结构

while 循环结构也属于"当"型循环。其一般形式如下。

```
while(循环控制表达式)
{
    语句序列;
}
```

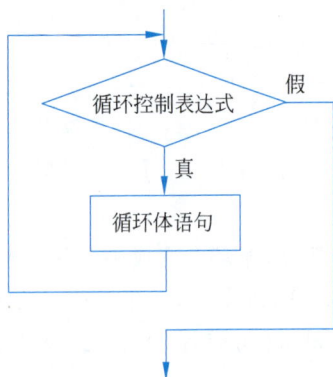

图 5-3　while 循环结构的
运行流程

while 循环结构中的循环控制表达式是在执行循环体之前判断的。其运行流程如图 5-3 所示,解释如下。

（1）计算循环控制表达式的值。

（2）如果循环控制表达式的值为真,那么就执行循环体中的语句,并返回步骤(1)。

（3）如果循环控制表达式的值为假,就退出循环,执行循环体后面的语句。

若循环体包含一条以上的语句,应以复合语句形式出现。示例如下。

```
int n = 1, sum = 0;
while(n < = 100 )
{
    sum = sum + n;
    n++;
}
```

为了使程序易于维护,建议即使循环体内只有一条语句,也将其用花括号括起来。这是因为当需要在循环体中增加语句时,如果忘记加上花括号,那么仅 while 后面的第 1 条语句会被当作循环体中的语句来处理,从而导致逻辑错误。

5.1.3 do-while 循环结构

do-while 循环结构属于"直到"型循环。其一般形式如下。

```
do{
    语句序列;
} while(循环控制表达式);
```

如果循环语句是单语句,do-while 语句的基本语法如下。

```
do 单语句; while(循环控制表达式);
```

需要注意,此时 do 语句的最后必须用分号(;)作为语句结束。

如果循环语句是多条语句构成的复合语句循环体,do-while 语句的形式如下。

```
do{
    复合语句序列;
} while(循环控制表达式);
```

与 while 语句不同的是,do-while 语句中的循环控制表达式是在执行循环体之后判断的。do-while 循环结构的运行流程如图 5-4 所示,解释如下。

(1) 执行循环体中的语句。

(2) 计算循环控制表达式的值。

(3) 如果循环控制表达式的值为真,那么返回步骤(1)。

(4) 如果循环控制表达式的值为假,就退出循环,执行循环体后面的语句。

需要注意的是,do-while 循环结构是"先做,后判断",即先执行循环体后计算并判断循环控制条件为真还是为假,因此循环体内的语句将至少被执行一次。在需要用户进行输入的场合,为了防止用户输入不符合要求的内容,用 do-while 循环结构来进行输入控制比较合适。下面通过一个实例来说明。

图 5-4 do-while 循环结构的运行流程

【例 5-2】 编程实现:从键盘输入一个大于 10 的整数并输出。如果小于或等于 10 提示请重新输入直到输入的整数大于 10 为止。

分析:用户首先根据提示输入一个数。如果该数不符合要求,则再次输入,直到符合要求为止。因此,这是一个典型的"直到"型循环,用 do-while 循环结构来实现。代码如下。

```
1   /* 例 5-2
2   目的: 验证 do-while 循环结构
3   应用场景: 符合条件的输入
4   任务载体: 编程实现: 从键盘输入一个大于 10 的整数并输出。如果小于或等于 10 提示请重
    新输入直到输入的整数大于 10 为止
5   */
6   # include <stdio.h>
7   # include <stdlib.h>
8   int main()
9   {
10      // 变量声明
11      int n;
12      // 变量输入或者赋值
13      do{
14          printf("请输入一个大于 10 的整数。n = ");
15          scanf("%d",&n);    //
16          if(n <= 10)
17              printf("输入太小,请重新输入。");
18          else
19              printf("输入的数是: %d \n",n);
20      }while(n <= 10);
21      return 0;
22  }
```

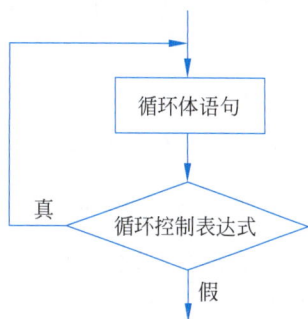

程序运行结果如下。

请输入一个大于10的整数。n=5 ↙
输入太小,请重新输入。请输入一个大于10的整数。n=9 ↙
输入太小,请重新输入。请输入一个大于10的整数。n=12 ↙
输入的数是: 12

需要注意的是,do-while循环结构中,如果do之后只是单个语句,后面也需要有分号来结束该语句。基本形式如下。

do 单语句; while(条件);

例如将例5-2代码中第13~20行输入部分的do-while循环结构进行简化,简化后的程序代码如下。

```
1    /* 例 5-2
2    目的: 验证 do-while 循环结构
3    应用场景: 符合条件的输入
4    任务载体: 编程实现: 从键盘输入一个大于10的整数并输出。如果小于或等于10提示请重
     新输入直到输入的整数大于10为止
5    */
6    #include<stdio.h>
7    #include<stdlib.h>
8    int main()
9    {
10       // 变量声明
11       int n;
12       // 变量输入或者赋值
13       do scanf("%d",&n); while(n<=10);
                                    // do-while 循环结构中 do 之后为单个语句,仍以分号结束
14       printf("符合输入,输入为: n=%d\n",n);
15       return 0;
16   }
```

其中第13行代码,就是一个简化版的do-while循环结构。需要注意单语句后面也有一个分号。

5.1.4 3种基本循环结构比较

前文介绍了3种基本的循环结构,分别是for循环结构、while循环结构和do-while循环结构。一般情况下,这3种循环可以互相代替。下面通过例5-3进行说明。

【例5-3】 编程实现: 从键盘输入自然数,求自然数的累积: $S=1\times2\times\cdots\times n$。

分析: 这是一个普通的累积问题,用3种循环结构都可以实现。代码如下。

(1) 用for循环结构实现,代码如下。

```
1    #include<stdio.h>
2    #include<stdlib.h>
```

```
3       int main()
4       {
5           // 变量声明
6           int i,n;
7           long sum = 1;
8           // 变量输入或者赋值
9           printf("输入 n = ");
10          scanf(" % d",&n);
11          // 处理
12          for(i = 1; i < = n; i++)
13          {
14              sum = sum * i;
15          }
16          // 结果输出
17          printf("sum = % ld\n",sum);
18          return 0;
19      }
```

（2）用 while 循环结构实现，代码如下。

```
1       # include < stdio. h >
2       # include < stdlib. h >
3       int main()
4       {
5           // 变量声明
6           int i,n;
7           long sum = 1;
8           // 变量输入或赋值
9           printf("输入 n = ");
10          scanf(" % d",&n);
11          // 处理
12          i = 1;          // 循环变量初始化
13          while(i < = n)
14          {
15              sum = sum * i;
16              i++;
17          }
18          // 结果输出
19          printf("sum = % ld\n",sum);
20          return 0;
21      }
```

（3）用 do-while 循环结构实现，代码如下。

```
1       # include < stdio. h >
2       # include < stdlib. h >
3       int main()
4       {
5           // 变量声明
6           int i,n;
7           long sum = 1;
```

```
8        // 变量输入或赋值
9        printf("输入 n = ");
10       scanf(" % d",&n);
11       // 处理
12       i = 1;
13       do{ sum = sum * i;
14            i++;
15       }while(i < = n);
16       // 结果输出
17       printf("sum = % ld\n",sum);
18       return 0;
19   }
```

这 3 个程序运行后得到如下结果。

```
输入 n = 5 ↙
sum = 120
```

可以看出,3 种循环结构在解决同一个问题中的作用基本相同。但在使用中需要注意如下几点。

(1) for 循环结构和 while 循环结构可进行等价实现。与 for 语句等价的 while 语句形式如下。

```
初始化表达式;
while(循环控制表达式)
{
    循环语句(序列);
    增值表达式;
}
```

(2) 用 while 循环结构和 do-while 循环结构时,循环变量初始化的操作应在 while 语句和 do-while 语句之前完成。而 for 语句可以在表达式 1 中实现循环变量的初始化。

(3) while 和 do-while 循环体内部应包含使循环趋于结束的语句,否则会构成死循环,循环永不结束。

另外,需要注意 while 循环结构与 do-while 循环结构的区别如下。

(1) 循环结构的表达式不同。while 循环结构的表达式:while(循环控制表达式){循环体};。do-while 循环结构的表达式:do{循环体;}while(循环控制表达式);。

(2) 执行时判断方式不同。while 循环结构执行时只有当满足条件时才会进入循环,进入循环后,执行完循环体内全部语句直到条件不满足时,再跳出循环。do-while 循环结构将先运行一次,在经过第一次 do 循环后,检查循环控制表达式是否成立,循环控制不成立时才会退出循环。

(3) 执行次数不同。while 循环结构是先判断后执行,如果判断表达式不成立可以不执行中间循环体。do-while 循环结构是先执行后判断,执行次数至少为一次,执行一次后判断表达式是否成立,如果不成立跳出循环,成立则继续运行循环体。

(4) 执行末尾循环体的顺序不同。while 循环结构的末尾循环体也是在中间循环体里,并在中间循环体中执行,循环体是否继续运行的条件也在循环体中。do-while 循环结构是在中间循环体中加入末尾循环体,并在执行中间循环体时执行末尾循环体,循环体是否继续执行的条件在末尾循环体里。

5.2 循环结构中的计数控制和条件控制

从第 5.1 节介绍的 3 种循环结构可以看出,循环体执行的次数由循环控制表达式来决定。根据控制条件是否可数,循环控制可以分为计数控制和条件控制两大类。这两种循环控制结构的程序结构流程分别如图 5-5 和图 5-6 所示。如果循环次数已知,计数控制的循环通常用 for 循环结构实现;如果循环次数未知,条件控制的循环通常用 while 循环结构或者 do-while 循环结构实现;如果循环体至少要执行一次,通常用 do-while 循环结构来实现。

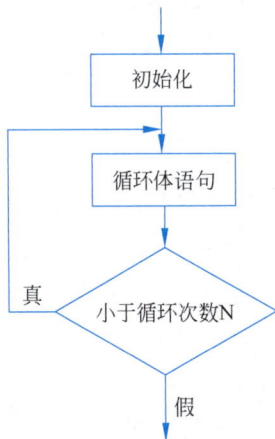

图 5-5　计数控制的循环结构流程　　　　图 5-6　条件控制的循环结构流程

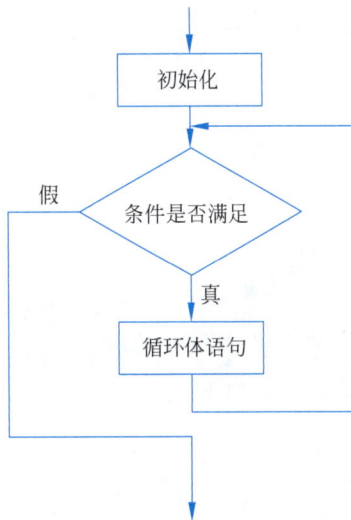

第 12 集
微课视频

5.2.1 计数控制循环结构

计数控制循环指循环次数事先已知的循环。习惯上,用 for 循环语句编写计数控制循环结构更简洁方便。在循环进行过程中,循环变量的值一般以递增或递减的方式变化,例如 for(i=0;i<10;i++),循环变量 i 从 0 开始,每次加 1,到 9 时结束。下面以计算某自然数的阶乘来说明计数控制循环结构。

【例 5-4】 编程实现:从键盘输入 n,然后计算并输出 $n!$。

分析:程序首先读取 n 的值,然后对计数控制器 i 赋初值 1,对阶乘的结果 p 赋初值 1。接着判断是否满足循环条件,即计数是否到 n。如果没到,就执行循环体,将 $p×i$ 赋给 p,然后 i 自增。当 i 计数到 n 的时候,循环结束,输出 p 的值,即 $n!$。

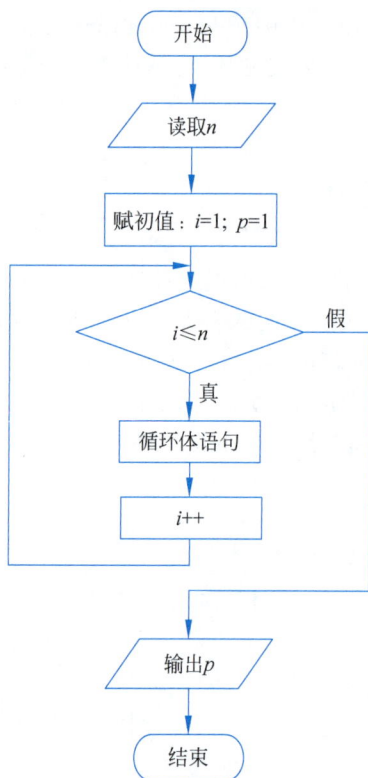

图 5-7　计算 n! 程序执行流程

该问题求解的流程如图 5-7 所示。代码如下。

```
1    /* 例 5 - 4
2    目的：验证计数控制循环结构
3    应用场景：计算
4    任务载体：计算并输出 n!
5    */
6    # include < stdio.h >
7    # include < stdlib.h >
8    int main()
9    {
10       // 变量声明
11       int i,n;
12       long p = 1;
13       // 变量输入或者赋值
14       printf("请输入 n:");
15       scanf(" % d",&n);
16       // 计算 or 处理【循环】
17       for(i = 1;i < = n;i++)
18       {
19           p = p * i;
20       }
21       // 变量输出
22       printf(" % d!= % ld\n",n,p);
23       return 0;
24    }
```

程序运行结果如下。

```
请输入 n:6 ↙
6!= 720
```

在成绩管理系统中,求某学生的若干功课(n 门,n 已知)的平均成绩,就是一个典型的已知循环次数的循环,可以使用数组的方法进行求解,将在第 6 章说明。

【例 5-5】　三年级 1 班有 50 个学生,期末考试之后班主任需要对所有学生的语文、数学和英语 3 门功课统计总分以及平均成绩。

分析：如果不用循环结构,首先输入学生 1 的 3 门课成绩,然后计算 3 门课的总成绩并计算平均值后输出。

```
scanf(" % f, % f, % f",&s1,&s2,&s3);
aver = (s1 + s2 + s3)/3;
printf("aver = % 7.2f",aver);
```

输入学生 2 的 3 门课成绩,并计算平均值后输出。

```
scanf(" % f, % f, % f",&s1,&s2,&s3);
aver = (s1 + s2 + s3)/3;
printf("aver = % 7.2f",aver);
```

要对 50 个学生进行相同操作,需要重复 50 次。这对程序设计人员来说无疑是一个巨大的工作量。而如果用 for 循环结构来实现,代码就非常简单,具体如下。

```
1    /* 例 5-5
2    目的:验证计数控制循环结构
3    */
4    #include <stdio.h>
5    #include <stdlib.h>
6    int main()
7    {
8        //变量声明
9        int i;
10       float s1,s2,s3;
11       float aver,sum = 0;
12       //变量输入或者赋值
13       for(i = 1;i <= 50;i++)
14       {
15           printf("请输入学生%d的3门功课成绩:",i);
16           scanf("%f,%f,%f",&s1,&s2,&s3);
17           sum = s1 + s2 + s3;
18           aver = sum/3.0;
19           printf("\n总分:%.1f 平均分:%.1f\n",sum,aver);   //输出已包含
20       }
21       return 0;
22   }
```

程序运行结果如下。

```
请输入学生1的3门功课成绩:89.5,85,94.5↙
总分:269.0 平均分:89.7
请输入学生2的3门功课成绩:88,93,86↙
总分:267.0 平均分:89.0
```

限于篇幅,仅演示输入前两位学生的 3 门功课的成绩。

在本例中,用 for 循环实现重复 50 次,完成 50 个学生的输入及计算任务。这是一个典型的计数控制循环结构。

5.2.2　条件控制循环结构

通过满足特定条件并且循环次数不能根据循环条件计算出来的循环,称为条件控制循环。循环能否继续进行通常是由一个条件控制的,此时用 while 语句和 do-while 语句编程更方便。

【例 5-6】 根据格雷果里公式 $pi/4 = 1 - 1/3 + 1/5 - 1/7 + \cdots$ 求 pi 的近似值。

分析:格雷果里公式为 $pi/4 = 1 - 1/3 + 1/5 - 1/7 + \cdots$,根据该公式,利用计算机无限循环的能力可以获得 pi 的精确值。但是,受限于计算机的存储能力,本例中 pi 的值只能得到一定的小数位数。求解过程的循环次数显然未知,因此需要一个条件来控制循环过程何时结束,例如精确到最后一项的绝对值小于 10^{-7}。这是一个典型的条件控制循环结构。

第 13 集
微课视频

本例应用 while 循环结构来实现条件控制循环结构,代码如下。

```
1     /* 例 5-6
2     目的: 验证条件控制循环结构
3     */
4     # include < stdio. h>
5     # include < math. h>
6     int main()
7     {
8         // 变量声明
9         int sign = 1;
10        double term = 1.0;
11        double sum = 0.0;
12        int n = 1;
13        // 计算 or 处理【循环】
14        while(fabs(term)> 1e-7)
15        {
16            term = sign * 1.0/n;
17            sum = sum + term;
18            sign = -1 * sign;
19            n = n + 2;
20        }
21        printf("pi= %.100f\n", 4 * sum);
22        return 0;
23    }
```

其中,term 代表格雷果里公式中的计算项,sign 表示符号函数。sign 初始化为 1,此后,
每循环一次,sign 就改变一次正负值。sum 是格雷果里公式右边的各项求和。fabs()函数
由 math. h 库定义,函数返回一个浮点数的绝对值,其原型为 double fabs(double x);该函
数的功能是求浮点数 x 的绝对值,即当 x 不为负时返回 x,否则返回 -x。要使用该函数,
需要在程序中包含头文件 math. h。关于函数,详细请参阅本书第 7 章。

printf()语句将输出计算结果,%.100f 表示结果显示小数点后 100 位。由于格雷果里
公式右侧各项的和代表 pi/4,因此输出的时候要将 sum 乘以 4。

程序运行结果如下。

```
pi = 3.14159285358975330000000000000000000000000000000000000000000000000000000000000000
000000000000000000000
```

小贴士: pi 的值是一个无限循环小数,到目前为止还没有算尽。

本例计算得到的 pi 值与真实值有一定的差距,那么这是否意味着本例的程序有问题
呢? 在前文中提到,计算机的存储能力是有限的,当精度过高,很有可能造成浮点数越界,因
此最后计算的结果并不一定准确。为此,在本例代码 18 行和 19 行之间增加一个输出语句,
如下所示。

```
18            sign = -1 * sign;
19            if(n % 33 == 0)printf("n= %d,pi= %.20f\n", n,4 * sum);
20            n = n + 2;
...
```

这里,第 19 行的代码是将部分中间结果(n 如果能被 33 整除)输出。修改后的程序运行结果如下(仅显示最后部分)。

```
n = 9998769,pi = 3.14159285361437050000
n = 9998835,pi = 3.14159245356648450000
n = 9998901,pi = 3.14159285361172950000
n = 9998967,pi = 3.14159245356912510000
n = 9999033,pi = 3.14159285360908890000
n = 9999099,pi = 3.14159245357176560000
n = 9999165,pi = 3.14159285360644880000
n = 9999231,pi = 3.14159245357440620000
n = 9999297,pi = 3.14159285360380820000
n = 9999363,pi = 3.14159245357704630000
n = 9999429,pi = 3.14159285360116770000
n = 9999495,pi = 3.14159245357968640000
n = 9999561,pi = 3.14159285359852710000
n = 9999627,pi = 3.14159245358232650000
n = 9999693,pi = 3.14159285359588700000
n = 9999759,pi = 3.14159245358496660000
n = 9999825,pi = 3.14159285359324690000
n = 9999891,pi = 3.14159245358760670000
n = 9999957,pi = 3.14159285359060680000
pi = 3.14159285358972660000000000000000000000000000000000000000000000000000000000
00000000000000000000
```

可以看出,当 n 的值较大的时候,pi 的值在 3.1415924535876067~3.1415928535906068 之间跳变。

5.3　嵌套循环结构

将一个循环语句放在另一个循环语句的循环体中构成的循环,称为嵌套循环。内嵌的循环体中还可以再包括完整的循环结构,这样就构成多层嵌套循环。在所有的高级语言程序设计中,关于嵌套循环的概念大同小异。

for 循环结构、while 循环结构和 do-while 循环结构之间可以互相嵌套。例如,下面几种嵌套循环的嵌套方案都是允许的。

(1) for 循环结构嵌套 for 循环结构。

```
for(表达式 1;表达式 2;表达式 3)
{
    // 嵌套循环
    for(表达式 b1;表达式 b2;表达式 b3)
    {
        语句序列;
    }
}
```

（2）while 循环结构嵌套 while 循环结构。

```
while(表达式)
{
    // 嵌套循环
    while(表达式 b)
    {
        语句序列;
    }
}
```

（3）do-while 循环结构嵌套 do-while 循环结构。

```
do{
    // 嵌套循环
    do{
        语句序列;
    } while(表达式 b)
} while(表达式)
```

（4）for 循环结构嵌套 while 循环结构。

```
for(表达式 1;表达式 2;表达式 3)
{
    // 嵌套循环
    while(表达式 b)
    {
        语句序列;
    }
}
```

（5）do-while 循环结构嵌套 for 循环结构。

```
do{
    // 嵌套循环
    for(表达式 b1;表达式 b2;表达式 b3)
    {
        语句序列;
    }
}while(表达式);
```

以上列举 5 种嵌套循环的情形,实际上,可以任意嵌套,在此不一一列举。

执行嵌套循环时,先由外层循环进入内层循环,并由内层循环终止后接着执行外层循环,再由外层循环进入内层循环中,当外层循环全部终止时,程序结束。

使用嵌套循环的注意事项如下。

（1）使用复合语句,以保证逻辑上的正确性。

（2）内层和外层循环控制变量不能同名,以免造成混乱。

（3）采用右缩进格式书写,以保证层次的清晰性。

【例 5-7】 根据泰勒展开公式求自然数 e 的近似值。自然数 e 的泰勒展开计算公式为 $e = 1 + 1/1 + 1/2 + 1/3! + \cdots + 1/n! + \cdots$，精确到最后一项小于 10^{-6} 时候输出 e 的值。

分析：首先这个问题包括了对若干项的求和，至于要加多少项并不明确知道，而只是由"最后一项小于 10^{-6}"这个条件来决定，因此可以用条件控制的循环来实现。其次，对第 n 项，由于分母中是一个阶乘。根据前文对阶乘的描述可知，阶乘的实现也需要用循环结构。因此，可以用嵌套循环来求解这个问题。代码如下。

```
1     /* 例 5-7
2     目的：验证嵌套循环结构
3     */
4     # include < stdio.h>
5     # include < math.h>
6     int main()
7     {
8         // 变量声明
9         double term = 1.0;
10        double sum = 1.0;
11        long np = 1;
12        int n = 1;
13        int i;
14        // 计算 or 处理【循环】
15        while(fabs(term) > 1e - 6)
16        {
17            //实现阶乘 n!
18            np = 1;
19            for(i = 1; i < = n; i++)
20            {
21                np = np * i;
22            }
23            term = 1.0/np;
24            sum = sum + term;
25            n++;
26        }
27        printf("e = %.20f\n", sum);
28        return 0;
29    }
```

其中，for 循环结构实现 n!，因此，这是一个典型的 while 循环结构嵌套 for 循环结构的情形。

程序运行结果如下。

```
e = 2.71828180114638450000
```

例 5-7 虽然很好地解决了问题，但经过分析，我们发现累加求和的累加项前后项之间构成规律。第 n 项为 1/(n!)，而第 n−1 项为 1/((n−1)!)。因此，这个嵌套循环中计算阶乘的内层循环是可以省略的。利用前项来计算后项，利用简单的单层循环即可实现。代码如下。

```
1    # include < stdio. h>
2    # include < math. h>
3    int main()
4    {
5        // 变量声明
6        double term = 1.0;
7        double sum = 1.0;
8        long np = 1;
9        int n = 1;
10       // int i;
11       // 计算 or 处理【循环】
12       while(fabs(term)> 1e - 6)
13       {
14           np = np * n;              //实现 n!
15           term = 1.0/np;
16           sum = sum + term;
17           n++;
18       }
19       printf("e = % .20f\n", sum);
20       return 0;
21   }
```

其中,第 14 行 np＝np * n;这一条语句,就是利用前一项已经得到的(n－1)!再乘以当前的循环变量 n,即可得到当前项 n!。

程序运行结果如下。

```
e = 2.71828180114638450000
```

显然,如果一个问题可以用单层循环结构来实现就尽可能用单层循环结构,因为嵌套循环的执行效率比单层循环低很多。

【例 5-8】 "百鸡百钱"问题求解。"百鸡百钱"是我国古代数学家张丘建在《算经》一书中提出的数学问题:"鸡翁一值钱五,鸡母一值钱三,鸡雏三值钱一。百钱买百鸡,问鸡翁、鸡母、鸡雏各几何?"

分析:鸡翁一值钱五意思是公鸡五文一只,而用一百文买一百只鸡,如果全买公鸡,公鸡数量不超过 20 只。因此,设 x 为公鸡的数量,则 $x \leqslant 20$。同理,设 y 为母鸡的数量,则母鸡的数量不超过 33 只,$y \leqslant 33$。至于小鸡的数量 z,则用"百鸡"和"鸡雏三值钱一"来约束,即 $z = 100 - x - y$,以及 z 是 3 的倍数。"百鸡百钱"问题转化为对 $x \times 5 + y \times 3 + (100 - x - y)/3 = 100$ 这个二元一次方程的求解问题。显然,答案不唯一,用嵌套循环遍历 x 和 y 即可。代码如下。

```
1    /* 例 5－8
2    目的:验证嵌套循环结构
```

```
3      任务载体:"百鸡百钱"问题求解
4      */
5      #include<stdio.h>
6      #include<stdlib.h>
7      int main()
8      {
9          // 变量声明
10         int x,y,z;
11         // 计算 or 处理【循环】
12         for(x=0;x<=20;x++) //公鸡
13         {
14             for(y=0;y<=33;y++)//母鸡
15             {
16                 z=100-x-y;
17                 if(x*5+y*3+z/3==100 && z%3==0)
18                 {
19                     printf("公鸡%d,母鸡%d,小鸡%d\n", x,y,z);
20                 }
21             }
22         }
23         return 0;
24     }
```

例 5-8 求解的关键是第 17 行中的两个判断条件,即 $x*5+y*3+z/3==100$ 和 $z\%3==0$。程序中用两重嵌套循环来实现,其中第一层循环对公鸡的数量 x 进行遍历,第二层循环对母鸡的数量 y 进行遍历。程序运行后结果如下。

```
公鸡 0,母鸡 25,小鸡 75
公鸡 4,母鸡 18,小鸡 78
公鸡 8,母鸡 11,小鸡 81
公鸡 12,母鸡 4,小鸡 84
```

上述几个例子体现出了求解问题的一种基本方法,即穷举法。

穷举法(Method of Exhaustion)又称为枚举法,是使用最广泛、设计最简单,同时最耗时的算法,也称为暴力法、蛮力法(Brute Force Method)。它的基本思想是根据题目的部分条件确定答案的大致范围,并在此范围内对所有可能的情况逐一验证,直到全部情况验证完毕。若某个情况验证符合题目的全部条件,则为本问题的一个解;若全部情况验证后都不符合题目的全部条件,则本题无解。

穷举法常用于解决"是否存在""有多少种情况"等类型的问题,以及一些其他数学问题和逻辑推理问题。对于一些规模较小的问题,穷举法的时间规模在可承受范围内,因此它是一种重要的算法设计思想。同时,穷举法还可以作为某类问题的时间性能下界,来衡量同样问题其他算法是否具有更高效率。

在实际应用中,穷举法可以用于密码破译,即将密码进行逐个推算直到找出真正的密码为止。此外,在一些数学问题和逻辑推理问题中,虽然穷举法看起来是一种"笨"方法,但它恰好利用了计算机高速运算的特点,可以避免复杂的逻辑推理过程,使问题简单化。

需要注意的是,穷举法需要遍历所有可能的情况,因此其时间复杂度通常为平方阶。在使用穷举法时需要谨慎考虑其时间复杂度,以确保问题能够在可接受的时间内得到解决。同时,对于一些需要快速得出结果的问题,可能需要考虑其他更高效的算法。

5.4　循环的转移控制

5.4.1　break 语句和 continue 语句在循环结构中的作用

在循环内部,可以使用控制语句来改变循环的执行流程。C 语言提供了两种主要的循环控制语句: break 语句和 continue 语句。

1. break 语句

break 是 C 语言中的一个关键字,break 后面加分号构成 break 语句。在第 4 章中介绍了 break 语句在 switch-case 多分支选择结构中的应用。C 语言中的 break 语句一般应用于 switch-case 多分支语句和本章的循环语句之中。当 break 语句用于 switch-case 结构中时,可使程序跳出 switch-case 结构,执行 switch-case 结构之后的语句;当 break 语句用于 for 循环结构、while 循环结构和 do-while 循环结构之中,可使程序终止当前的循环结构,执行循环结构后面的语句。

通常 break 语句总是与 if 语句关联使用,这里的 if 语句是作为一个判断条件,即满足某条件时便跳出当前的循环结构,不满足时继续循环,直到循环完成。例如,在 while 循环结构中,将循环条件修改为 while(1),即永真,然后在循环体中利用 break 语句来结束循环。将 5.2.2 节利用格雷果里公式计算 pi 值的程序中的 while 循环结构修改为如下代码。

```
1    # include < stdio. h>
2    # include < math. h>
3    int main()
4    {
5      // 变量声明
6       int sign = 1;
7      double term = 1.0, sum = 0.0;
8      int n = 1;
9      // 计算 or 处理【循环】
10     while(1)
11     {
12         term = sign * 1.0/n;
13         sum = sum + term;
14         sign = - 1 * sign;
15         n = n + 2;
16         if(fabs(term)< 1e - 7)
17             break;
18     }
19     printf("pi = % .100f\n", 4 * sum);
20     return 0;
21   }
```

其中,第 16～17 行代码是增加的代码,用 if() 条件判断语句来判断循环的条件是否被破坏。如果当某一项的绝对值小于 10^{-7} 的时候将跳出循环结构,结束整个 while 循环。

2. continue 语句

与 break 语句相对应的是 continue 语句。continue 语句一般用于中止当前的循环,并且不执行循环体中剩下的代码,直接进入下一次循环。它通常与 for 循环语句和 while 循环语句配合使用。continue 语句的主要作用是根据特定条件跳过某些次数的循环中的某些代码。下面用一个例子进行详细说明。

【例 5-9】 对 1～10 的数,只输出奇数。

分析:在循环过程中,如果遇到偶数,则用 continue 语句跳过后面的输出语句即可。代码如下。

```
1    /* 例 5-9
2    目的:验证 continue 语句
3    */
4    # include < stdio. h >
5    # include < stdlib. h >
6    int main()
7    {
8        // 变量声明
9      int i = 1;
10     // 计算 or 处理【循环】
11      printf("只输出奇数,跳过偶数。\n");
12      for (i = 1; i <= 10; i++)
13      {
14          if (i % 2 == 0) // 如果 i 是偶数,将不执行后面的输出代码,继续循环
15          {
16              continue;
17          }
18          printf(" % d\n", i);
19      }
20      return 0;
21  }
```

本例代码中第 11 行如果遇到 i 是偶数则用 continue 语句来跳过后面的输出代码,继续下一次循环。程序运行结果如下。

```
只打印奇数,跳过偶数。
1
3
5
7
9
```

continue 语句的主要作用是跳过满足特定条件的某次循环。通过判断条件,可以让程序在满足条件时跳过当前循环,在条件不满足时正常执行。在处理数据时,有时候会遇到无效数据或者不需要处理的数据,使用 continue 语句就可以跳过这些无效数据,直接处理有

效数据。

3. break 语句和 continue 语句对比

continue 语句和 break 语句都是控制流语句,用于改变程序的执行流程。二者的区别在于 continue 语句是跳过当前迭代进入下一次迭代,而 break 语句是立即退出当前循环。需要注意如下几点。

(1)break 语句用来结束所有循环,循环语句不再有执行的机会;continue 语句用来结束本次循环,直接跳到下一次循环,如果循环条件成立,还会继续循环。

(2)在多层循环中,一个 break 语句只向外跳一层。continue 语句的作用是跳过循环体中剩余的语句并到循环末尾而强行执行下一次循环。

(3)break 语句可以在 if-else 语句中使用,用于直接跳出当前循环。

(4)continue 语句只用在 for、while、do-while 等循环体中,常与 if 条件语句一起使用,用来加速循环。

5.4.2 goto 语句在循环结构中的作用

C 语言提供了 goto 语句,用于无条件地转移程序的控制,因此 goto 语句也称为无条件转移语句。goto 语句通常与标签一起使用。标签是一个标识符,可以出现在任何可执行语句之前,并且跟一个冒号。goto 语句可以无条件地跳转到该标签。goto 语句的一般形式如下。

```
goto 标签;
```

以下是一些使用 C 语言中 goto 语句的例子。

(1)基本用法:转移跳转。

```
1    #include <stdio.h>
2    #include <stdlib.h>
3    int main()
4    {
5        int x = 10;
6        if(x < 20) goto end;
7        printf("This will not be printed. \n");
8        end: // 标签
9        printf("x < 20,This will be printed. \n");
10       return 0;
11   }
```

上述程序在第 8 行设置了一个标签 end,在第 6 行有一个 goto 语句,它会跳过第 7 行的 printf("This will not be printed. \n");并直接跳到标签 end。因此,程序不会输出"This will not be printed."而是执行第 9 行的打印语句,输出"x < 20,This will be printed."

(2)使用 goto 语句进行错误处理。

```
1    #include <stdio.h>
2    #include <stdlib.h>
```

```
3      int main()
4      {
5          int x = 100;
6          if(x > 10) goto error;
7          printf("No error.\n");
8          return 0;
9          error: // 标签
10         printf("Error!\n");
11         return 1;
12     }
```

在这个例子中，如果 x 大于 10，程序将会跳到 error 标签，输出"Error!"并返回 1。这种方式可以用于错误处理。

（3）使用 goto 语句进行循环控制（迭代）。

在实践中，if 语句和 goto 语句可以构成循环。

```
1      # include < stdio. h >
2      # include < stdlib. h >
3      int main()
4      {
5          int x = 0;
6          loop:
7          printf("x = % d\n", x);
8          if(x < 10)
9          {
10             x++;
11             goto loop;
12         }
13         return 0;
14     }
```

本例使用 goto 语句创建了一个循环，每次迭代 x 的值都会增加，当 x 大于或等于 10 时，循环结束。

在例 5-3 中，我们用 3 种循环结构，即 for 循环、do-while 循环和 while 循环实现对输入数字 n 的累积。这里用 goto 语句配合 if 语句，同样也可以构成循环，实现相同的功能。代码如下。

```
1      / * 例 5 - 3
2      目的：验证 goto 语句构成循环
3      * /
4      # include < stdio. h >
5      # include < stdlib. h >
6      int main()
7      {
8          int i,n;
9          long sum = 1;
10         printf("请输入 n:");
11         scanf(" % d",&n);
12         i = 1;
```

```
13          loop:
14          if(i < = n)
15          {
16              sum = sum * i;
17              i++;
18              goto loop;
19          }
20          printf(" % ld\n",sum);
21          return 0;
22      }
```

程序第 18 行的 goto 语句控制程序转到第 13 行所在的标签 loop,继续执行第 14 行的 if 语句,从而构成循环。程序运行结果如下。

```
请输入 n:5 ↙
120
```

虽然采用 goto 语句可以创建循环结构,但由于 goto 语句的绝对流转特征不符合程序的结构化设计要求,因此不推荐使用。在程序设计的教材中也不把利用 goto 语句创建循环结构作为循环结构的基本内容之一。用三种基本循环结构已经足够完成任何一种循环结构设计任务。

但并非认定 goto 语句完全不必要。事实上,goto 语句最常见的用途是终止程序在某些深度嵌套的结构,比如利用 goto 语句一次跳出多层循环。一般这种情况,break 达不到目的,就利用 goto 语句实现。break 语句只能从最内层循环退出到上一层的循环。goto 语句最适合的应用场景如下。

```
for(...)
{
 for(...)
 {
     for(...)
     {
     if(disaster)
         goto error;
     }
 }
 …
}
error:
if(disaster)
{
 // 处理错误情况
}
```

5.4.3　exit(0)在循环结构中的作用

exit()是 C 语言中的一个函数,其基本作用是结束一个进程。exit()函数通常用于在程序中终结整个程序,使得程序结束并跳回操作系统。exit()函数的执行会进入操作系统,操作系统将对进程进行后期处理,包括收集进程状态信息,通知其父进程等,之后将回收进程所占有的所有资源(打开的文件、内存等),撤销其进程控制块。

exit(0)表示程序正常退出,exit(1)或者 exit(−1)表示程序异常退出。这种情况在循环控制中用得不多,因此不过多讨论。

5.5　科技前沿之深度学习

深度学习是一种机器学习方法。

1. 机器学习的局限

传统的机器学习算法在指纹识别、基于 Haar 特征的人脸检测、基于 HOG 特征的物体检测等领域的应用基本达到了商业化的要求或者特定场景的商业化水平,但每前进一步都异常艰难,直到深度学习算法的出现。

2. 什么是深度学习

深度学习是一种机器学习方法,它允许我们训练人工智能来预测输出,给定一组输入(指传入或传出计算机的信息)。监督学习和非监督学习都可以用来训练人工智能。

3. 深度学习是如何学习的

深度学习是学习样本数据的内在规律和表示层次,这些学习过程中获得的信息对诸如文字、图像和声音等数据的解释有很大的帮助。它的最终目标是让机器能够像人一样具有分析学习能力,能够识别文字、图像和声音等数据。深度学习是一个复杂的机器学习算法,在语音和图像识别方面取得的效果,远远超过先前相关技术。

4. 深度学习与机器学习的关系

深度学习是机器学习领域中一个新的研究方向,它被引入机器学习使其更接近于最初的目标——人工智能。

5. 深度学习应用领域

深度学习在搜索技术、数据挖掘、机器学习、机器翻译、自然语言处理、多媒体学习、语音识别、推荐和个性化技术,以及其他相关领域都取得了很多成果。深度学习使机器模仿视听、思考等人类的活动,解决了很多复杂的模式识别难题,使得人工智能相关技术取得了很大进步。

本章小结

本章主要介绍 C 语言程序设计中由循环语句和相应的循环控制语句构成的循环结构。循环语句是用于重复执行某一个条件语句的语句,其中控制表达式为其核心,整个循环围绕这个控制表达式展开。如果表达式为真,循环继续执行;否则,循环结束。C 语言中循环语句主要有 for 语句、while 语句和 do-while 语句;此外用 goto 语句配合 if 语句也可以构成循环结构。

for 循环结构是 C 语言中最常用的循环结构,其格式为"for(表达式 1;表达式 2;表达式 3){循环体}"。其中表达式 1 为循环变量赋初值,表达式 2 为循环控制条件,表达式 3 为循环变量增值。首先给变量赋值,接下来进行变量判断。若判断为真,则继续执行循环体;否则循环停止。最后进行变量增减量。while 循环结构的特点是先判断再执行,即首先判断循环控制表达式,若为真则继续向下执行;若为假则循环结束。do-while 循环结构的特点是先执行再判断,首先无条件执行一次循环体,然后再根据循环控制表达式来判断。若判断为真,则继续执行循环;否则循环结束。所以 do-while 语句至少要执行一次循环。

本章还详细介绍了 C 语言中的 break 语句和 continue 语句的用法。break 语句用于立即退出语句所在的层的循环。当执行到 break 语句时,程序将跳过当前循环的剩余部分,并继续执行循环之后的代码。continue 语句用于跳过当前循环迭代的剩余部分,并开始下一次迭代。当执行到 continue 语句时,程序将跳过当前循环迭代中的 continue 语句之后的代码,并立即开始下一次迭代。通过掌握 break 语句和 continue 语句的基本语法和常见应用场景,可以在循环中灵活应用,提高代码的执行效率和可读性。

另外还介绍了无条件转移语句 goto 语句和退出语句 exit()。

本章习题

一、单选题

1. 以下程序中循环体的执行次数是(　　)。

```
#include<stdio.h>
int main()
{   int i,j;
    for(i=0,j=1;i<=j+1;i=i+2,j--)
        printf("%d\n",i);
    return 0;   }
```

A. 3 次　　　　　　　B. 2 次　　　　　　　C. 1 次　　　　　　　D. 0 次

2. 下列选项中,没有构成死循环的是(　　)。

A.
```
int i=100;
while(1)
{
    i=i-1;
    if(i>100)
        break;
}
```

B.
```
for(;;);
```

C.
```
int k=10000;
do
{
    k++;
}while(k>10000);
```

D.
```
int s=36;
while(s)
    --s;
```

3. 设已定义 i 和 k 为 int 型变量,则以下关于 for 循环语句的说法,正确的是(　　)。

```
for(i=0,k=-1;k=1; i++,k++)
  printf("* * * *\n");
```

A. 判断循环结束的条件不合法　　　　　B. 是无限循环

C. 循环一次也不执行　　　　　　　D. 循环只执行一次

4. 若变量已正确定义,要求程序段完成求 5! 的计算,不能完成此操作的程序段是(　　)。

　　A. for(i=1,p=1;i<=5;i++) p*=i;

　　B. for(i=1;i<=5;i++){ p=1; p*=i;}

　　C. i=1;p=1;while(i<=5){p*=i; i++;}

　　D. i=1;p=1;do{p*=i; i++; }while(i<=5);

5. 以下程序运行后的输出结果是(　　)。

```
int main()
{    int i = 0,x = 0;
     for (;;)
     {
         if(i == 3||i == 5) continue;
         if (i == 6) break;
         i++;
         s += i;
     };
     printf(" % d\n",s);
     return 0;
}
```

　　A. 10　　　　　　　　　　　　　B. 13

　　C. 21　　　　　　　　　　　　　D. 程序进入死循环

6. 以下程序运行后的输出结果是(　　)。

```
main( )
{    int i,n = 0;
     for(i = 2;i < 5;i++)
     {
         do{ if(i % 3) continue;
             n++;
         } while(!i);
         n++;
     }
     printf("n = % d\n",n);
}
```

　　A. n=5　　　　　　B. n=2　　　　　　C. n=3　　　　　　D. n=4

7. 以下程序运行后的输出结果是(　　)。

```
main( )
{ int i,s = 0;
for(i = 1;i < 10;i += 2) s += i + 1;
printf(" % d\n",s);
}
```

　　A. 自然数 1~9 的累加和　　　　　B. 自然数 1~10 的累加和

　　C. 自然数 1~9 中的奇数之和　　　D. 自然数 1~10 中的偶数之和

8. 以下程序运行后的输出结果是(　　　)。

```
main( )
{ int x = 0,y = 5,z = 3;
while(z - - > 0&&++x < 5) y = y - 1;
printf(" % d, % d, % d\n",x,y,z);
}
```

    A. 3,2,0   B. 3,2,−1   C. 4,3,−1   D. 5,−2,−5

9. t 为 int 型,进入下面的循环之前,t 的值为 0。则以下叙述中正确的是(　　　)。

```
while( t = 1)
{ … }
```

    A. 循环控制表达式的值为 0   B. 循环控制表达式的值为 1

    C. 循环控制表达式不合法   D. 以上说法都不对

10. 以下程序段中,do-while 循环结构的结束条件是(　　　)。

```
int n = 0,p;
do{
scanf(" % d",&p);
n++;
} while(p!= 12345 &&n < 3);
```

    A. p 的值不等于 12345 并且 n 的值小于 3

    B. p 的值等于 12345 并且 n 的值大于或等于 3

    C. p 的值不等于 12345 或者 n 的值小于 3

    D. p 的值等于 12345 或者 n 的值大于或等于 3

11. 运行 for(x=1,y=0;(y!=1)&&(x<4);x++);的结果为(　　　)。

    A. 无限循环   B. 循环次数不定   C. 运行 3 次   D. 运行 2 次

12. 对于 for(表达式 1;　;表达式 3)可理解为(　　　)。

    A. for(表达式 1;0;表达式 3)

    B. for(表达式 1;1;表达式 3)

    C. for(表达式 1;表达式 1;表达式 3)

    D. for(表达式 1;表达式 3;表达式 3)

13. C 语言中,下列说法正确的是(　　　)。

    A. 不能用 do-while 语句构成循环

    B. do-while 语句构成循环必须用 break 语句才能退出

    C. do-while 语句构成循环,当 while 语句中的表达式为非零时结束循环

    D. do-while 语句构成循环,当 while 语句中的表达式为零时结束循环

14. 下面有关 for 循环的描述正确是(　　　)。

    A. for 循环只能用于循环次数已经确定的情况

    B. for 循环是先执行循环体语句,后判断表达式

    C. 在 for 循环中,不能用 break 语句跳出循环体

D. for 循环的循环体可以包含多条语句,但必须用花括号括起来

15. 执行语句 for(i＝1;i＋＋＜4;);后变量 i 的值是( )。

    A. 3   B. 4   C. 5   D. 不定

16. 以下描述正确的是( )。

    A. continue 语句的作用是结束整个循环的执行

    B. 只能在循环体内和 switch-case 语句内使用 break 语句

    C. 在循环体内使用 break 语句或 continue 语句的作用相同

    D. 从多层循环嵌套中退出时,只能使用 goto 语句

17. 有以下程序段,其中 x 为整型变量,下面说法正确的是( )。

```
int x = -1;
do
{
}while(x++);
printf("x = % d",x);
```

    A. 该循环没有循环体,程序错误

    B. 输出 x＝1

    C. 输出 x＝0

    D. 输出 x＝－1

18. 以下 while 循环中,循环体执行的次数是( )。

```
k = 1;
while(k -- )
k = 6;
```

    A. 执行 10 次   B. 执行无限次   C. 一次也不执行   D. 执行 1 次

19. C 语言中 while 和 do-while 循环语句的主要区别是( )。

    A. do-while 的循环体至少无条件执行一次

    B. while 的循环控制条件比 do-while 的循环控制条件更严格

    C. do-while 循环结构允许从外部转到循环体内

    D. do-while 循环结构的循环体不能是复合语句

20. 若 int i,j;则 for(i＝j＝0;i＜10＆＆j＜8;i＋＋,j＋＝3)控制的循环体执行的次数是( )。

    A. 9   B. 8   C. 3   D. 2

二、填空题

1. while 循环语句中,while 关键词之后一对圆括号中表达式的值决定了循环体是否进行。因此进入 while 循环后,一定要有能使此表达式的值变为_____的操作,否则循环将会无限制地进行下去。

2. for 语句中的表达式可以部分或全部省略,但两个_____不可省略。但当 3 个表达式均省略后,因缺少条件判断,循环会无限制地执行下去,形成死循环,因此需要在循环体

里有_____循环的语句。

3. 以下程序功能是实现利用转辗相除法求两数最大公约数。请在程序画线处填写适当的表达式或语句,使程序能正确运行并符合题目要求。不得增行或删行,也不得更改程序的结构。

```c
# include < stdio.h>
int main( )
{
    int x, y, gcd;
    printf("请输入两个正整数: ");
    scanf(_____①_____);
    scanf("% d",&y);
    if(x < y)
        gcd = x;
    else
        gcd = _____②_____;
    while(x % gcd!= 0 || y % gcd!= 0)
        _____③_____;
    printf("gcd = % d\n", gcd);
    return 0;
}
```

4. 下列给定程序的功能是:统计 100 到 1000 素数的个数。请在程序的下画线处补充适当的语句使程序得出正确的结果。不得增行或删行,也不得更改程序的结构。

```c
# include < stdio.h>
int main()
{
    int i = 0,j = 0,flag = 0,num = 0;
    num = 0;
    for(i = 100; _____①_____ ;i++)
    {
        flag = 1;
        for(j = 2;j <= i - 1;j++)
        {
            if(_____②_____)
            {
                flag = 0;
                break;
            }
        }
        if(_____③_____)
        {
            num = num + 1;
        }
    }
    printf("% d\n",num);
    return 0;
}
```

5. 以下程序的功能是从键盘输入若干学生的成绩,查找最高成绩和最低成绩,当输入为负数时,结束输入。请在程序画线处填写适当的表达式或语句,使程序能正确运行并符合题目要求。不得增行或删行,也不得更改程序的结构。

```c
# include< stdio.h>
int main()
{
    float x,max,min;
    scanf(" % f",&x);
    max = min =      ①     ;
    do{
        if(x > max)max = x;
        if(x < min)    ②    ;
        scanf(" % f",&x);
    }while(     ③     );
    printf(" % f, % f",max,min);
    return 0;
}
```

6. 下面程序的功能是计算 $1-1/2+1/3-1/4+\cdots+1/99-1/100+\cdots$ 直到最后一项的绝对值小于 10^{-4} 为止。请在程序画线处填写适当的表达式或语句,使程序能够正确运行并符合题目要求。不得增行或删行,也不得更改程序的结构。

```c
# include< stdio.h>
# include< math.h>
int main()
{
    int n = 1;
    float term = 1.0,sign = 1,sum = 0;
    while(     ①     )
    {
            ②        ;
        sum = sum + term;
        sign =     ③     ;
        n++;
    }
    printf("sum = % f\n",sum);
    return 0;
}
```

三、程序设计题

1. 求 $1+2+3+4+\cdots+10000$ 的值。

2. 求 $s=a+aa+aaa+aaaa+aa\cdots a$ 的值,其中 a 是一个数字。例如 $2+22+222+2222+22222$(此时共有 5 个数相加),几个数相加由键盘控制。

3. 完全平方数是指一个数的平方根是一个整数。请用循环结构编程实现 1~200 所有的完全平方数的输出。

4. 找出 10000 以内所有的回文数,并计算总共有多少个。(回文数指从左往右读和从右往左读都一样的数,如 121、888 等)。

5. 求 1~1000 满足"用 3 除余 2、用 5 除余 3、用 7 除余 2"的数,且一行只输出 5 个数。

6. 打印出 1~1000 所有的素数(素数指只能被 1 和自身整除的正整数)。

7. 找出 10000 以内所有的阿姆斯特朗数(各位数字的立方和等于它本身的数)。

8. 求 0~7 所能组成的奇数个数。

9. 输出 1~100 所有的合数(合数指除了 1 和本身还有其他因数的数)。

10. 将 1~1000 能够同时被 5 和 7 整除的数输出来,并统计其个数,每行输出 5 个。

11. 每个苹果 0.8 元,第一天买 2 个苹果,第二天开始,每天买前一天的 2 倍,直到购买的苹果数达到不超过 100 的最大值。编写程序求每天平均花多少钱。

12. 利用嵌套循环输出如下图形。

```
1
12
123
1234
…
123456789
```

13. 使用嵌套循环,按下面的格式进行输出。

```
A
BC
DEF
GHIJ
KLMNO
```

14. 输出所有的完数(完数指它所有的真因子,即除了自身以外的约数的和恰好等于它本身的数)。

15. 编程设计一个简单的猜数游戏。先由计算机"想"一个数请用户猜,如果用户猜对了,则计算机给出提示"Right!",否则提示"Wrong!",并告诉用户所猜的数是大还是小。

16. 编写程序,求在 10~1000 所有能被 4 除余 3,被 7 除余 4,被 9 除余 4 的数的平方和。

17. 编程实现在屏幕上输出九九乘法口诀表。

18. 求 1!+2!+3!+…+20! 的值。

第6章

数组与字符串

引言

数组和字符串不仅在编程实践中有着广泛的应用,而且对于理解数据结构、算法以及程序设计的基本原理也至关重要。

1. 数组(Array)

数组是一种在内存中连续存储相同类型数据的数据结构。在 C 语言中,数组允许定义一组具有相同类型的变量,并通过一个统一的名称(即数组名)和索引(或称为下标)来访问这些变量。数组的作用主要体现在以下几个方面。

(1)数据集合管理。数组可以方便地管理一组数据,比如学生成绩、员工信息等。通过数组,可以对这些数据进行统一地存储、访问和操作。

(2)循环迭代。数组与循环结构(如 for 循环结构、while 循环结构)的结合使用,可以大大简化代码,提高程序的执行效率。例如,可以使用循环结构遍历数组中的每个元素,进行统计、计算或比较等操作。

(3)排序与搜索。数组是排序和搜索算法的基础数据结构。通过数组,可以实现各种排序算法和搜索算法。

2. 字符串(String)

在 C 语言中,字符串是由一系列字符组成的序列,通常以字符数组的形式存储。字符串的作用主要体现在以下几个方面。

(1)文本处理。字符串是处理文本数据的基础。通过字符串操作,可以实现文本的输入、输出、存储、查找、替换和格式化等功能。这在文本编辑器、搜索引擎、邮件客户端等应用中具有广泛的应用。

(2)用户界面交互。字符串是用户与程序交互的重要媒介。程序通过字符串向用户显示信息,并接收用户的输入。例如,在命令行程序中,可以使用字符串来接收用户输入的命令或参数;在图形用户界面(Graphical User Interface,GUI)中,字符串则用于显示菜单、按钮、对话框等元素上的文本。

(3)文件操作。字符串在文件操作中扮演着重要角色。文件的路径、名称和内容通常都以字符串的形式表示。通过字符串操作,可以实现文件的打开、关闭、读取、写入和搜索等功能。

本章导读

本章将学习数组的基本概念、声明和使用方法,以及如何通过数组来处理一组相同类型的数据。同时,也将了解字符串在 C 语言中的表示方法,学习如何声明和操作字符串,及常见的字符串函数。

重点内容

1. 数组

(1) 数组的基本概念:理解数组是什么,为什么需要数组。

(2) 数组的声明与初始化:学习如何声明和初始化一维数组和多维数组。

(3) 数组的访问与操作:掌握通过索引访问数组元素的方法,以及如何在程序中操作数组。

2. 字符串

(1) 字符串的表示:了解 C 语言中字符串是如何通过字符数组来表示的。

(2) 字符串的声明与初始化:学习如何声明和初始化字符串变量。

(3) 字符串操作函数:学习常见的字符串操作函数,如 strlen()、strcpy()、strcat()、strcmp()等,并理解它们的作用和使用方法。

(4) 字符串的输入与输出:掌握使用 scanf()和 printf()等函数进行字符串输入输出的方法。

世界计算机名人——本杰明·斯特劳斯特鲁普

图 6-1   本杰明·斯特劳斯特鲁普

在《C 语言程序设计》的学习旅程中,我们不仅探索着 C 语言的奥秘,也站在了编程语言发展的历史长河中。编程语言的发展是一个长期而复杂的过程,从最早的机器语言、汇编语言,到后来的高级语言如 FORTRAN、Pascal、C 等,再到面向对象语言如 C++、Java、Python 等,每一种语言的诞生和发展都伴随着计算机技术的进步和编程思想的演变。学习 C 语言,就是站在了这条历史长河的一个关键节点上,能够感受到编程语言发展的脉络和趋势。而今天,我们将通过 C++的发明者——本杰明·斯特劳斯特鲁普(Bjarne Stroustrup)(见图 6-1)的故事,汲取推动技术进步与自我超越的力量。

本杰明·斯特劳斯特鲁普,作为 C++的创造者,他的故事始于对探索和创新的热爱。在从事大型软件开发项目时,他意识到 C 语言在表达力和安全性上的局限性,于是萌生了创造一种新语言的想法。这种语言既要保留 C 语言的效率和灵活性,又要增加面向对象的特性,以提高软件的可维护性和复用性。于是,C++应运而生,成为编程语言史上的一座重要里程碑。

面向对象的哲学:团队合作与模块化

C++的面向对象特性,不仅提高了编程的效率和灵活性,更蕴含了一种模块化的哲学思想。在 C++ 的世界里,每个类都是一个独立的模块,它们之间通过接口进行交互,共同构建出复杂的软件系统。这种思想启示我们,在学习和工作中要注重模块化设计,以提高效率和减少错误。

勇于探索未知,敢于创新

本杰明·斯特劳斯特鲁普的故事告诉我们,要勇于探索未知领域,敢于挑战传统观念。在编程的世界里,没有一成不变的规则,只有不断创新才能取得进步。要敢于尝试新的编程思路和方法,勇于挑战自我,增强创新意识和实践能力。

6.1 数组

假设需要计算 5 个整数的和,示例代码如下。

```
1    # include < stdio. h >
2    int main()
3    {
4        int num1, num2, num3, num4, num5;
5        int sum;
6        num1 = 10;
7        num2 = 20;
8        num3 = 30;
9        num4 = 40;
10       num5 = 50;
11       // 计算和
12       sum = num1 + num2 + num3 + num4 + num5;
13       // 输出结果
14       printf("The sum is: % d\n", sum);
15       return 0;
16   }
```

在这个例子中,为每一个整数定义了一个单独的变量(num1~num5)。如果整数的数量增加,我们需要定义更多的变量,并且计算它们的和时也需要添加更多的项。这种方式不仅冗长,而且不易于管理和扩展。

为此,C 语言引入数组类型来解决这一问题。数组是一种数据结构,它用于存储多个同类型的元素,并按照一定的顺序组织这些元素。每个元素可以通过其索引(或下标)来单独访问。

6.1.1 数组的定义与声明

数组的定义与声明是创建数组的过程,它涉及指定数组的类型、名称以及大小(即数组中可以存储的元素个数)。

数组的定义与声明通常使用以下语法。

```
type arrayName[size];
```

其中,type 是数组中元素的类型,可以是任何有效的 C 语言数据类型,如 int、float、char 或用户自定义的数据类型。arrayName 是数组的名称,用于在程序中引用该数组。size 是一个整数常量表达式,表示数组的大小,即数组中可以存储的元素个数。

以下是一些数组定义与声明的示例。

整型数组定义与声明示例如下。

```
int numbers[10];            // 声明一个可以存储 10 个整数的数组
```

浮点型数组定义与声明示例如下。

```
float temperatures[5];      // 声明一个可以存储 5 个浮点数的数组
```

字符型(字符串)数组定义与声明示例如下。

```
char greeting[20];    // 声明一个可以存储最多 19 个字符(加上结尾的空字符'\0')的字符串数组
```

在声明数组时,需要指定数组的类型和大小。数组的大小是一个常量表达式,它决定了数组在内存中所占的空间大小。

一旦数组被声明,就可以通过索引(下标)来访问和修改数组中的元素。索引从 0 开始,到数组大小减 1 结束。例如,intArray[0] 访问的是整型数组 intArray 的第一个元素。

需要注意的是,数组的大小必须是常量表达式,不能是变量。这意味着用户不能在运行时决定数组的大小。

数组名代表数组首元素的地址,在大多数上下文中它会被转换为指向数组首元素的指针。

一旦数组被定义,其大小就不能改变。如果需要可以动态变化的数组,应使用指针和动态内存分配。

6.1.2　数组的维度

数组的维度指数组中某个元素在用数组下标表示时,需要用到的数字数量。这个数量决定了数组是几维的。例如,一个数字确定一个元素,那么这个数组是一维的;两个数字确定一个元素,那么这个数组是二维的;以此类推。

在 C 语言中,数组的维度可以在声明数组时指定,也可以通过数组名在后续的代码中获取。例如,通过在数组名后面加上方括号来定义数组的维度,如 int arr[5]表示定义了一个包含 5 个整型元素的一维数组。对于多维数组,如二维数组 int arr[3][4],则表示定义了一个 3 行 4 列的二维数组。

1. 一维数组

一维数组是一个线性的数据集合,它通过单一的索引来访问每个元素,常用于存储序列化的数据。假设有一个存储学生分数的一维数组,如下所示。

```
int scores[5] = {85, 90, 78, 92, 88};
```

在这个例子中,scores 是一个一维数组,包含 5 个整数元素,如图 6-2 所示。可以通过索引来访问这些元素,如 scores[0] 表示第一个学生的分数,值为 85。

85	90	78	92	88

图 6-2 scores 数组

2. 二维数组

二维数组可以看作一个表格,由多个一维数组(行)组成,而这些一维数组又包含相同类型的元素。每个元素通过两个索引(行索引和列索引)来访问。二维数组常用于表示具有行和列结构的数据,如矩阵、表格或网格等。通过行索引和列索引来访问数组中的元素。假设有一个二维数组,用于存储一个班级中学生的成绩。这个二维数组可以看作一个表格,其中,行代表学生,列代表科目。例如,有一个 5 名学生和 3 门科目的场景,对应的二维数组声明和初始化如下所示。

```
1    int grades[5][3] = {
2        {90, 85, 92},    // 第 1 名学生的 3 门科目成绩
3        {88, 76, 95},    // 第 2 名学生的 3 门科目成绩
4        {78, 88, 76},    // 第 3 名学生的 3 门科目成绩
5        {92, 81, 84},    // 第 4 名学生的 3 门科目成绩
6        {85, 90, 88}     // 第 5 名学生的 3 门科目成绩
7    };
```

90	85	92
88	76	95
78	88	76
92	81	84
85	90	88

图 6-3 grades 数组

在这个例子中,grades 是一个二维数组,它有 5 行 3 列,如图 6-3 所示。每一行代表一个学生的成绩,每一列代表一门科目的成绩。因此,要访问某个学生的某门科目的成绩,需要两个下标:一个用于指定学生(行),另一个用于指定科目(列)。例如,grades[2][1] 就表示第 3 名学生在第 2 门科目上的成绩,即 88。在实际应用中,数组可以根据需要扩展到更多维,例如三维数组可以用于表示立体空间中的点,四维数组可以用于更复杂的数据结构等。

6.1.3 数组的初始化

数组的初始化是在数组定义的同时,为其分配存储空间并赋予初值的过程。初始化是数组编程中非常重要的一环,它能够在数组创建之初就设定好数组元素的初始状态,为后续的数据处理提供便利。

在 C 语言中,数组的初始化通常有两种形式:静态初始化和动态初始化。

1. 静态初始化

静态初始化指在声明数组时直接给出数组元素的值。这种方式通常用于数组大小固定,且元素值已知的情况,示例如下。

```
int arr[5] = {1, 2, 3, 4, 5};    // 初始化一个包含 5 个整数的数组
```

对于二维数组,静态初始化可以指定每一行的元素值,示例如下。

```
1    int matrix[2][3] = {
2        {1, 2, 3},
3        {4, 5, 6}
4    };                          // 初始化一个 2×3 的整数矩阵
```

如果数组的部分元素被初始化,其余未初始化的元素将被自动设置为 0(对于全局或静态数组)或未定义的值(对于局部数组)。

2. 动态初始化

动态初始化指不直接指定数组元素的值,而是根据数组的定义自动分配内存,并将元素初始化为默认值(通常是 0)。这种方式在数组大小固定,但元素值未知或需要后续计算时常用。示例如下。

```
int arr[5] = {0};               // 所有元素初始化为 0
```

本例中 arr 数组的格式如图 6-4 所示。

对于二维数组,可以只指定第二维的大小,第一维的大小由初始化列表中的元素数量隐式确定,示例如下。

```
1    int matrix[][3] = {
2        {1, 2, 3},
3        {4, 5, 6}
4    };                          // 第一维大小由列数量决定,这里是 2
```

本例中 matrix 数组的格式如图 6-5 所示。

0	0	0	0	0

图 6-4   arr 数组

1	2	3
4	5	6

图 6-5   matrix 数组

在某些情况下,可能只初始化数组的一部分元素,剩余部分则使用默认值填充。示例如下。

```
int arr[10] = {1, 2, 3};  // 前 3 个元素被初始化,其余元素默认为 0(对于全局或静态数组)或未
                          // 定义的值(对于局部数组)
```

需要注意的是,在数组初始化时,元素的数量不能超过数组定义时指定的大小。

对于未显式初始化的数组元素,其值是不确定的,除非是全局或静态数组,它们会被自动初始化为 0。

初始化列表中的元素数量可以与数组定义时指定的大小不同,但这种情况下需要小心处理未初始化元素的值。

6.1.4 数组的访问与遍历

1. 通过索引访问数组

通过索引访问数组元素是数组操作的基本方式之一。在 C 语言中,每个数组元素都有一个与之对应的索引,这个索引从 0 开始,依次递增。通过索引,可以精确地访问和修改数组中的特定元素。

对于一维数组,只需要一个索引就可以访问其元素。例如,如果有一个一维数组 arr,其中包含 5 个整数,那么可以使用以下方式访问其元素。

```
1    int arr[5] = {10, 20, 30, 40, 50};
2    int firstElement = arr[0];              // 访问第一个元素,值为 10
3    int thirdElement = arr[2];              // 访问第三个元素,值为 30
```

在上面的例子中,arr[0]表示数组的第一个元素,arr[2]表示数组的第三个元素。注意,数组的索引是从 0 开始的,所以 arr[0]是第一个元素,而不是 arr[1]。

对于二维数组,需要两个索引来访问其元素:一个用于指定行,另一个用于指定列。示例如下。

```
1    int matrix[2][3] = {
2        {1, 2, 3},
3        {4, 5, 6}
4    };
5    int firstRowFirstColumn = matrix[0][0];        // 访问第一行第一列的元素,值为 1
6    int secondRowSecondColumn = matrix[1][1];      //访问第二行第二列的元素,值为 5
```

在上面的例子中,matrix[0][0]表示二维数组的第一行第一列的元素,matrix[1][1]表示第二行第二列的元素。索引的第一个数字表示行号,第二个数字表示列号。

通过索引访问数组元素是数组操作的基础,它允许读取、修改或执行其他操作于数组中的特定元素。需要注意的是,在访问数组元素时,必须确保索引在有效的范围内,即大于或等于 0 且小于数组的大小,否则可能会导致数组越界错误。

2. 数组的遍历

数组的遍历指依次访问数组中的每个元素,并对每个元素执行相应的操作。在编程中,遍历数组是一种常见且重要的操作,它允许检查和操作数组中的所有元素。

1）一维数组的遍历

对于一维数组,遍历通常通过循环结构来实现,例如使用 for 循环结构或 while 循环结构。以下是使用 for 循环遍历一维数组的示例。

【例 6-1】 使用 for 循环结构遍历一维数组。

```
1    # include < stdio. h>
2    int main()
3    {
4        int arr[5] = {10, 20, 30, 40, 50};
```

```
5        int i;
6        // 使用 for 循环遍历数组
7        for (i = 0; i < 5; i++)
8        {
9            printf("数组元素 %d 的值是 %d\n", i, arr[i]);
10       }
11       return 0;
12   }
```

在上面的代码中,for 循环从索引 0 开始,直到索引 4(数组的大小减 1),依次输出数组的每个元素及其索引。

程序运行结果如下。

```
数组元素 0 的值是 10
数组元素 1 的值是 20
数组元素 2 的值是 30
数组元素 3 的值是 40
数组元素 4 的值是 50
```

2) 二维数组的遍历

对于二维数组,遍历稍微复杂一些,因为需要嵌套循环结构来分别遍历行和列。以下是使用嵌套 for 循环遍历二维数组的示例。

【例 6-2】　使用嵌套 for 循环遍历二维数组。

```
1    # include < stdio. h >
2    int main()
3    {
4        int matrix[2][3] = {
5            {1, 2, 3},
6            {4, 5, 6}
7        };
8        int i, j;
9        // 使用嵌套 for 循环遍历二维数组
10       for (i = 0; i < 2; i++)
11       {                                    // 遍历行
12           for (j = 0; j < 3; j++)
13           {                                // 遍历列
14               printf("矩阵元素在第 %d 行第 %d 列的值是 %d\n", i, j,
                        matrix[i][j]);
15           }
16       }
17       return 0;
18   }
```

在这个例子中,外层循环遍历二维数组的行,内层循环遍历每行中每列的元素。通过嵌套循环,可以访问并处理二维数组中的每个元素。

程序运行结果如下。

矩阵元素在第 0 行第 0 列的值是 1
矩阵元素在第 0 行第 1 列的值是 2
矩阵元素在第 0 行第 2 列的值是 3
矩阵元素在第 1 行第 0 列的值是 4
矩阵元素在第 1 行第 1 列的值是 5
矩阵元素在第 1 行第 2 列的值是 6

在遍历数组时,需要确保循环的边界条件正确,以避免访问到数组之外的内存区域,这可能导致程序崩溃或不可预测的行为。因此,遍历数组时要特别注意数组的大小和索引的范围。

6.1.5　数组的赋值与复制

1. 数组的赋值

数组的赋值指将某个值赋给数组的一个或多个元素。在 C 语言中,可以通过直接访问数组元素的方式进行赋值。

【例 6-3】　通过直接访问给每个数组元素赋值。

```
1    # include < stdio. h>
2    int main()
3    {
4        int arr[5];              // 定义一个包含 5 个整数的数组
5        // 给数组的每个元素赋值
6        arr[0] = 10;
7        arr[1] = 20;
8        arr[2] = 30;
9        arr[3] = 40;
10       arr[4] = 50;
11       // 输出数组元素的值
12       for (int i = 0; i < 5; i++) {
13           printf("arr[ % d] = % d\n", i, arr[i]);
14       }
15       return 0;
16   }
```

在这个例子中,定义了一个包含 5 个整数的数组 arr,然后逐个给数组的元素赋值。最后,通过一个循环输出数组的每个元素的值。

程序运行结果如下。

```
arr[0] = 10
arr[1] = 20
arr[2] = 30
arr[3] = 40
arr[4] = 50
```

2. 数组的复制

数组的复制指创建一个新的数组,并将原数组的所有元素复制到新数组中。这样,原数组和新数组是两个独立的实体,对其中一个数组的修改不会影响另一个数组。

在 C 语言中,数组的复制通常可以使用循环逐个元素复制或使用标准库函数如 memcpy()来实现。

1) 使用循环逐个元素复制

【例 6-4】 使用 for 循环逐个元素复制。

```
1    # include < stdio. h >
2    int main()
3    {
4        int source[5] = {1, 2, 3, 4, 5};        // 源数组
5        int destination[5];                      // 目标数组
6        int i;
7        // 复制数组
8        for (i = 0; i < 5; i++)
9            destination[i] = source[i];
10       // 输出目标数组的元素值
11       for (i = 0; i < 5; i++)
12           printf("destination[ % d] = % d\n", i, destination[i]);
13       return 0;
14   }
```

在这个例子中,使用 for 循环来复制数组,并输出目标数组的元素值。

程序运行结果如下。

```
destination[0] = 1
destination[1] = 2
destination[2] = 3
destination[3] = 4
destination[4] = 5
```

2) 使用 memcpy()函数复制数组

【例 6-5】 使用 memcpy()函数复制数组。

```
1    # include < stdio. h >
2    # include < string. h >              // 包含 memcpy()函数的头文件
3    int main()
4    {
5        int source[5] = {1, 2, 3, 4, 5}; // 源数组
6        int destination[5];              // 目标数组
7        // 使用 memcpy()函数复制数组
8        memcpy(destination, source, sizeof(source));
9        // 输出目标数组的元素值
10       for (int i = 0; i < 5; i++)
11           printf("destination[ % d] = % d\n", i, destination[i]);
12       return 0;
13   }
```

在这个例子中,使用了标准库函数 memcpy()来复制数组。memcpy()函数接受 3 个参数:目标数组的地址、源数组的地址和要复制的字节数。通过传递 sizeof(source)作为第

3个参数,告诉 memcpy()函数要复制整个源数组的大小。随后,输出目标数组的元素值来验证复制是否成功。

程序运行结果如下。

```
destination[0] = 1
destination[1] = 2
destination[2] = 3
destination[3] = 4
destination[4] = 5
```

需要注意的是,在使用 memcpy()函数或其他类似的函数进行数组复制时,必须确保目标数组有足够的空间来容纳源数组的所有元素,以避免缓冲区溢出和未定义行为。

6.1.6　数组的应用举例

1. 数组排序

数组排序是编程中常见且重要的操作,有多种排序方法可供选择。以下是几种常见的数组排序方法。

1) 冒泡排序(Bubble Sort)

冒泡排序是一种基础的排序方法,通过比较相邻元素大小来交换位置,逐步将大的元素往后移动。

具体实现:从数组首位置开始,遍历每个元素,每次比较相邻两个元素的大小,若前面的大于后面的,交换它们的位置。依次进行,最终得到一个升序/降序的数组。冒泡排序的时间复杂度为 $O(n^2)$,不适合大规模数组的排序。

2) 选择排序(Selection Sort)

选择排序在排序过程中一共需要进行 $n(n-1)/2$ 次比较,互相交换 $n-1$ 次。

具体实现:在每一次迭代中选择最小(或最大)的元素,存放到排序序列的起始位置。选择排序简单、容易实现,适用于数量较小的排序。

3) 插入排序(Insertion Sort)

插入排序的思路是假设数组的前 n 位元素是有序的,从第 $n+1$ 位开始,将此元素插入前面序列中,使得前 $n+1$ 位元素有序,以此类推,直至整个数组有序。

具体步骤:从第一个元素开始,该元素可以认为已经被排序。取下一个元素存入临时变量,对前方有序序列从后往前扫描。如果扫描的元素大于临时变量,则将该元素移到下一位。重复步骤直到扫描到等于临时变量的元素;将临时变量插入该元素的后面一位。重复以上步骤,直至操作完成数组中的所有元素。

4) 快速排序(Quick Sort)

快速排序是一种效率比较高的排序算法,它采用分而治之的思想,通过选定一个中间值将数据分为左右两部分,对左右两部分再进行递归排序。

具体实现:选定一个中间值 pivot,将小于 pivot 的数放到左边,大于 pivot 的数放到右边;然后再对左右两边分别递归进行排序,直到整个数组有序为止。

此外,还有其他一些排序方法,如归并排序、堆排序、希尔排序等,每种方法都有其适用的场景和优缺点。在选择排序方法时,需要考虑数据的规模、是否稳定(即相等元素的相对顺序是否保持不变)、空间复杂度等因素。

下面,以冒泡排序为例,介绍一下排序算法。

冒泡排序重复地遍历要排序的数组,一次比较两个元素,如果他们的顺序错误就把他们交换过来。遍历数列的工作重复地进行直到没有元素再需要交换,也就是说该数组已经排序完成。

以下是一个冒泡排序的示例。

【例 6-6】 使用冒泡排序法进行排序。

```
1    # include < stdio. h >
2    int main()
3    {
4        int arr[] = {64, 34, 25, 12, 22, 11, 90};
5        int n = sizeof(arr)/sizeof(arr[0]);
6        int i, j,temp;
7        printf("原始数组: \n");
8        for (i = 0; i < n; i++)
9            printf("% d ", arr[i]);
10       printf("\n");
11       for (i = 0; i < n - 1; i++)          // 外层循环控制所有趟排序
12        {
13            for (j = 0; j < n - i - 1; j++)  // 内层循环控制每一趟排序多少次
14             {
15                 if (arr[j] > arr[j + 1])    // 相邻元素两两对比
16                  {
17                      // 元素交换
18                      temp = arr[j];
19                      arr[j] = arr[j + 1];
20                      arr[j + 1] = temp;
21                  }
22             }
23         }
24       printf("排序后的数组: \n");
25       for (i = 0; i < n; i++)
26           printf("% d ", arr[i]);
27       printf("\n");
28       return 0;
29    }
```

在这个示例中,外层循环 i 控制所有趟排序,内层循环 j 则控制每一趟排序多少次。在每次内层循环中,都会比较相邻的两个元素 arr[j] 和 arr[j+1],如果前一个元素大于后一个元素,则交换它们的位置。这样,每一趟排序过后,都会将当前未排序部分的最大值"冒泡"到其最终的位置上。排序前后,都输出数组的内容,以便验证排序结果。

对于给定的数组 [64,34,25,12,22,11,90],由于数组元素有 7 个,所以需要比较 6 轮。

当数组元素个数为 n 时,需要比较 n−1 轮,示例如下。

(1) 第一轮比较情况如下。

比较 34 和 64,64 大于 34,交换位置(34,64,25,12,22,11,90)。

比较 64 和 25,64 大于 25,交换位置(34,25,64,12,22,11,90)。

比较 64 和 12,64 大于 12,交换位置(34,25,12,64,22,11,90)。

比较 64 和 22,64 大于 22,交换位置(34,25,12,22,64,11,90)。

比较 64 和 11,64 大于 11,交换位置(34,25,12,22,11,64,90)。

比较 64 和 90,64 小于 90,位置不变(12,22,11,34,25,64,90)。

经过第一轮,最大的数 90 已经"冒泡"到了最后一位。

分析可以得出,数组元素有 7 个,第一轮需要两两比较,需要比较 6 次。若数组元素为 n,第一轮需要比较 n−1 次。

(2) 第二轮比较情况如下。

比较 12 和 22,12 小于 22,位置不变(12,22,11,34,25,64,90)。

比较 22 和 11,22 大于 11,交换位置(12,11,22,34,25,64,90)。

比较 22 和 34,34 大于 22,位置不变(12,11,22,34,25,64,90)。

比较 34 和 25,34 大于 25,交换位置(12,11,22,25,34,64,90)。

比较 34 和 64,34 小于 64,位置不变(12,11,22,25,34,64,90)。

经过第二轮比较,第二大的数 64 已经"冒泡"到了倒数第二位。

第二轮中由于最大的数已经在最后一位,只需要比较 6 个数,需要比较 5 次。若数组元素为 n,第二轮需要比较 n−2 次。

(3) 第三轮比较情况如下。

比较 12 和 11,12 大于 11,交换位置(11,12,22,25,34,64,90)。

比较 12 和 22,22 大于 12,位置不变(11,12,22,25,34,64,90)。

比较 22 和 25,25 大于 22,位置不变(11,12,22,25,34,64,90)。

比较 34 和 25,34 大于 25,位置不变(11,12,22,25,34,64,90)。

经过第三轮比较,第三大的数 34 已经"冒泡"到了倒数第三位。

第三轮中只需要比较 5 个数,需要比较 4 次。若数组元素为 n,第三轮需要比较 n−3 次。

(4) 第四轮比较情况如下。

比较 11 和 12,12 大于 11,位置不变(11,12,22,25,34,64,90)。

比较 12 和 22,22 大于 12,位置不变(11,12,22,25,34,64,90)。

比较 22 和 25,25 大于 22,位置不变(11,12,22,25,34,64,90)。

第四轮中只需要比较 4 个数,需要比较 3 次。若数组元素为 n,第四轮需要比较 n−4 次。

(5) 第五轮比较情况如下。

比较 11 和 12,12 大于 11,位置不变(11,12,22,25,34,64,90)。

比较 12 和 22,22 大于 11,位置不变(11,12,22,25,34,64,90)。

第五轮中只需要比较 3 个数,需要比较 2 次。若数组元素为 n,第五轮需要比较 n−5 次。

(6) 第六轮比较情况如下。

比较 11 和 12,12 大于 11,位置不变(11,12,22,25,34,64,90)。

第六轮中只需要比较 2 个数,需要比较 1 次。若数组元素为 n,第六轮需要比较 n−6 次。

排序完成。

程序运行结果如下。

```
原始数组:
64 34 25 12 22 11 90
排序后的数组:
11 12 22 25 34 64 90
```

冒泡排序的时间复杂度在最坏的情况下是 $O(n^2)$,其中,n 是要排序的元素数量。但是,如果数组已经是部分排序的(例如,最大的几个数已经在最后),那么冒泡排序可能会提前完成,从而具有更好的性能。此外,冒泡排序是一种原地排序算法,它只需要 $O(1)$ 的额外空间。

2. 数组查找

数组查找算法是一种在数组中查找特定元素的方法。常用的查找算法包括线性查找和二分查找。

1) 线性查找(Linear Search)

线性查找是最简单的查找算法,它逐个检查数组中的每个元素,直到找到所需的元素或检查完所有元素为止。

【例 6-7】 使用线性查找法查询数组中元素。

```c
1    #include <stdio.h>
2    int main()
3    {
4        int arr[] = {2, 3, 4, 10, 40};
5        int n = sizeof(arr)/sizeof(arr[0]);
6        int x = 10;
7        int i, result = -1;
8        for (i = 0; i < n; i++)
9        {
10           if (arr[i] == x)
11           {
12               result = i;              // 如果找到,返回元素索引
13           }
14       }
15       (result == -1) ? printf("元素不在数组中\n") : printf("元素在数组的索
                          引为 %d\n", result);
16       return 0;
17   }
```

在这个例子中,函数通过遍历数组来查找元素 x,如果找到则输出元素的索引,否则输出"元素不在数组中"。

程序运行结果如下。

元素在数组中的索引为 3

2) 二分查找(Binary Search)

二分查找是一种在有序数组中查找特定元素的算法。它通过将数组分为两半,比较中间元素与目标值,然后根据比较结果选择继续在哪一半中查找,从而快速定位到目标元素。

【例 6-8】　使用二分查找法查找数组中元素。

```
1    # include < stdio. h >
2    int main()
3    {
4       int arr[] = {1, 3, 5, 7, 9, 11, 13, 15, 17, 19};   // 已排序的数组
5       int n = sizeof(arr) / sizeof(arr[0]);             // 数组的长度
6       int target = 11;                                  // 要查找的目标值
7       int left = 0;                                     // 搜索范围的左边界
8       int right = n − 1;                                // 搜索范围的右边界
9       int mid;                                          // 当前搜索范围的中间位置
10      bool found = false;                               // 标记是否找到目标值
11      // 二分查找逻辑
12      while (left <= right)
13      {
14         mid = left + (right − left) / 2;               // 防止溢出
15         if (arr[mid] == target)
16         {
17            found = true;
18            break;                                      // 找到目标值,退出循环
19         }
20         else if (arr[mid] < target)
21            left = mid + 1;                             // 目标值在右侧子数组中
22         else
23            right = mid − 1;                            // 目标值在左侧子数组中
24      }
25      // 输出结果
26      if (found)
27         printf("目标值 %d 在数组中的索引为 %d\n", target, mid);
28      else
29         printf("目标值 %d 不在数组中\n", target);
30      return 0;
31   }
```

在这个例子中,通过递归地将数组分割为两半来查找元素 x,直到找到元素或搜索范围为空为止。

程序运行结果如下。

目标值 11 在数组中的索引为 5

需要注意的是,二分查找要求数组必须是有序的。如果数组无序,则不能使用二分查找,需要先对数组进行排序。

这两种查找算法的时间复杂度分别为 $O^{(n)}$ 和 $O^{(\log n)}$(对于二分查找,假设数组是平衡的)。二分查找在有序数组上通常比线性查找更快,尤其是当数组很大时。然而,如果数组是无序的,或者需要频繁地对数组进行插入或删除操作,那么维护有序性可能会抵消二分查找带来的性能优势,此时线性查找可能更合适。

6.2　字符串

6.2.1　字符串的定义与表示

1. 字符数组与字符串

C 语言并没有提供专门的字符串数据类型,而是使用字符数组来存储和处理字符串。在 C 语言中,字符串实际上是一个以空字符(\0)结尾的字符数组。示例如下。

```
char str[] = "Hello World!";
```

在这个例子中,str 是一个字符数组,如图 6-6 所示,它包含了字符串 "Hello World!" 以及一个额外的空字符 \0 作为字符串的结束标志。这个空字符是必需的,因为它告诉计算机字符串在哪里结束。

H	e	l	l	o		W	o	r	l	d	!	\0	

图 6-6　str 字符串

在 C 语言中,字符数组与字符串两个概念,既有相关性又有区别。字符数组由一系列连续的字符元素组成。例如,char str[10]; 就是一个字符数组,它可以存储最多 10 个字符。字符串实际上是一种特殊的字符数组,必须以空字符(\0)结尾,用于标志字符串的结束。其后的字符不属于该字符串。

2. 字符串初始化

字符串初始化通常是在定义字符数组时直接赋予一个字符串常量。这个字符串常量会隐式地包括一个空字符(\0)作为结束符。

【例 6-9】　初始化一个字符串。

```
1    # include < stdio. h >
2    int main()
3    {
4        char str1[] = "Hello";   // 初始化一个字符数组 str1,包含字符串"Hello"和一个空字符
5        printf(" % s\n", str1);   // 输出: Hello
6        return 0;
7    }
```

在这个例子中,str1 是一个字符数组,它的大小足够容纳字符串 "Hello" 和一个额外的

空字符\0。在初始化时,编译器会自动在字符串末尾添加这个空字符。

程序运行结果如下。

```
Hello
```

3. 字符串常量与字符串字面量

在 C 语言中,字符串常量和字符串字面量经常被提及,并且它们在大多数情况下是可以互换使用的。但是,为了准确理解它们之间的细微差别,需要对它们进行区分。

1) 字符串字面量

字符串字面量是在源代码中直接书写的被双引号包围的字符序列。示例如下。

```
"Hello World!"
```

这是一个字符串字面量。当编译器遇到这样的字符串字面量时,它会在程序的静态存储区分配内存来存储这个字符串,包括结尾的空字符(\0)。每次在代码中使用相同的字符串字面量时,编译器都会尝试重用同一块内存,这被称为字符串字面量的合并。

2) 字符串常量

字符串常量指存储在程序内存中的字符串字面量的实际内容。由于字符串字面量在编译时会被分配到静态存储区,因此它们本身就可以被视为常量,即其内容是固定的,并且程序的执行期间不会被修改。

在实际编程中,当提到字符串常量时,通常是在谈论指向存储在静态存储区中的字符串字面量的指针。示例如下。

```
const char * str = "Hello World!";
```

在这里,str 是一个指向字符串字面量 "Hello World!" 的指针,由于使用了 const 关键字,因此 str 指向的内容是不可修改的(尽管 str 指针本身可以被重新赋值指向其他位置)。

有关字符串字面量和字符串常量的注意事项如下。

(1) 字符串字面量在内存中是不可修改的。尝试修改一个字符串字面量的内容会导致未定义行为,通常会导致程序崩溃。

(2) 字符串常量(即字符串字面量在内存中的表示)是存储在程序的静态存储区中的,因此它们的生命周期是整个程序的执行期间。

(3) 使用字符串字面量初始化字符数组时,实际上是将字符串字面量的内容复制到字符数组中。

【例 6-10】 修改字符串字面量和字符数组的内容。

```
1    # include < stdio. h>
2    int main()
3    {
4      const char * str1 = "Hello";    // str1 是一个指向字符串字面量的指针
5      char str2[] = "World";          // str2 是一个字符数组,包含了字符串"World"的一个副本
```

```
6         // 输出 str1 和 str2 指向或包含的字符串内容
7         printf("%s %s\n", str1, str2);      // 输出：Hello World
8         // 尝试修改字符串字面量(错误)
9         str1[0] = 'h';                        // 这会导致未定义行为,通常程序会崩溃
10        // 修改字符数组的内容(正确)
11        str2[0] = 'w';
12        printf("%s %s\n", str1, str2);      // 输出：Hello world
13        return 0;
14   }
```

在这个例子中,str1 是一个指向字符串字面量"Hello"的指针,而 str2 是一个包含字符串"World"副本的字符数组。运行上述程序,系统会报错：error C2166：l-value specifies const object。可见,可以修改 str2 的内容,但不能修改 str1 指向的字符串字面量的内容。

6.2.2　字符串的输入与输出

1. 使用 scanf()和 printf()函数处理字符串

在 C 语言中,scanf()和 printf()函数是最基本的输入输出函数,它们也可以用来处理字符串。

1) scanf()函数

scanf()函数用于从标准输入(通常是键盘)读取数据。对于字符串,通常使用%s 格式说明符来读取一个以空字符(\0)结尾的字符串。

【例 6-11】　使用 scanf()函数读取一个字符串。

```
1    #include <stdio.h>
2    int main()
3    {
4        char str[100];
5        printf("请输入一个字符串：");
6        scanf("%s", str);                     // 注意：%s 不会读取空格后的内容
7        printf("你输入的字符串是：%s\n", str);
8        return 0;
9    }
```

程序运行后得到如下结果：

```
请输入一个字符串：Hello↙
你输入的字符串是：Hello
```

需要注意的是,scanf 使用%s 读取字符串时,会在遇到空白字符(空格、制表符或换行符)时停止读取。因此,它不能用来读取包含空格的字符串。

假如用户输入的字符串中含有空格,程序运行后得到如下结果：

```
请输入一个字符串：Hello World!↙
你输入的字符串是：Hello
```

2) printf()函数

printf()函数用于向标准输出(通常是屏幕)打印数据。对于字符串,可以直接使用%s格式说明符。

【例6-12】 使用printf()函数输出一个字符串。

```
1    # include < stdio. h>
2    int main()
3    {
4        char str[] = "Hello World!";
5        printf("输出的字符串是: % s\n", str);
6        return 0;
7    }
```

程序运行结果如下。

```
输出的字符串是: Hello World!
```

2. 使用gets()和puts()函数处理字符串

gets()和puts()函数是专门用于处理字符串的输入和输出函数。

1) gets()函数

gets()函数用于从标准输入读取一行,直到遇到换行符(\n)为止(但不包括换行符),然后将它存储在提供的字符数组中。

【例6-13】 使用gets()函数读取字符串。

```
1    # include < stdio. h>
2    int main()
3    {
4        char str[100];
5        printf("请输入字符串(可以包含空格): ");
6        gets(str);              // 读取一行直到遇到换行符
7        printf("你输入的字符串是: % s\n", str);
8        return 0;
9    }
```

程序运行结果如下。

```
请输入字符串(可以包含空格): Hello World!✓
你输入的字符串是: Hello World!
```

与scanf()函数相比,gets()函数可以接收用户输入的空白字符(空格、制表符或换行符)。

由于gets()函数不检查目标数组的大小,它可能会导致缓冲区溢出,因此在现代C语言编程中通常不推荐使用gets()函数,而应使用更安全的fgets()函数。

2) puts()函数

puts()函数用于将字符串和一个换行符一起写入标准输出。

【例6-14】 使用 puts()函数输出一个字符串。

```
1    # include < stdio. h>
2    int main()
3    {
4        char str[] = "Hello World!";
5        puts(str);        // 输出字符串并在末尾添加一个换行符
6        return 0;
7    }
```

程序运行结果如下。

Hello World!

与 printf()函数相比,puts()函数在字符串后自动加上换行符。

6.2.3 字符串的操作与函数

1. 字符串的长度计算:strlen()函数

strlen()函数用于计算字符串的长度,即从字符串开始到第一个空字符(\0)为止的字符数(不包括空字符)。

【例6-15】 使用 strlen()函数计算字符串的长度。

```
1    # include < stdio. h>
2    # include < string. h>
3    int main()
4    {
5        char str[] = "Hello World!";
6        size_t len = strlen(str);
7        printf("字符串的长度是: % d \n", len);
8        return 0;
9    }
```

程序运行结果如下。

字符串的长度是: 12

需要注意的是,strlen()函数返回的是 size_t 类型的值,这是一个无符号整型数据,用于表示对象的大小。

2. 字符串的比较:strcmp()函数

strcmp()函数用于比较两个字符串。如果两个字符串相等,则返回0;如果第一个字符串小于第二个字符串,则返回负值;如果第一个字符串大于第二个字符串,则返回正值。

【例6-16】 使用 strcmp()函数比较两个字符串。

```
1    # include < stdio. h>
2    # include < string. h>
3    int main()
```

```
4    {
5        char str1[] = "apple";
6        char str2[] = "banana";
7        char str3[] = "apple";
8        int result1 = strcmp(str1, str2);    // 返回负值,因为 "apple" <"banana"
9        int result2 = strcmp(str1, str3);    // 返回 0,因为 "apple" == "apple"
10       int result3 = strcmp(str2, str1);    // 返回正值,因为 "banana" >"apple"
11       printf("strcmp(str1, str2): %d\n", result1);
12       printf("strcmp(str1, str3): %d\n", result2);
13       printf("strcmp(str2, str1): %d\n", result3);
14       return 0;
15   }
```

程序运行结果如下。

```
strcmp(str1, str2): -1
strcmp(str1, str3): 0
strcmp(str2, str1): 1
```

3. 字符串的拼接:strcat()函数

strcat()函数用于将一个字符串(源字符串)拼接到另一个字符串(目标字符串)的末尾。

【例 6-17】 使用 strcat()函数拼接两个字符串。

```
1    #include <stdio.h>
2    #include <string.h>
3    int main()
4    {
5        char str1[50] = "Hello ";
6        char str2[] = "World!";
7        strcat(str1, str2);                 // 将 "World!" 拼接到 "Hello " 后面
8        printf("拼接后的字符串是: %s\n", str1); // 输出 "Hello World!"
9        return 0;
10   }
```

程序运行结果如下。

```
拼接后的字符串是: Hello World!
```

在使用 strcat()函数时,必须确保目标字符串有足够的空间来容纳源字符串,否则可能会导致缓冲区溢出。

4. 字符串的复制:strcpy()函数

strcpy()函数用于将一个字符串(源字符串)的内容复制到另一个字符串(目标字符串)中。

【例 6-18】 使用 strcpy()函数复制一个字符串。

```
1    #include <stdio.h>
2    #include <string.h>
```

```
3    int main()
4    {
5        char str1[50];
6        char str2[] = "Hello World!";
7        strcpy(str1, str2);                    // 将 "Hello World!" 的内容复制到 str1 中
8        printf("复制后的字符串是: % s\n", str1);  // 输出 "Hello World!"
9        return 0;
11   }
```

程序运行结果如下。

复制后的字符串是: Hello World!

同样,在使用 strcpy()函数时,必须确保目标字符串有足够的空间来容纳源字符串,否则可能会导致缓冲区溢出。一个更安全的替代函数是 strncpy(),它允许指定一个最大的字符数来复制。

5. 字符串的子串查找:strstr()函数

strstr()函数用于在一个字符串(主字符串)中查找另一个字符串(子字符串)首次出现的位置。如果找到子字符串,则返回指向主字符串中子字符串首次出现位置的指针;如果未找到,则返回 NULL。

【例 6-19】 使用 strstr()函数查找一个子串。

```
1    # include < stdio. h >
2    # include < string. h >
3    int main()
4    {
5        char str[] = "Hello World! This is a test.";
6        char substr[] = "World";
7        char * result = strstr(str, substr);
8        if (result != NULL)
9        {
10           printf("子字符串 '% s' 在主字符串中首次出现的位置是: % ld\n", substr,
                                                    result - str + 1);
11       }
12       else
13       {
14           printf("子字符串 '% s' 未在主字符串中找到.\n", substr);
15       }
16       return 0;
17   }
```

程序运行结果如下。

子字符串 'World' 在主字符串中首次出现的位置是: 7

本章强调了数组和字符串在编程实践中的重要性。它们不仅是数据存储和管理的基础,也是实现各种算法和功能的关键。因此,熟练掌握数组和字符串的使用对于编写高效、安全和可靠的 C 语言程序至关重要。

通过本章的学习,希望能够使你对 C 语言中的数组和字符串有更深入的理解,并能够在编程实践中灵活运用它们来解决各种问题。

6.3　科技前沿之人工神经网络

人工神经网络(Artificial Neural Network,ANN)是从灵感到智能的桥梁。

1. 引言:模拟大脑的奇迹

想象一下,如果能够用机器来模拟人类大脑的思考过程,那该是多么令人兴奋的事情!人工神经网络就是这样一种尝试,它受生物神经系统的启发,旨在让计算机能够像人类一样学习、识别和决策。

2. 起源:从神经元到神经网络

人工神经网络的概念最早可以追溯到 20 世纪 40 年代。当时,科学家们开始研究人脑中的神经元如何相互连接并传递信息。他们发现,每个神经元都会接收来自其他神经元的信号,当这些信号的强度达到一定阈值时,神经元就会被激活,并向其他神经元发送信号。

基于这个发现,科学家们提出了第一个人工神经元的模型——感知机(Perceptron)。感知机是一种简单的线性分类器,它能够根据输入的信号做出决策。虽然感知机的功能有限,但它为后来的神经网络研究奠定了基础。

3. 发展:从单层到多层,从简单到复杂

随着计算机技术的不断发展,人们开始尝试构建更复杂的人工神经网络。1958 年,罗森布拉特(Rosenblatt)提出了多层感知机(Multilayer Perceptron,MLP)的概念,它包含了多个隐藏层,能够处理更复杂的非线性问题。

然而,多层感知机的训练过程非常困难,直到 20 世纪 80 年代,反向传播算法(Back-propagation Algorithm)的出现才解决了这个问题。反向传播算法通过计算输出层与期望输出之间的误差,并将这个误差反向传播到网络的每一层,从而更新每一层的权重和偏置。这使得多层感知机能够进行有效的学习和训练。

4. 前沿:深度学习时代的神经网络

进入 21 世纪,随着计算能力的提升,人工神经网络迎来了新的发展机遇。深度学习作为一种特殊的神经网络结构,通过堆叠多个隐藏层来构建深层次的模型,从而能够处理更加复杂的数据和任务。

深度学习在图像识别、语音识别、自然语言处理等领域取得了巨大的成功。例如,卷积神经网络(Convolutional Neural Network,CNN)在图像识别领域表现出色,能够自动提取图像中的特征并进行分类;循环神经网络(Recurrent Neural Network,RNN)和长短期记忆网络(Long Short-Term Memory,LSTM)则擅长处理序列数据,如文本和时间序列数据。

5. 未来展望:无限可能

随着技术的不断进步和应用场景的不断拓展,人工神经网络的未来充满了无限可能。我们可以期待更加高效、智能的神经网络模型的出现,它们将在更多领域发挥重要作用,推

动人类社会的进步和发展。

本章小结

在本章中,深入探讨了 C 语言中的数组与字符串这两个重要概念。数组作为一种能够连续存储相同类型数据的数据结构,为程序员提供了一种高效的数据管理和操作方式。而字符串,作为 C 语言中处理文本数据的基础,其操作和处理对于编写涉及文本输入输出的程序至关重要。

首先,本章介绍了数组的基本概念,包括数组的声明、初始化和访问。通过索引,可以方便地访问和操作数组中的元素。此外,还介绍了多维数组的概念,它允许在一个数组中存储多个相同类型的数组,从而实现对二维甚至更高维度数据的存储和管理。

接下来,详细讨论了字符串在 C 语言中的表示和操作。字符串实际上是通过字符数组来实现的,它存储了一系列以空字符(\0)结尾的字符。学习了如何声明和初始化字符串变量,以及如何使用常见的字符串操作函数,如 strlen()、strcpy()、strcat()、strcmp()等,来处理和操作字符串。这些函数为程序编写提供了丰富的功能,能够方便地进行字符串的长度计算、复制、连接和比较等操作。

本章习题

一、单选题

1. 下列对数组定义不正确的语句是(　　　)。
   - A. int m[5];
   - B. char b[1]={'a','b','c','d'};
   - C. int a[3]={1,2,3};
   - D. char p[5];

2. 已知 int m[5]={0,1,2,3,4},下列语句不正确的是(　　　)。
   - A. printf("%d",m[5]);
   - B. printf("%d",m[0]);
   - C. printf("%d",m[3]−m[3]);
   - D. printf("%d",m[2]+m[2]);

3. 以下对二维数组 a 的声明正确的是(　　　)。
   - A. int a{3}{};
   - B. float a(3,4);
   - C. double a[1][4];
   - D. float a(3)(4);

4. 下列程序的输出结果是(　　　)。

```c
int main()
{
    int n[3] = {1,2,3};
    printf("%d\n",n[1]);
    return 0;
}
```

　　A. 1　　　　　　　　B. 2　　　　　　　　C. 3　　　　　　　　D. 4

5. 下列程序的输出结果是( )。

```
char str[] = "c:\\abc.dat\\";
printf("%s",str);
```

　A. 字符串中有非法字符　　　　　　　　B. c:abc.dat

　C. c:\abc.dat\　　　　　　　　　　　D. c:\\abc.dat\\

6. 下列程序的输出结果是( )。

```
int k;
int a[3][3] = {1,2,3,4,5,6,7,8,9};
for(k = 0;k < 3;k + +)
        printf("%d",a[k][2 - k]);
```

　A. 3 5 7　　　　　B. 3 6 9　　　　　C. 1 5 9　　　　　D. 1 4 7

7. 数组的下标是从( )开始的。

　A. 0　　　　　　　B. 1　　　　　　　C. 2　　　　　　　D. 3

8. 以下叙述中错误的是( )。

　A. 对于 double 型数组,不可以直接用数组名对数组进行整体输入或输出

　B. 数组名代表的是数组所占存储区的首地址,其值不可改变

　C. 当程序运行时,数组元素的下标超出所定义的下标范围时,系统将给出"下标越界"的出错信息

　D. 可以通过初始化的方式确定数组元素的个数

9. 以下对一维整型数组 a 的说明正确的是( )。

　A. int a(10);　　　　　　　　　　　B. int n;scanf("%d",&n);int a[n];

　C. int n=10,a[n];　　　　　　　　　D. #define SIZE 10; int a[SIZE];

10. 下述对 C 语言字符数组的描述中错误的是( )。

　A. 字符数组可以存放字符串

　B. 字符数组中的字符串可以整体输入、输出

　C. 可以通过"a=b"将字符数组 b 整体赋值给字符数组 a

　D. 不可以用关系运算符对字符数组中的字符串进行比较

二、填空题

1. 数组 char array[6]="abcdef";则 printf("%s",array)的运行结果是_____。

2. 若有 char str[3][20]={"computer","windows","Unix"};,则执行以下语句 printf("%s\n",str[2])后,输出结果是_____。

3. 若有说明 char a[]="abcd";则运行 printf("%c",a[1])的结果是_____。

4. 假定 int 型变量占用两字节,若有定义:int x[10]={0,2,4};则数组 x 在内存中所占字节数是_____。

5. 若有定义 char str[]={"INTEL\nCPU"};则语句 puts(str)执行后的显示结果是_____。

6. 运用函数 strcmp()比较字符串时,字符串"That"_____字符串"Then"。

7. 若有语句 int a[12]＝{1,4,7,10,2,5,8,11,1,6,9,12};则 a[a[8]]的值是_____。

8. 若有定义 int a[][4]＝{5,6,8,7,2,4};则该数组的元素个数是_____。

9. 若有定义：char a[ ]＝"Hello! \n";则 strlen(a)和 sizeof(a)的值分别为_____。

10. 设有语句：char s1[12]＝{"string"};char s2[12]＝{"string\n"};则以下语句 printf("%d,%d",strlen(s1),strlen(s2));的输出结果是_____。

三、改错题

1. 以下程序的功能是：首先提示用户输入 10 个数字,然后询问用户选择哪种排序方式(从大到小或从小到大)。根据用户的输入进行排序,并最后输出排序后的结果。程序有两处错误,请找出并改正。

```c
# include < stdio.h >
int main()
{
    int arr[10];
    int i, j, temp;
    char sortType;
    // 提示用户输入 10 个数字
    printf("请输入 10 个数字: \n");
    for (i = 0; i < 10; i++)
    {
        scanf("%d", &arr[i]);
    }
    // 询问用户选择排序方式
    printf("请选择排序方式('d'代表从大到小,'a'代表从小到大): ");
    scanf(" %c", &sortType);              // 注意空格来忽略可能存在的换行符
    // 根据用户的选择进行排序
    if (sortType == 'd' || sortType == 'D')
    {
        // 从大到小排序
        for (i = 0; i < 9; i++)
        {
            for (j = 0; j < 9 - i; j++)
            {
                if (arr[j] < arr[j + 1])
                {
                    // 交换 arr[j]和 arr[j + 1]
                    temp = arr[j];
                    arr[j + 1] = arr[j];
                    arr[j] = temp;
                }
            }
        }
    }
    else if (sortType == 'a' || sortType == 'A')
    {
        // 从小到大排序
        for (i = 0; i < 9; i++)
        {
            for (j = 0; j < 9 - i; j++)
```

```
                {
                    if (arr[j] > arr[j + 1])
                    {
                        // 交换 arr[j]和 arr[j+1]
                        temp = arr[j];
                        arr[j] = arr[j + 1];
                        arr[j + 1] = temp;
                    }
                }
            }
        }
        else
        {
            printf("无效的排序方式选择!\n");
            return 1;                      // 退出程序
        }
        // 输出排序后的结果
        printf("排序后的结果为: \n");
        for (i = 0; i < 10; i++)
        {
            printf(" % d ", arr[i]);
        }
        printf("\n");
        return 0;
    }
```

2. 以下程序的功能是：由用户输入一行字符（最多 100 个），分别统计出其中英文字母、空格、数字和其他字符的个数。程序首先定义了一个 char 型的变量 ch 来存储输入的字符，以及 4 个整型变量来存储不同类型的字符计数。然后，程序使用 getchar() 函数从标准输入中逐个读取字符，直到遇到换行符（\n）为止。对于每个字符，程序使用 ctype.h 中的函数来判断其类型，并相应地增加相应的计数器。程序有两处错误，请找出并改正。

```
# include < stdio.h >
# include < ctype.h >       // 引入头文件 ctype.h 以使用 isalpha, isdigit, isspace 等函数
# define N 100
int main()
{
    char str[N];
    int letters = 0, digits = 0, spaces = 0, others = 0;
printf("请输入一行字符: \n");
gets(str);
int i = 0;
while (str[i] == '\0')
{
        if (isalpha(str[i]))
    { // 判断是否为英文字母
            letters++;
        }
    else if (isdigit(str[i]))
    { // 判断是否为数字
            digits++;
```

```
            }
        else if (isspace(str[i]))
        { // 判断是否为空格
                spaces++;
        }
        else
        {
                others++;      // 其他字符
        }
    }
    // 输出统计结果
    printf("英文字母个数：%d\n", letters);
    printf("数字个数：%d\n", digits);
    printf("空格个数：%d\n", spaces);
    printf("其他字符个数：%d\n", others);
    return 0;
}
```

四、编程题

1. 输入一个字符串，判断该字符串是否为回文字符串(回文字符串指字符串从左向右和从右向左读都相同)。

2. 换位加密(也称为凯撒密码，Caesar Cipher)是最古老的加密算法，我们来编程实现一个加密程序。用户输入明文，如果是英文字母，循环右移 3 位(例如：a 转换为 d，y 转换为 b)；其他字符不变。

3. 有 10 名学生，分别考了"大学英语""高等数学""C 语言程序设计""大学体育"4 门课，录入每名学生的成绩，并统计每个学生的总分，以及每门课程的平均成绩。

4. 用数组求斐波那契数列前 20 项的值。

5. 学校要组成一场演讲比赛，首先要对所有参赛选手进行出场排序。由键盘输入 10 名参赛选手的姓名(以拼音形式)，然后对其从小到大进行排序，并输出结果。

6. 现场有 8 名评委，对选手进行评分，设计一个二维数组，每一行对应一名选手，每一列对应一名评委，记录每位评委的打分，并将所有的打分输出到显示器上。

7. 在第 6 题的基础上，增加计算每位选手得分的功能，具体规则：去掉一个最高分，再去掉一个最低分，剩下评委的打分求平均。将每位选手的得分输出到显示器上。

8. 在第 7 题的基础上，增加排序功能。根据得分，从高到低进行排名，将所有选手的排名、得分输出到显示器上。

9. 10 位选手比赛完毕，现在的分数排序是[95.3,94.6,94.2,91.5,90.4,88.6,82.7,81.7,80.2,79.6]。现在有一名选手临时参赛，已知其得分为 83.5 分，将其插入成绩表中，插入后成绩表依然按照从高到低的顺序排序。

10. 在第 9 题的基础上，增加一位选手的成绩后排序为[95.3,94.6,94.2,91.5,90.4,88.6,83.5,82.7,81.7,80.2,79.6]。现在发现某名同学舞弊，需要删去其成绩，由用户输入该同学的得分，将其成绩删去，再将剩余选手的排名、成绩输出到显示器上。

第7章

函　　数

引言

为了降低开发大规模软件系统的复杂度,程序员必须将复杂的大问题分解为若干更简单的小问题,再将这些小问题分解为更小的问题,直至被分解的问题是显而易见的可以直接解决的简单问题,这种把较大的复杂任务分解为若干较小、较简单的小任务,并提炼出公共任务直接解决的方法,称为分而治之之法,简称分治法。这是人们解决复杂问题的一种常用方法,模块化程序设计就体现了"分而治之"的思想。这在 C 语言中是利用函数来实现的。

函数是 C 语言中模块化程序设计的最小单位,用来实现各种不同的功能,模块化程序设计如同制造一辆汽车,函数相当于这辆汽车的众多"零部件",如轮胎、座椅等,先将这些"零部件"单独设计、调试和测试好,接着进行组装,最后进行综合测试,这些"零部件"既可以是自己设计的,即自定义函数,也可以是现成的标准产品,也就是库函数。

在用户无须知道具体的操作细节时,一个设计良好的函数可以把它们隐藏起来,从而使整个程序结构清楚,减少因修改程序所带来的问题。利用函数可以实现程序的模块化,使程序设计简单明了,提高了程序的易读性和可维护性;还可以通过对某些功能的函数进行调用,增强代码的复用性。

本章导读

本章介绍了函数的基本概念,在此基础上,介绍了函数调用及递归调用的方法、变量的作用域和生成期及模块化设计思想等。

重点内容

(1) 掌握函数定义的形式。

(2) 掌握函数常规调用方法。

(3) 掌握函数递归调用方法。

(4) 理解全局变量与局部变量。

(5) 掌握模块化设计方法。

世界计算机名人——蒂姆·伯纳斯-李

蒂姆·伯纳斯-李(Tim Berners-Lee)(见图 7-1),一个名字与万维网(World Wide Web,WWW)紧密相连的科学家,被誉为"互联网之父"。

图 7-1　蒂姆·伯纳斯-李

他的故事始于 20 世纪 80 年代的欧洲核子研究中心（European Organization for Nuclear Research,CERN），一个位于瑞士日内瓦的国际性科学组织。在那里，蒂姆·伯纳斯-李作为一名软件工程师，负责开发一个能够让研究人员更高效地共享和访问科研数据的系统。

面对当时复杂的计算机网络环境和数据孤岛问题，蒂姆·伯纳斯-李提出了一个革命性的想法：创建一个全球性的、超文本链接的信息系统，即我们现在所说的万维网。他设计了 HTTP（Hypertext Transfer Protocol，超文本传送协议）和 HTML（Hypertext Markup Language，超文本标记语言）等关键技术，为万维网的诞生奠定了基石。1991 年，蒂姆·伯纳斯-李在 CERN 发布了万维网的第一个版本，并向全世界公开了他的发明。

万维网的诞生彻底改变了人类获取、传播和分享信息的方式。它打破了地理和时间的限制，让全球用户能够以前所未有的速度和广度连接在一起。蒂姆·伯纳斯-李的创举不仅推动了互联网技术的飞速发展，还促进了全球经济、文化、教育等各个领域的深刻变革。

创新引领未来

蒂姆·伯纳斯-李的故事向我们展示了创新的力量。他敢于挑战传统，勇于探索未知，最终创造了改变世界的伟大发明。这启示我们，在学习和生活中，要敢于创新，勇于尝试新事物，不断追求进步和发展。

开放共享的精神

蒂姆·伯纳斯-李将万维网的技术和标准无偿地贡献给了全世界，这种开放共享的精神值得我们学习。在团队合作和社会发展中，我们应该积极分享自己的知识和资源，促进共同进步和繁荣。

社会责任与担当

作为万维网的创造者，他始终关注其对社会的影响和责任，倡导网络自由、开放和可访问性，并致力于推动互联网的可持续发展。这启示我们，在享受技术带来的便利的同时，也要承担起相应的社会责任，为构建更加美好的社会贡献自己的力量。

持续学习与进步

蒂姆·伯纳斯-李在创造万维网后并没有停止前进的脚步，他继续投身于互联网技术的研究和推广中。这告诉我们，学习是一个永无止境的过程，只有不断学习新知识、新技能，才能跟上时代的步伐，实现个人和社会的进步。

7.1　函数分类

函数是 C 语言中模块化程序设计的最小单位，一个 C 语言程序由一个或若干源文件组成，一个源文件由一个或多个函数组成,这些函数中必须有且只能有一个主函数，即 main() 函数，此外还可以有若干其他函数，但所有的函数定义（包括主函数 main() 在内）都是平行的，不能在一个函数的函数体内再定义另一个函数，即不能嵌套定义。典型的 C 语言程序结构如图 7-2 所示。

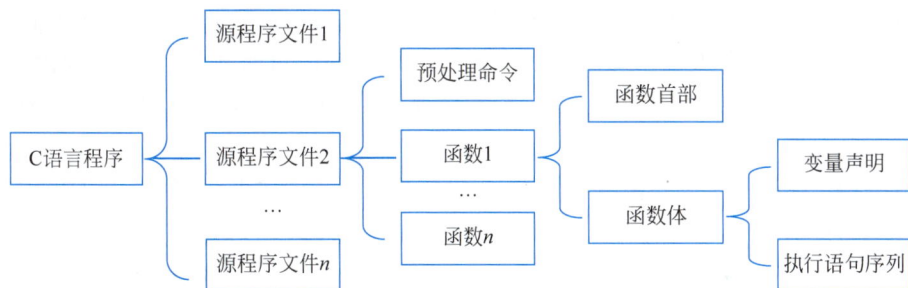

图 7-2 典型的 C 语言程序结构

从用户使用角度来看,函数分为标准函数和用户自定义函数。

7.1.1 标准函数

标准函数即库函数。C 语言系统提供了大量已设计好的常用函数,用户可直接调用。如求实数的绝对值 fabs()、平方根 sqrt()等数学函数;前面已经使用过的 scanf()、printf()等输入输出函数。应该说明的是,不同的 C 语言系统提供库函数的数量和功能可能有些差异,但一些基本的库函数是相同的。

7.1.2 自定义函数

顾名思义,自定义函数就是由程序设计者自己定义和设计的函数。指库函数不能满足程序设计者的编程需要,由程序设计者根据具体问题而自己定义设计的函数,主要用于实现特定功能。

C 语言的库函数是由编译系统事先定义好的,在使用时无须再定义,只需要用♯include命令将有关的头文件包含到文件中即可。自定义函数则不同,均要"先定义,后使用"。定义的目的是通知编译系统函数返回值的类型、函数的名字、函数的参数个数与类型以及函数实现什么功能等。

从函数的形式上看,函数又可分为无参函数、有参函数和空函数。

1. 无参函数

在调用这类函数时,调用函数没有数据需要传回给被调用函数。无参函数一般用来执行一组指定的操作,可以返回或不返回函数值,大多数情况下不返回函数值。

无参函数定义的基本语法格式如下。

```
类型名 函数名(void)          //函数首部
{
     函数体
}
```

其中,类型名指定函数返回值的类型,可省略,当省略时默认函数返回值的类型为 int。void 可省略,表示函数没有参数。函数体包含声明部分和语句部分。声明部分主要是变量的声明或所调用函数的声明,执行部分由执行语句组成,函数的功能正是由这些语句实现的。函数体可以既有声明部分又有语句部分,也可以只有语句部分,还可以两者皆无(空函数)。调用空函数不产生任何有效操作。一般情况下无参函数不会有返回值,此时函数类型名为 void。

【例 7-1】 编写一个无参函数 printStar(),实现在一行中输出 30 个"＊"的功能。

```
1     # include < stdio. h >
2     void printStar(void)                                       //函数首部
3     {
4         printf(" ****************************** \n");  //函数体
5     }
6     int main()
7     {
8         printStar();                                           //调用函数
9         printf(" Hello,Function! \n");
10        printStar();
11        return 0;
12    }
```

程序运行结果如下。

```
******************************
   Hello,Function!
******************************
```

函数 printStar()是一个无参、无返回值的函数,调用一次即在屏幕上输出 30 个"＊"。函数类型为 void,表示不返回值。void 类型的函数不直接返回值,其作用通常是完成某一特定功能。

2. 有参函数

有参函数指在调用函数和被调用函数之间有数据传递。也就是说,调用函数可以将数据传递给被调用函数使用;调用结束后被调用函数中的数据也可以返回,供调用函数使用。

有参函数定义的基本语法格式如下。

```
类型名    函数名(类型 1 形式参数 1,类型 2 形式参数 2,…)          //函数首部
{
    函数体
}
```

有参函数比无参函数多了一项内容,即形式参数(简称形参),它们可以是各种类型的变量,各参数之间用逗号分隔。在进行函数调用时,调用函数将赋予这些形参实际的值。

【例 7-2】 编写一个有参函数 Fact(),计算 $n!$。

```
1     # include < stdio. h >
2     long Fact( int n)
3     {
```

```
4          int i;
5          long result = 1;
6          for (i = 2; i <= n; i++)
7          {
8              result *= i;
9          }
10             return result;
11     }
12     int main()
13     {
14         int m;
15         long ret;
16         printf("Input m:");
17         scanf("%d",&m);
18         ret = Fact(m);
19         printf("%d!= %ld\n",m,ret);
20         return 0;
21     }
```

程序运行结果如下。

```
Input m:5 ↙
5!= 120
```

如果有多个参数,即便参数数据类型一致,每个形参前面的类型也必须分别写明,不能简写。比如 max(int num1,int num2)是正确的,max(int num1,num2)则是错误的写法,如下例。

【例 7-3】 编写一个返回两个数中最大数的程序。

```
1      #include <stdio.h>
2      int max(int num1, int num2)
3      {
4          return num1 > num2 ? num1 : num2;
5      }
6      int main()
7      {
8          int a = 10;
9          int b = 20;
10         printf("MaxNum is: %d\n", max(a, b));
11         return 0;
12     }
```

程序运行结果如下。

```
MaxNum is: 20
```

3. 空函数

在程序设计中往往根据需要确定很多模块,而这些模块就是由一些函数来实现。但是对于一些不确定或后期需要扩展的功能,可以使用空函数进行占位。

空函数定义的基本语法格式如下。

```
类型名　函数名( )
{ }
```

示例如下。

```
Int Fun()
{}
```

示例中函数体是空的,调用此函数时,什么工作也不做。在调用程序中写上 Fun( ),表明这里要调用该函数,而这个函数还没有完成,等待后续完善。在程序设计中可根据需要确定若干模块,分别由不同的函数来实现。而在最初阶段可只实现最基本的模块,其他的模块等待以后完成。这些未编写好的函数先占位,表明以后在此要调用此函数完成相应的功能。这样写的目的是程序的结构清晰,可读性好,以后扩充功能方便。

7.2　函数调用

定义函数的目的就是为了重复使用,自定义函数并不能独立运行,有 main( )函数的程序才能运行,函数必须被 main( )函数直接或间接调用才能发挥作用,因此只有在程序中调用函数才能实现函数的功能。C 语言程序从 main( )函数开始执行,而自定义函数的执行是通过对自定义函数的调用来实现的。当自定义函数结束时,从自定义函数结束的位置返回到主函数中的调用处继续执行,直到主函数结束。

7.2.1　函数调用的形式与过程

1. 函数调用的形式

```
函数名(类型 1 实际参数 1,类型 2 实际参数 2,…)
```

实际参数,简称实参。它们可以是常数、变量和表达式,各实参之间用逗号分隔,并且实参的个数、类型应该与形参的个数、类型一致。当实参省略时,为无参函数,括号不能省略。

按函数在程序中出现的位置来分,有如下 3 种调用方式。

1）函数语句

把函数调用作为一条语句。这种方式常用于调用一个没有返回值的函数,只要求函数完成一定的操作,如例 7-1 中的自定义 printStar( )函数,调用方式为 printStar( )。又如程序中用到的标准函数 printf( )和 scanf( )都是以函数语句的方式调用函数的,示例如下。

```
printStar();
```

2）函数表达式

函数调用作为表达式中的一部分出现在表达式中,以函数返回值参与表达式的运算。

这种方式要求函数是有返回值的。如例 7-2 中第 18 行代码 ret＝Fact(m)；函数 Fact(m)是表达式的一部分,它的值赋给变量 ret。

3）函数嵌套调用

C 语言的函数定义是互相独立、平行的,也就是说,在定义函数时,一个函数内不能再定义另一个函数,也就是不能嵌套定义。但 C 语言中可以嵌套调用函数,即一个函数调用作为另一个函数的参数,或一个函数的函数体中又调用了另一个函数,函数嵌套调用逻辑示例如图 7-3 所示。

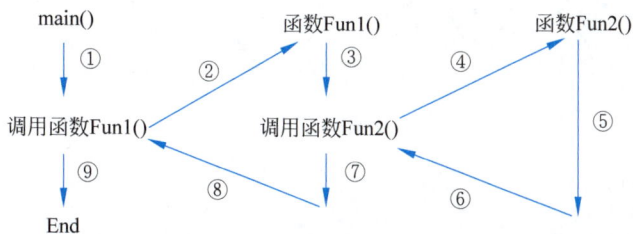

图 7-3　函数嵌套调用逻辑示例

函数嵌套调用可以使代码更加模块化,提高代码的可读性和可维护性,如下例所示。

【例 7-4】　函数嵌套调用。

```
1    # include < stdio. h >
2    void Fun2()
3    {
4        printf("Function 2 called.\n");
5    }
6    void Fun1()
7    {
8        printf("Function 1 called.\n");
9        Fun2();
10   }
11   int main()
12   {
13       Fun1();
14       return 0;
15   }
```

程序运行结果如下。

```
Function 1 called.
Function 2 called.
```

在这个例子中,main()函数调用了 Fun1()函数,Fun1()函数调用了 Fun2()函数。这就是函数嵌套调用的一个简单示例。

2. 函数调用的过程

在执行有参函数调用时,系统首先为被调函数的所有形参分配内存,再将实参的值一一对应地赋予相应的形参。之后为函数说明部分中定义的变量分配存储空间,再依次执行函数的可执行语句,以 return 语句结束并返回值。之后释放在本函数中定义的变量所占用的存储空间(static 类型的变量除外,其空间不会释放),返回主调函数继续执行。

【例 7-5】　求两个正整数 m 和 n 的最大公约数。

```
1    # include < stdio.h >
2    int gcd(int m, int n);              //函数原型声明
3    int main()
4    {
5        int x, y;
6        printf("请输入两个整数: ");
7        scanf(" % d % d", &x, &y);
8        printf("整数 % d 和 % d 的最大公约数是: % d\n", x, y, gcd(x, y));
9    }
10   int gcd(int m, int n)               //函数定义
11   {
12       int rem;
13       rem = m % n;
14       while(rem!= 0)
15       {
16           m = n;
17           n = rem;
18           rem = m % n;
19       }
20       return n;
21   }
```

程序运行结果如下。

```
请输入两个整数: 12 7 ↙
整数 12 和 7 的最大公约数是: 1
```

以上程序采用函数原型声明自定义函数 gcd(),然后在 main()函数中读取用户输入的两个正整数,在输出函数 printf()中嵌套调用自定义函数 gcd();在自定义函数 gcd()中利用欧几里得算法(Euclidean Algorithm,又称辗转相除法)来计算最大公约数,通过 return n;语句,将求得的最大公约数 n 返回主函数。

7.2.2　参数传递

对带有参数的函数进行调用时,存在着如何将实参传递给形参的问题,根据实参传给形参值的不同,通常有传值和传地址(简称传址)两种方式。

1. 传值

前面已经介绍过,函数的参数分为形参和实参两种。形参出现在被调函数的定义中,在被调函数体内可以使用,离开被调函数则不能使用。实参出现在主调函数的定义中,在主调函数体内可以使用,离开主调函数则不能使用。发生函数调用时,主调函数把实参的值传送给被调函数的形参,从而实现主调函数向被调函数的单向数据传送。这实际是函数参数的传值过程。

函数的形参和实参具有以下特点。

第 18 集
微课视频

第 19 集
微课视频

（1）形参变量只有在被调函数被调用时才分配临时内存单元，在调用结束时，即刻释放所分配的内存单元。因此，形参只有在被调函数体内部有效。函数调用结束返回主调函数后则不能再使用该形参变量。

（2）实参可以是常量、变量、表达式、函数等，无论实参是何种类型的量，在进行函数调用时，它们都必须具有确定的值，以便把这些值传送给形参。

（3）实参和形参在数量上、类型上、顺序上应严格一致，否则会发生类型不匹配的错误。

（4）函数调用中发生的数据传送是单向的，即只能把实参的值传送给形参，而不能把形参的值单向地传送给实参。因此，在函数调用过程中，形参的值发生改变，实参中的值并不会变化。

下面通过示例来具体说明一下函数参数的传值过程。

【例7-6】　编写程序交换两个整形变量的值。

```
1    # include< stdio. h>
2    void swap( int a, int b);
3    int main( void)
4    {
5        int a, b;
6        printf("Input a, b:");
7        scanf(" % d, % d", &a, &b);
8        swap( a, b);
9        printf("In main():a = % d, b = % d\n", a, b);
10       return 0;
11   }
12   void swap( int a, int b)
13   {
14       int temp;
15       temp = a;
16       a = b;
17       b = temp;
18       printf("In swap():a = % d, b = % d\n", a, b);
19   }
```

程序运行结果如下。

```
Input a, b:5,6 ↙
In swap():a = 6, b = 5
In main():a = 5, b = 6
```

可以看出，swap()函数中确实交换了形参a和b的值，但main()函数中调用swap()函数后再输出a、b的值并没有改变。这是因为两个a、b虽然名字相同，但并不是同一个变量，它们对应不同的内存空间。

2. 传址

当函数的形参为数组或指针类型（见后续章节）时，函数调用的参数传递称为按地址传递（简称传址）。由于传递的是地址，使形参与实参共享相同的存储单元，这样通过形参可以直接引用或处理该地址中的数据，达到改变实参值的目的。

数组名代表的是数组的起始地址,一个数组一旦定义,再见到该数组名就代表数组的起始地址,是个地址常量。因此数组名作为函数的参数是传址的。

下面我们通过示例来具体说明一下函数参数的传址过程。

【例 7-7】 编写子函数输出传址前后的数组元素值。

```
1    #include <stdio.h>
2    void printArray(int arr[], int size);
3    int main()
4    {
5        int arr1[] = {1, 2, 3, 4, 5};
6        printf("Before:");
7        for (int i = 0; i < 5; i++)
8        {
9            printf("%d ", arr1[i]);
10       }
11       printArray(arr1, 5);
12       printf("After:");
13       for (int j = 0; j < 5; j++)
14       {
15           printf("%d ", arr1[j]);
16       }
17       printf("\n");
18       return 0;
19   }
20   void printArray(int arr2[], int size)
21   {
22       for (int i = 0; i < size; i++)
23       {
24           arr2[i] = 8;
25       }
26       printf("\n");
27   }
```

第 20 集
微课视频

程序运行结果如下。

```
Before:1 2 3 4 5
After:8 8 8 8 8
```

从上例中可以看出,程序中形参和实参均为数组名时,发生函数调用时是将实参数组 arr1 的地址传给形参数组 arr2,在调用期间实际上数组 arr1 和 arr2 共同操作一块内存空间。因此,在被调函数里对 arr2 数组元素赋值,实际上就是对主调函数内 arr1 数组元素赋值。关于函数参数传址还有一种情况,就是参数为指针时的情况,这部分会在学完指针后进一步学习。

7.3 递归调用

一个函数直接或间接地调用该函数本身,称为函数的递归调用。若函数 a()直接调用函数 a()本身,称为直接递归,其递归调用关系如图 7-4(a)所示。如果函数 a()调用函数 b(),

函数 b() 又调用函数 a()，则称为间接递归，其递归调用关系如图 7-4(b) 所示。从图中可以看出，这两种递归调用都是无终止的循环调用，显然，这是不应该出现在程序中的，为了防止递归调用无终止地进行，在程序设计时通常使用 if 语句来控制，即根据条件进行递归调用。在递归调用中，主调函数又是被调函数。

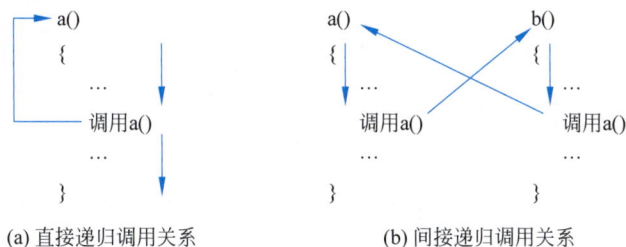

(a) 直接递归调用关系   (b) 间接递归调用关系

图 7-4 函数递归调用关系

当一个问题符合以下 3 个条件时，就可以采用递归调用方法来解决。

（1）要解决的问题能够转化为一个新问题，而这个新问题的解决方法仍与原来的解决方法相同，只是所处理的对象有规律地递增或递减。

（2）应用这个转化过程能够使问题得到解决。

（3）必须有一个结束递归过程的条件。

递归调用在解决某些问题中是一个十分有用的方法，它可以使某些看起来不易解决的问题变得容易解决，写出的程序较简短。但是递归调用通常要花费较多的机器时间和占用较多的内存空间，效率不太高，所以要谨慎使用。

下面我们通过示例来具体说明一下递归调用。

【例 7-8】 编程用递归调用方法求一个正整数的阶乘（$n!$）。

分析：$n!$ 可用如式(7-1)所示的递归公式表示。

$$n! = \begin{cases} 1, & n = 0, 1 \\ n \times (n-1)!, & n > 1 \end{cases} \tag{7-1}$$

根据式(7-1)分析，当 $n > 1$ 时，求 $n!$ 的问题可以转化为求 $n \times (n-1)!$ 的新问题，而求 $(n-1)!$ 的方法与求 $n!$ 的方法相同，只是运算对象由 n 递减为 $n-1$，求 $(n-1)!$ 的问题又可以转化为求 $(n-1) \times (n-2)!$ 的问题，每次转化为新问题时，运算对象就递减 1，直到运算对象的值递减至 1 或 0 时，阶乘的值为 1，递归不再执行下去。$n = 1$ 或 0 就是求 $n!$ 的递归结束条件。

```
1    # include < stdio.h >
2    long fac( int n);
3    int main()
4    {
5        int n ;
6        printf("Input a integer number:");
7        scanf(" % d" , &n);
```

```
8          if (n < 0)
9              printf("Data error!\n") ;
10         else
11             printf(" % d! = % d\n", n , fac(n)) ;
12         return 0;
13     }
14     long fac(int n)
15     {
16         long m;
17         if( n == 0 || n == 1 )
18            m = 1 ;
19         else
20            m = n * fac(n - 1) ;
21         return m;
22     }
```

程序运行结果如下。

```
Input a integer number:5
5! = 120
```

程序的运行情况：当程序开始执行时，从键盘接收信息 5，并把它赋给变量 n，由于 n＞5，执行程序第 11 行时调用函数 fac(n)；在 fac()函数体内因为 n 为 5，大于 1，所以执行语句"m＝n ＊ fac(n－1);"，即执行如式(7-2)所示的语句。

$$m = 5 * fac(4) \tag{7-2}$$

后续执行逻辑相同，依次如式(7-3)～式(7-5)所示。

$$m = 4 * fac(3) \tag{7-3}$$

$$m = 3 * fac(2) \tag{7-4}$$

$$m = 2 * fac(1) \tag{7-5}$$

再次调用函数 fac()求 1 的阶乘时，因为 n 为 1，则 m 的值为 1，fac()函数调用结束，返回 m 值，带入式(7-5)，求出新的 m 值，即 2 的阶乘，再返回上一层 fac()函数调用，然后将 2 的阶乘带入式(7-4)，求出新的 m 值，即 3 的阶乘，返回上一层 fac()函数调用。以此类推，逐层返回，最后求出 5 的阶乘，并将结果显示出来。由上，n!递归调用过程如图 7-5 所示。

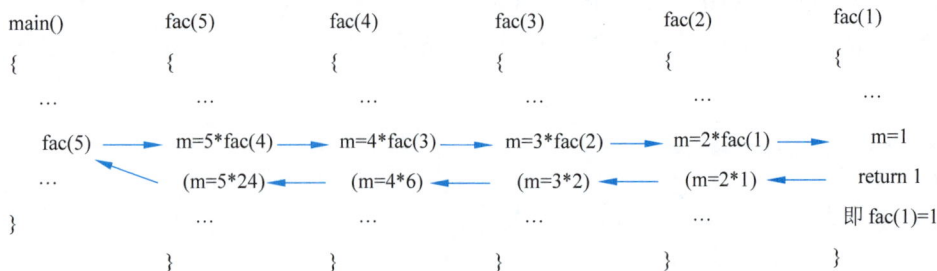

图 7-5   n!递归调用过程

我们再来看看两个比较典型的可用递归函数解决的例子。

【例 7-9】 输出斐波那契数列的第 n 项。

分析：斐波那契数列的递推公式如式(7-6)所示。

$$f(n) = \begin{cases} 1 & n = 1, 2 \\ f(n-1) + f(n-2), & n \geqslant 3 \end{cases} \quad (7\text{-}6)$$

从式(7-6)可以知道,斐波那契数列具备递归的条件,首先有递归表达式 $f(n) = f(n-1) + f(n-2)$；第二有递归结束的条件,即 $n = 1$ 或 $n = 2$ 时,有确定的值1。

```c
1    # include < stdio. h>
2    long fibo(int);
3    int main()
4    {
5        long f ;int n ;
6        printf("Input n:");
7        scanf( "% d", &n ) ;
8        f = fibo(n) ;
9        printf("fibbo(% d) = % ld\n",n,f);
10       return 0;
11   }
12   long fibo(int n)
13   {
14       long f ;
15       if(n == 1 || n == 2 )
16           f = 1;
17       else
18           f = fibo(n-1) + fibo(n-2) ;
19       return f ;
20   }
```

程序运行结果如下。

```
Input n:4 ↙
fibbo(4) = 3
```

【例 7-10】 逆序输出一个整数。

分析：简化问题,若要输出的正整数只有一位,则问题简化为输出一位整数；对两位以上的整数,逻辑上可分为两部分,一部分是个位数字,另一部分是除去个位的全部数字。

可按以下步骤输出两位以上的整数：①输出个位数字；②将除去个位的其他数字作为一个新的整数,重复步骤①的操作。显然,这是一个递归调用的算法。

```c
1    # include < stdio. h>
2    void outputReverse( int m);
3    int main()
4    {
5        int n ;
6        printf("Enter a positive integer: ");
7        scanf("% d" ,&n);
8        printf("Reverse:");
9        if(n < 0)
```

```
10         {
11             n = - n;
12             putchar('-');
13         }
14         outputReverse(n);
15         printf("\n");
16         return 0;
17     }
18     void outputReverse(int m)
19     {
20         if(m >= 0 && m <= 9)
21         {
22             printf("%d",m);
23         }
24         else
25         {
26             printf("%d", m%10);
27             outputReverse (m/10);
28         }
29     }
```

输入 9 时,程序运行结果如下。

```
Enter a positive integer: 9 ↙
Reverse:9
```

输入 123 时,程序运行结果如下。

```
Enter a positive integer: 123 ↙
Reverse:321
```

输入 -7 时,程序运行结果如下。

```
Enter a positive integer: - 7 ↙
Reverse: - 7
```

输入 -456 时,程序运行结果如下。

```
Enter a positive integer: - 456 ↙
Reverse: - 654
```

7.4 变量的作用域与生命周期

在 C 语言中,变量的作用域指变量在程序中可以被访问的区间范围,而变量的生命周期指在程序运行期间,变量存在于内存中的时间范围。

7.4.1 变量的作用域

变量的作用域指变量在程序中可以被访问的区间范围。作用域可以分为全局作用域和局部作用域。全局作用域意味着变量在整个程序中都是可见的,而局部作用域则只在特定的代码块或函数中可见。

在 C 语言中,变量的作用域由它们的声明位置决定。例如,变量的作用域可以是函数内部或函数外部。在函数内部声明的变量只在该函数内部可见,而在函数外部声明的变量则在整个程序中都是可见的。

作用域的概念对于程序的可读性和可维护性非常重要。通过合理地定义变量的作用域,可以避免命名冲突和意外的数据修改。同时,作用域的概念也有助于程序员理解代码的运行过程和变量的使用方式。

C 语言只允许在 3 个地方定义变量。

(1) 函数内部的声明部分。

(2) 复合语句中的声明部分。

(3) 所有函数的外部。

变量定义的位置不同,其作用域也不同。从变量的作用域来分,可以将其分为局部变量和全局变量。

1. 局部变量

在一个函数内部定义的变量是局部变量,其作用域仅限于该函数内,它只在该函数范围内有效。C 语言规定在复合语句内也可以定义变量,其作用域仅限于该复合语句内。

局部变量的定义及作用域示例如图 7-6 所示。

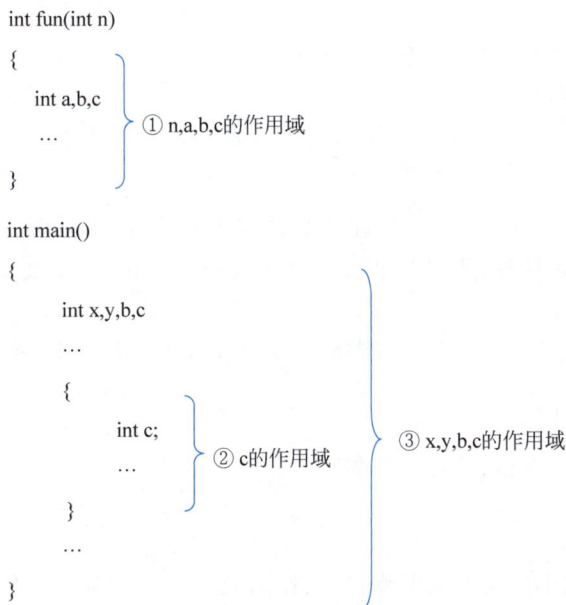

```
int fun(int n)
{
    int a,b,c                    ① n,a,b,c的作用域
    …
}

int main()
{
    int x,y,b,c
    …
    {
        int c;                   ② c的作用域       ③ x,y,b,c的作用域
        …
    }
    …
}
```

图 7-6 局部变量的定义及作用域示例

对局部变量的使用应注意如下几点。

(1) 不同的函数或复合语句中可使用同名的变量,但它们不是同一变量,它们在内存中占不同的单元。如图 7-6 所示示例中有 2 个 b 变量、3 个 c 变量,都是相互独立的。main()

函数中的 2 个 c 变量是独立的,而且在复合语句中只能访问在它内部定义的 c 变量。

(2) 主函数 main()中定义的变量只在主函数中有效。主函数也不能使用其他函数中定义的变量。

(3) 形参也是局部变量。在函数调用时为其分配内存,退出函数时将释放所占内存。

(4) 在一个函数内部可在复合语句中定义变量,但变量只在本复合语句中有效。如图 7-6 所示示例中复合语句中的 c 变量。

(5) 编译系统并不检查函数名与局部变量是否同名。例如"int fun(int n){ int fun}"的用法是正确的。

以下为两个局部变量的示例。

【例 7-11】 定义在复合语句中的局部变量作用域示例。

```
1      # include < stdio. h>
2      int main()
3      {
4          int a = 1,b = 1;
5          {
6              int c;                    //c 只在此复合语句中有效
7              c = a + b;
8          }
9          printf("c = % d\n", c);       //报错
10         return 0;
11     }
```

程序运行结果如下。

```
报错
error C2065: 'c' : undeclared identifier
```

例 7-11 中第 6 行代码定义的 c 只在复合语句中有效,出了复合语句后就无效了,系统会把它占用的内存单元释放,所以第 9 行的输出代码会报错,显示变量 c 在 main()函数中未定义。

如果将 c 定义在复合语句之外,即删除第 6 行代码,并将第 4 行代码进行修改,如下所示。

```
4          int a = 1,b = 1,c = 0;
```

重新编译程序不再报错,运行结果如下。

```
c = 2
```

可见,在复合语句中定义的局部变量,其作用域仅限于该复合语句,如果想作用域更广泛,在变量定义时就应做考虑。

【例 7-12】 定义在自定义函数中的局部变量作用域示例。

```
1      # include < stdio. h>
2      int Fun(int n);
```

```
3    int main()
4    {
5        int m;
6        m = Fun(8);
7        printf(" % d, % d\n",m,Fun(7));
8        return 0;
9    }
10   int Fun(int n)
11   {
12       if (n == 8)
13       {
14           int n = 888;
15       }
16       else
17       {
18           int n = 777;
19       }
20       return n;
21   }
```

程序运行结果如下。

```
8,7
```

程序中两次调用函数 Fun(8)及 Fun(7),在自定义函数中 n 虽然都被重新赋了值,但也在复合语句中重新做了定义,所以 n 虽然重名,但相互独立,代表两个作用域不同的变量。

若将以上程序第 14 行与第 18 行代码中的 int 去掉,即只赋值而不重新定义。或将第 20 行语句"return n;"插入第 14 行和第 18 行之后,同时删除第 20 行此语句。程序运行结果如下。

```
888,777
```

从以上程序运行结果的变化可以看出变量的作用域对程序结果的影响。

2. 全局变量

在 C 语言中,全局变量是在所有函数之外声明的变量,它们在程序的任何部分都可以被访问。这种在函数之外定义的变量,称为全局变量(也称外部变量)。在同一源程序文件中的函数可共用全局变量。

全局变量的作用域为从定义全局变量的位置开始到该源文件结束。全局变量的说明符是 extern,一般来说只有在函数内经过说明的全局变量才能使用。但在一个函数之前定义的全局变量,可以在该函数内部使用而不必再加以说明。

全局变量的定义及作用域示例如图 7-7 所示。

变量 x、y、a、b 是在函数外部定义的,它们是全局变量,但 x、y 是在所有的函数外部定义的,则在每一个函数内都有效,可以不加说明在 3 个函数内部使用。a、b 是在 main()函数后面定义的,它只在函数 Fun1()和 Fun2()内有效,不加说明就可以在这两个函数内使用。

```
int x,y;
int main()
{
    ...
}
double a,b
int Fun1()
{
    ...
}
void Fun2()
{
    ...
}
```

① a,b的作用域

② x,y的作用域

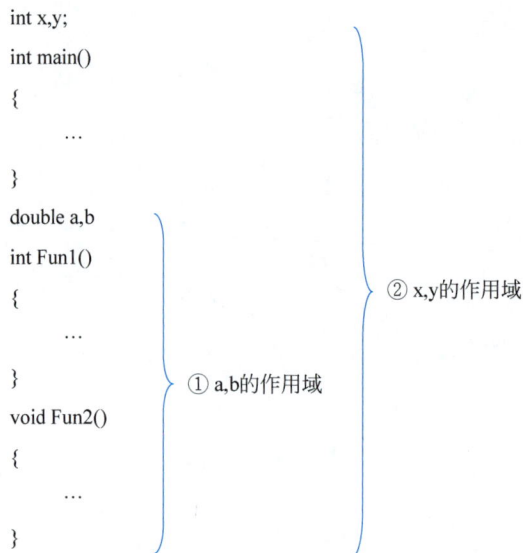

图 7-7 全局变量的定义及作用域示例

以下为两个全局变量的示例。

【例 7-13】 全局变量示例。

```
1    #include <stdio.h>
2    void SetgVar(int value);
3    int GetgVar();
4    int gVar;              //定义全局变量
5    int main()
6    {
7        gVar = 1;
8        SetgVar(7);
9        printf("The value of global variable: %d\n", GetgVar());
10       return 0;
11   }
12   void SetgVar(int n)
13   {
14       gVar = n;          //在自定义函数中给全局变量赋值
15   }
16   int GetgVar()
17   {
18       return gVar;       //在定义函数中返回全局变量的值
19   }
```

程序运行结果如下。

```
The value of global variable: 7
```

在这个例子中,我们定义了一个全局变量 gVar,且在主函数 main()中给它赋了初值 1,
然后定义了两个函数 SetgVal()和 GetgVal()分别给这个全局变量重新赋值和获取这个全

局变量的值。在主函数中调用2个自定义函数,修改了全局变量gVar的值。可见,全局变量gVar的作用域覆盖了所有3个函数。

【例7-14】 编程实现输出5行内容,每行10个"＊",错误程序如下。

```
1    # include < stdio. h>
2    int i;
3    void printStar()
4    {
5        for(i = 0;i < 10;i++)
6        {
7            printf("＊");
8        }
9        printf("\n");
10   }
11   int main()
12   {
13       for(i = 0;i < 5;i++)
14       {
15           printStar();
16       }
17       return 0;
18   }
```

程序运行结果如下。

```
**********
```

为什么没有得到所预期的结果?其实就是全局变量起了副作用。要想得到预期结果,只需将第2行的全局变量删除,同时在自定义函数printStar()和主函数main()内定义局部变量i即可。

使用全局变量有一定的优势,比如全局变量可以供本程序中所有函数共享,使用全局变量可以从函数得到一个以上的返回值等。但是,全局变量的副作用也很明显,比如会破坏函数的独立性、封装性,在不同的函数中都可能会改变全局变量的值,程序容易出错。所以在程序设计中应尽量少用全局变量,一般不建议采用。

7.4.2 变量的生命周期

前面讨论了变量的作用域,那么变量在定义后是不是直到程序结束都一直有效?当然不是。这就引出了一个新的概念:变量的生命周期,也称生存期,变量的生存期指在程序运行期间,变量存在于内存中的时间范围。

变量从定义开始分配存储单元,到运行结束存储单元被释放、回收,整个过程即为变量的生存期。影响变量生存期的是变量的存储类型,也就是说变量的存储类型不同其生存期也是不同的。

1. 静态存储与动态存储

我们先来了解一下C语言程序的存储分布情况。C语言的数据区分为静态存储区和动态存储区,其存储分布如图 7-8 所示。

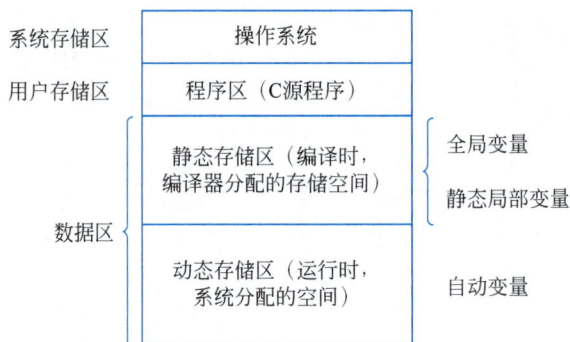

图 7-8　C 语言存储分布

从变量的生存期来分,可以将变量的存储类型分为静态存储方式和动态存储方式。静态存储方式指在程序编译期间分配固定的存储空间的方式,该存储方式通常是在变量定义时就分配存储单元并一直保持不变,直至整个程序结束,用于存放全局变量和静态变量。动态存储方式指在程序运行期间根据需要进行动态地分配存储空间的方式,使用它时才分配存储单元,使用完毕立即释放,主要用于存放自动变量(如函数的形参)。变量存放在何处决定了变量的生命周期。

2. 变量的存储类型

在 C 语言中,变量和函数有两个属性,即前面已经介绍的变量的数据类型,以及变量的存储类型。用变量的存储类型声明来确定变量的存放位置。

变量的存储类型一般声明方式如下。

存储类型 数据类型 变量名列表;

变量只能在其生存期内被访问,而变量的作用域也会影响其生存期。C 语言中提供的存储类型主要有以下 4 种。

(1) 自动变量(Automatic Variable),说明符为 auto。

(2) 静态变量(Static Variable),说明符为 static。

(3) 外部变量(Extern Variable),说明符为 extern。

(4) 寄存器变量(Register Variable),说明符为 register。

变量的存储类型代表编译器为变量分配内存的方式,例如自动变量是在动态存储区分配内存的,静态变量和外部变量都是在静态存储区分配内存的,而寄存器变量是在寄存器中分配的。在动态存储区分配内存的变量生存期通常较短,而在静态存储区中分配内存的变量生存期则较长。接下来我们一一进行了解与分析。

1) 自动变量

自动变量的标准定义格式如下。

auto 类型名 变量名;

示例如下。

```
auto int x;
```

由于自动变量极为常用,所以 C 语言把它设计成默认的存储类型,即 auto 可以省略不写。同时,如果没有指定变量的存储类型,那么变量的存储类型就默认为 auto。

在前面章节示例中使用的局部变量(包括形参)都是 auto 类型。自动变量的"自动"体现在进入语句块时自动申请内存,退出语句块时自动释放内存。它仅能被语句块内的语句访问,在退出语句块以后不能再访问。因此,自动变量也称为动态局部变量。

例如,在函数内部定义的变量就是局部变量,每次进入函数(包括 main()函数)时,都为其重新分配内存空间,函数结束时,释放为其分配的内存空间用于其他用途,存储在其中的数值也将伴随着内存空间的释放而丢失,再回过去看看例 7-6 编写程序交换两个整形变量的值,程序的主函数 main()和自定义函数 Swap()使用了相同的输出语句,得到的结果为什么不同? 这是因为在自定义函数 Swap()中形参 a、b 属于动态局部变量,在 Swap()函数调用结束后,形参 a 和 b 的存储空间就被释放了,自然无法得到它们的值了。

我们来看一个自动变量定义不当导致得不到本意结果的实例。

【例 7-15】 从键盘输入任意正整数 n,依次输出从 1~n 的阶乘(自动变量),错误程序如下。

```
1    # include < stdio. h >
2    long Fun( int n);
3    int main(void)
4    {
5        int i,n;
6        printf("Input n:");
7        scanf(" % d",&n);
8        for(i = 1;i < = n;i++)
9        {
10           printf(" % d!= % d\n",i,Fun(i));
11       }
12       return 0;
13   }
14   long Fun( int n)
15   {
16       auto long p = 1;       //定义自动变量
17       p = p * n;
18       return p;
19   }
```

输入 10 时程序运行结果如下。

```
Input n:10 ↙
1!= 1
2!= 2
3!= 3
```

```
4!= 4
5!= 5
6!= 6
7!= 7
8!= 8
9!= 9
10!= 10
```

为什么会得到这样的结果呢,这是因为第16行代码定义的变量 p 是一个自动变量。因为每次进入函数 Fun()内部执行时,变量 p 都被重新初始化为1,因此每次进入函数内执行第17行语句"p=p * n;"时,p=1 * n,得到以上结果就不难理解了。要想得到正确结果,可以使用静态变量。

如果第16行代码定义变量 p 时不对 p 进行初始化,那么程序在 Microsoft Visual C++ 6.0 下编译会提示下面的警告信息。

```
local variable 'p' used without having been initialized
```

并且运行结果会因变量未初始化而出现乱码。

这说明如下两个问题。

(1) 自动变量在定义时不会自动初始化,所以除非程序员在程序中显式指定初值,否则自动变量的值是随机不确定的,即乱码。

(2) 自动变量在退出函数后,其分配的内存立即被释放,再次进入语句块,该变量被重新分配内存,所以不会保持上一次退出函数前所拥有的值。

2) 静态变量

一个自动变量(即动态局部变量)在退出定义它的函数后,因系统给它分配的内存已经被释放,下次再进入该函数时,系统会给它重新分配内存,因此不会保持上一次退出函数前所拥有的值。如果希望系统为其保留这个值,除非系统分配给它的内存在退出函数调用时不释放。这时就要用到静态变量。静态变量用关键字 static 定义。

静态变量的标准定义格式如下。

```
static 类型名 变量名;
```

示例如下。

```
static long p;
```

我们再来看将例7-15中的自动变量改为静态变量,得到本意结果的示例。

【例7-16】 从键盘输入任意正整数 n,依次输出从 1~n 的阶乘(静态变量)。

只需将例7-15第16行代码进行修改,修改后的代码如下所示。

```
16        static long p = 1;      //定义静态局部变量
```

输入10时程序运行结果如下。

```
Input n:10 ↙
1!= 1
2!= 2
3!= 6
4!= 24
5!= 120
6!= 720
7!= 5040
8!= 40320
9!= 362880
10!= 3628800
```

比较例 7-15 和例 7-16 的运行结果,不难发现静态变量的作用域是整个程序,而自动变量的作用域只是一段程序块。静态变量的值之所以会保持到下一次函数调用,是因为静态变量是在静态存储区分配内存的,在静态存储区分配的内存在程序运行期间是不会被释放的,其生存期是整个程序运行期间。

静态局部变量与自动变量都是在函数内定义的,因此它们的作用域都是局部的,即仅在函数内可被访问。但不同于自动变量的是,静态局部变量在退出函数后仍能保持其值到下一次进入函数时。这是因为自动变量是在动态存储区分配内存的,其占据的内存在退出函数后立即被释放了,在每次调用函数时都需要重新初始化,因此,自动变量的值不能保持到下一次进入函数时。而静态局部变量是在静态存储区分配内存的,仅在第一次调用函数时被初始化一次,其占据的内存在退出函数后不会被释放,因此静态局部变量的值可保持到下一次进入函数时。

在下一次进入函数时,静态局部变量的值仍保持上一次退出函数前所拥有的值,这使得定义了静态局部变量的函数具有一定的"记忆"功能,而例 7-16 正是利用了这一"记忆"功能才实现了累乘,计算阶乘的值。然而,函数的这种"记忆"功能也使得函数对于相同的输入参数输出不同的结果,静态变量和全局变量一样,属于变量的特殊用法,若没有静态保存的要求,一般不建议使用静态变量。

3)外部变量

如果在所有函数之外定义的变量没有指定其存储类别,那么它就是一个外部变量。外部变量是全局变量,它的作用域是从它的定义点到所在程序文件的末尾。但是如果要在定义点之前或者在其他文件中使用它,那么就需要用关键字 extern 对其进行声明(注意不是定义,编译器并不对其分配内存)。

外部变量的标准声明格式如下。

```
extern 类型名 变量名;
```

示例如下。

```
extern int a;
```

【例 7-17】　从键盘输入两个数,输出较大的数(外部变量)。

```
1    # include < stdio. h>
2    int PrintMax( int x, int y);
3    int main( )
4    {
5        extern int A,B;          //外部变量声明
6        printf("Input two integers:");
7        scanf(" % d % d",&A,&B);
8        printf("Max = % d\n",PrintMax(A,B));
9        return 0;
10   }
11   int A,B;
12   int PrintMax( int x, int y)
13   {
14       int z;
15       (x > y) ? z = x : z = y;
16       return(z);
17   }
```

输入 7 和 9 时,程序运行结果如下。

```
Input two integers:7 9↙
Max = 9
```

A、B 两个全局变量的定义语句在程序最后,在主函数中使用时必须用 extern 进行声明,否则编译会出错。和静态变量一样,外部变量也是在静态存储区内分配内存的,其生存期是整个程序的运行期。没有显式初始化的外部变量由编译程序自动初始化为 0。

那么,全局变量与静态变量相比有何不同呢?这需要从生存期和作用域两个角度来分析。首先静态变量与全局变量都是在静态存储区分配内存的,都只分配一次存储空间并且仅被初始化一次,都能自动初始化为 0,其生存期都是整个程序运行期间,即从程序运行起就占据内存,程序退出时才释放内存。但是它们的作用域有可能是不同的,这取决于静态变量是在哪里被定义的。在函数内定义的静态变量,称为静态局部变量,静态局部变量只能在定义它的函数内被访问;而在所有函数外定义的静态变量,称为静态全局变量,静态全局变量可以在定义它的文件内的任何地方被访问,但不能像非静态的全局变量那样被程序的其他文件所访问。

4)寄存器变量

寄存器变量也是自动变量,它与 auto 型变量的区别在于寄存器变量的值存放在寄存器中而不是内存中。寄存器是中央处理器(Central Processing Unit,CPU)芯片内部的存储器,访问速度极快。常把一些对运行速度有较高要求,需要频繁引用的变量定义为寄存器型,这样可以避免 CPU 对存储器的频繁数据访问,从而使程序更小、运行速度更快。现代编译器能自动优化程序,自动把普通变量优化为寄存器变量,从而忽略用户的 register 指定,所以程序员指定的 register 型变量可能无效。因此一般无须特别声明变量为寄存器变量。

寄存器变量定义格式如下。

```
register 类型名 变量名;
```

在 C 语言中,并没有直接定义寄存器变量的语法,因为 C 语言主要关注的是抽象和抽离硬件细节,将寄存器等硬件概念视为变量进行操作。不过,我们可以通过指定变量的特定属性来间接地使变量存放在寄存器中。

我们可以使用关键字 register 来提示编译器将一个变量保持在寄存器中,以便快速访问。这是一种提示而不是一种保证,因为最终是否放入寄存器取决于硬件和实现的限制。

下面是一个使用 register 关键字的例子。

【例 7-18】 计数器(寄存器变量)。

```
1    # include < stdio. h>
2    int main()
3    {
4        register int count = 0;
5        for (count = 0; count < 1000000; count++);
6        printf("Count: % d\n", count);
7        return 0;
8    }
```

程序运行结果如下。

```
Count: 1000000
```

计数器是经常用到的,且需要快速访问及高效运算的硬件电路,其程序与之相对应。在本例中,register 关键字告诉编译器,count 变量最好是放在寄存器中,以便更快地访问。然而,这并不保证 count 一定会被放在寄存器中,这取决于编译器和目标平台的硬件特性。

需要注意的是,register 关键字只能用于可以放入寄存器的变量,即它们必须是能够被硬件寄存器存储的类型,例如整型、字符型、指针类型等。此外,并不是做了 register 声明就一定会被接受,如果没有可用的硬件寄存器,编译器就会忽略这个声明。

7.5 模块化程序设计

模块化程序设计指在进行程序设计时将一个大程序按照功能划分为若干小程序模块,每个小程序模块完成一个确定的功能,并在这些模块之间建立必要的联系,通过模块的互相协作完成整个功能的程序设计方法。

1. 模块化程序设计思想

在设计较复杂的程序时,一般采用自顶向下的方法,将问题划分为几部分,各部分再进行细化,直到分解为较好解决的问题为止。模块化程序设计,简单地说就是程序的编写不是一开始就逐条录入计算机语句和指令,而是首先用主程序、子程序、子过程等框架把软件的主要结构和流程描述出来,并定义和调试好各个框架之间的输入、输出链接关系,逐步求精的结果。是得到一系列以功能块为单位的算法描述,以功能块为单位进行程序设计,实现其求解算法的方法。

模块化的目的是降低程序复杂度,使程序设计、调试和维护等操作简单化。利用函数,不仅可以实现程序的模块化,使得程序设计更加简单和直观,从而提高程序的易读性和可维护性,还可以把程序中经常用到的一些计算或操作编写成通用函数,以供随时调用。

2. 模块化程序设计的原则

一般来说,模块化设计应该遵循以下几个主要原则。

(1) 模块独立。

模块的独立性原则表现在模块完成独立的功能,与其他模块的联系应该尽可能简单,各个模块具有相对的独立性。

(2) 模块的规模要适当。

模块的规模不能太大,也不能太小。如果模块的功能太强,可读性就会较差,若模块的功能太弱,就会有很多的接口。

(3) 分解模块时要注意层次。

在进行多层次任务分解时,要注意对问题进行抽象化。在分解初期,可以只考虑大的模块,在中期,再逐步进行细化,分解成较小的模块进行设计。

3. 模块化程序设计的优点

模块化程序设计的基本思想是自顶向下、逐步分解、分而治之,即将一个较大的程序按照功能分割成一些小模块,除各模块相对独立、功能单一、结构清晰、接口简单等优点外,还具有如下优点。

(1) 控制了程序设计的复杂性。

(2) 提高了代码的复用性。

(3) 易于维护和功能扩充。

(4) 有利于团队开发。

4. 模块化程序设计的一般步骤

(1) 分析问题,明确需要解决的任务。

(2) 对任务进行逐步分解和细化,分成若干子任务,每个子任务只完成部分完整功能,并且可以通过函数来实现。

(3) 确定模块(函数)之间的调用关系。

(4) 优化模块之间的调用关系。

(5) 在主函数中进行调用实现。

我们来看一个模块化程序设计的实例。

【例 7-19】 四则运算(模块化程序设计)。

本例采用模块化程序设计,在 Windows 操作系统,VC6.0 集成开发环境下完成。全例共 8 个文件,含 1 个头文件"AllHeaderFiles. h",7 个" ＊. c"源文件,分别是主函数源文件"main. c"、实现菜单功能的自定义的函数源文件"FunMenu. c"、实现加法运算功能的自定义函数源文件"FunAdd. c"、实现减法运算功能的自定义函数源文件"FunSub. c"、实现乘法运算功能的自定义函数源文件"FunMul. c"、实现除法运算功能的自定义函数源文件"FunDiv. c"及实现清屏功能的自定义函数源文件"FunCls. c"。各函数间的调用结构如图 7-9 所示。

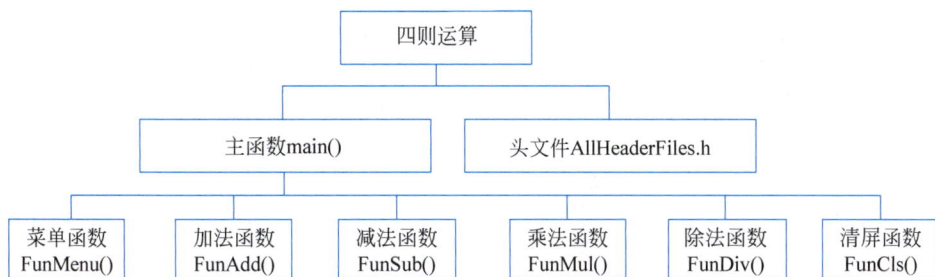

图 7-9　四则运算模块化程序设计各函数间的调用结构

（1）AllHeaderFiles. h。

库函数及自定义函数的声明均包含在此头文件中,工程中的"*.c"源文件只需做相同的显示申明♯include "AllHeaderFiles. h"即可,编译器会自动在当前文件所在的目录查找头文件。

```
1    # include < stdio. h >
2    # include < stdlib. h >
3    # include < time. h >
4    # include < math. h >
5    void FunMenu();
6    void FunAdd();
7    void FunSub();
8    void FunMul();
9    void FunDiv();
10   void FunCls();
```

（2）main. c。

在主函数调用自定义的菜单功能函数,对录入的菜单选项做入口数据检查,之后根据所输入的选项调用库函数 exit()、自定义的加减乘除四则运算函数及清屏函数,以实现相应功能。

```
1    # include "AllHeaderFiles. h"
2    int main()
3    {
4        int n;
5        FunMenu();
6        Restart:
7    do  //做入口数据的检查,增强程序的稳定性
8    {
9        printf("Please enter an option from 0 to 5:");
10       scanf("% d",&n);
```

```
11      }while(n!= 0 && n!= 1 && n!= 2 && n!= 3 && n!= 4 && n!= 5);
12      if(n == 0) exit(0);
14      else if(n == 1)    FunAdd();
15      else if(n == 2)    FunSub();
16      else if(n == 3)    FunMul();
17      else if(n == 4)    FunDiv();
18      else    FunCls();
19      printf("\n ================================ \n");
20      goto Restart;
21      return 0;
22      }
```

（3）FunMenu.c。

自定义函数 FunMenu()，主要用于实现菜单功能。

```
1      # include "AllHeaderFiles.h"
2      void FunMenu()
3      {
4          printf("0.Exit\n1.Addition\n2.Subtraction\n
                   3.Multiplication\n4.Division\n5.Clear screen\n");
5          printf(" ----------------------------------- \n");
6      }
```

当主函数调用此函数时，弹出相应窗口显示 0～5 共 5 个选项，若输入数字 0 则调用库函数 exit()直接退出程序，如输入 5 则调用自定义函数 FunCls()清屏。其显示如下所示。

```
0.Exit
1.Addition
2.Subtraction
3.Multiplication
4.Division
5.Clear screen
-----------------------------------
Please enter an option from 0 to 5:     //此行由主函数第 9 行输出(后同)
```

（4）FunAdd.c。

自定义函数 FunAdd()，主要用于实现加法运算功能。第 5～7 行代码利用时间函数做种子，产生两个 1～100 的随机整数，在录入计算结果后与随机产生的两个整数相加的结果进行比较，显示两种不同的比较结果。

```
1      # include "AllHeaderFiles.h"
2      void FunAdd()
3      {
4          int x, y, sum;
5          srand(time(NULL));
6          x = rand() % 100 + 1;
7          y = rand() % 100 + 1;
8          printf("Calculate: % d + % d = ", x, y);
```

```
9        scanf(" % d", &sum);
10       if (sum == x + y)
11       {
12           printf("Correct answer!\n");
13       }
14       else
15       {
16           printf("Wrong answer\n");
17           printf("The correct answer is: % d", x + y);
18       }
19   }
```

在弹出的菜单选项中输入 1,主函数调用此函数实现加法运算,分别输入正确及错误的答案,显示如下。

```
Please enter an option from 0 to 5:1 ✓
Calculate:19 + 80 = 99 ✓
Correct answer!

==================================     //此行由主函数第 19 行输出(后同)
Please enter an option from 0 to 5:1 ✓
Calculate:45 + 35 = 100 ✓
Wrong answer
The correct answer is:80
==================================
```

(5) FunSub. c。

自定义函数 FunSub(),主要用于实现减法运算功能。与加法类似,不作阐述。

```
1        # include "AllHeaderFiles.h"
2        void FunSub()
3        {
4            int x, y, sub;
5            srand(time(NULL));
6            x = rand() % 100 + 1;
7            y = rand() % 100 + 1;
8            printf("Calculate: % d - % d = ", x, y);
9            scanf(" % d", &sub);
10           if (sub == x - y)
11           {
12               printf("Correct answer!\n");
13           }
14           else
15           {
16               printf("Wrong answer\n");
17               printf("The correct answer is: % d", x - y);
18           }
19       }
```

在弹出的菜单选项中输入 2,主函数调用此函数实现减法运算,分别输入正确及错误的答案,其显示如下。

```
Please enter an option from 0 to 5:2 ✓
Calculate:71 - 21 = 50 ✓
Correct answer!


===================================
Please enter an option from 0 to 5:2 ✓
Calculate:35 - 60 = - 15 ✓
Wrong answer
The correct answer is: - 25
===================================
```

(6) FunMul. c。

自定义函数 FunMul(),主要用于实现乘法运算功能。与加减法类似,不作阐述。

```
1      # include "AllHeaderFiles.h"
2      void FunMul()
3      {
4          int x, y, mul;
5          srand(time(NULL));
6          x = rand() % 100 + 1;
7          y = rand() % 100 + 1;
8          printf("Calculate:%d * %d = ", x, y);
9          scanf(" %d", &mul);
10         if (mul == x * y)
11         {
12             printf("Correct answer!\n");
13         }
14         else
15         {
16             printf("Wrong answer\n");
17             printf("The correct answer is:%d", x * y);
18         }
19     }
```

在弹出的菜单选项中输入 3,主函数调用此函数实现乘法运算,分别输入正确及错误的答案,其显示如下。

```
Please enter an option from 0 to 5:3 ✓
Calculate:52 * 99 = 5148 ✓
Correct answer!


===================================
Please enter an option from 0 to 5:3 ✓
Calculate:63 * 29 = - 1837 ✓
Wrong answer
The correct answer is:1827
===================================
```

(7) FunDiv. c。

自定义函数 FunDiv(),主要用于实现除法运算功能。为方便验证,第 2~5 行代码自定义了一个四舍五入函数 CustomRound()，以实现 double 型数据四舍五入的功能。第 9～11 行利用时间函数做种子，分别产生 50～100 的随机整数（被除数）及 1～50 的随机整数（除数），在录入计算结果后与随机产生的两个整数相除的结果进行比较，显示两种不同的比较结果。

```
1    #include "AllHeaderFiles.h"
2    double CustomRound(double num)
3    {
4        return (num > 0.0) ? floor(num + 0.5) : ceil(num - 0.5);
5    }
6    void FunDiv()
7    {
8        int x, y,div;
9        srand(time(NULL));
10       x = rand() % 51 + 50;
11       y = rand() % 50 + 1;
12       printf("Calculate: % d/ % d = ", x, y);
13       scanf(" % d", &div);
14       if (div == int(CustomRound(double(x)/y)))
15       {
16           printf("Correct answer!\n");
17       }
18       else
19       {
20           printf("Wrong answer\n");
21           printf("The correct answer is: % d",
                       int(CustomRound(double(x)/y)));
22       }
23   }
```

在弹出的菜单选项中输入 4，主函数调用此函数实现除法运算，分别输入正确及错误的答案，其显示如下。

```
Please enter an option from 0 to 5:4 ↙
Calculate (Please enter an integer result after rounding):86/46 = 2 ↙
Correct answer!

=====================================
Please enter an option from 0 to 5:4 ↙
Calculate (Please enter an integer result after rounding):81/33 = 3 ↙
Wrong answer
The correct answer is:2
=====================================
```

（8）FunCls. c。

自定义函数 FunCls()，主要用于实现清屏功能。

```
1    #include "AllHeaderFiles.h"
2    void FunCls()
```

```
3    {
4        system("cls");
5        FunMenu();
6    }
```

在 C 语言中,可以使用 system()函数来调用外部命令。在不同的操作系统中清屏的命令不同,在 Windows 操作系统中,可使用"system("cls")"来清屏,在 UNIX、Linux 操作系统中,则可以使用"system("clear")"来清屏。

另外,使用 system()函数会有一些潜在的问题,例如安全性问题(如果被调用的命令具有破坏性),性能问题(每次调用 system()函数都会产生额外的开销),以及兼容性问题(不同的操作系统可能会有不同的命令集)。所以,在实际项目应用中,应该尽量避免使用 system()函数,或者尽可能替换为不会引起上述问题的其他方法。

以上为四则运算采用模块化设计的全部源代码,考虑知识的延后性,比如字符型数据在后续章节中才涉及,在主函数的入口数据检查就没有考虑字符型数据的输入问题,如果输入的内容不是数字,而是其他字符,会出现什么问题呢? 诸如此类的问题,需要我们掌握后续章节知识内容后才能解决,同学们可以在学完后续章节内容后再来思考如何解决这一问题,以使程序更完善、稳定。

7.6 科技前沿之数据挖掘

数据挖掘(Data Mining)指从大量的数据中通过算法搜索隐藏于其中信息的过程。数据挖掘通常与计算机科学有关,并通过统计、在线分析处理、情报检索、机器学习、专家系统(依靠过去的经验法则)和模式识别等诸多方法来实现上述目标。

1. 产生背景

20 世纪 90 年代,随着数据库系统的广泛应用和网络技术的高速发展,数据库技术也进入一个全新的阶段,即从过去仅管理一些简单数据发展到管理由各种计算机产生的图形、图像、音频、视频、电子档案、Web 页面等多种类型的复杂数据,并且数据量也越来越大。数据库在给我们提供丰富信息的同时,也体现出明显的海量信息特征。因此,人们迫切希望能对海量数据进行深入分析,发现并提取隐藏在其中的信息,以更好地利用这些数据。正是在这样的条件下,数据挖掘技术应运而生。

2. 数据挖掘对象

数据挖掘对象可以是任何类型的数据源。可以是关系数据库,此类包含结构化数据的数据源;也可以是数据仓库、文本、多媒体数据、空间数据、时序数据、Web 数据,此类包含半结构化数据甚至异构性数据的数据源。

3. 数据挖掘的应用场景

(1)商业智能。在零售、电商等行业,通过数据挖掘技术,可以分析消费者的购买行为、喜好偏好,从而制定更精准的营销策略,提高销售额。例如,利用购物数据发现某类商品的关联购买行为,进而进行捆绑销售或推荐搭配。

(2)医疗健康。在医疗领域,数据挖掘有助于从海量的患者数据中提炼出疾病的发病规律、治疗方案的有效性等信息。这可以帮助医生更准确地诊断疾病、制定个性化治疗方案,提高医疗质量和效率。

(3)金融科技。在金融领域,数据挖掘技术广泛应用于信贷审批、风险控制、投资策略制定等方面。通过对历史数据的深入挖掘,金融机构可以更准确地评估借款人的信用状况,降低坏账风险;同时,也可以发现潜在的投资机会,实现资产增值。

以上仅为个例,数据挖掘作为当今时代的重要技术之一,正以其强大的力量推动着各行各业的变革与发展。

本章小结

函数是完成特定任务的一段程序,主要分为标准函数(库函数)和自定义函数。函数使用前必须先定义,若其定义在主函数之前,则不需要对函数进行声明,若其定义在主函数之后,则需进行相应的函数声明。

函数调用时,实际参数向形式参数传递数据可采用传值方式,也可以采用传址方式。前一种传递方式中,实际参数与形式参数各占据不同的存储空间,形式参数值发生变化不会影响实际参数;后一种传递方式中,实际参数和形式参数则占据相同的存储空间,即被调用函数中的形式参数相应的单元中的值发生变化,在调用函数中对应的实际参数单元中都能得到变化的结果。一个函数直接或间接地调用该函数本身,称为函数的递归调用,递归调用必须有一个结束递归过程的条件。

变量的作用域指变量在程序中可以被访问的区间范围,而变量的生命周期指在程序运行期间,变量存在于内存中的时间范围。变量的作用域及生命周期与变量类型有关,从变量的作用域来分,可以将其分为局部变量和全局变量。局部变量在函数体内或复合语句内,其作用域也在相应的范围内。形式参数也是局部变量,其作用域在形式参数所在函数的范围内。全局变量均在函数外定义,其作用域通常是从定义处到本源文件的末尾,利用 extern 进行声明,可扩大全局变量的作用域,但应谨慎使用。变量的存储类型有动态存储和静态存储。自动变量、寄存器变量都是在程序运行时动态分配相应的存储空间,为动态存储;静态存储类型和全局变量则在程序运行时分配固定的存储空间,均属于静态存储。若在定义函数时用 static 加以限定,则该函数即为本文件内可引用的内部函数,其他文件不可引用。

模块化程序设计指在进行程序设计时将一个大程序按照功能划分为若干小程序模块,每个小程序模块完成一个确定的功能,并在这些模块之间建立必要的联系,通过模块的互相协作完成整个功能的程序设计方法。若一个工程比较复杂,则建议采用模块化设计。

本章习题

一、单选题

1. 以下说法中正确的是(　　)。

    A. C 语言程序总是从第一个函数开始执行的

    B. 在 C 语言程序中,要调用的函数必须在 main()函数中定义

    C. C 语言程序总是从 main()函数开始执行

    D. C 语言程序中的 main()函数必须放在程序的开始部分

2. 在 C 语言程序中,当函数调用时(　　)。

    A. 实参和形参各占一个独立的存储单元

    B. 实参和形参共用一个存储单元

    C. 可以由用户指定是否共用存储单元

    D. 计算机系统自动确定是否共用存储单元

3. 下列函数定义正确的是(　　)。

    A.
    ```
    int max()
      {
        int x, y, z;
        z = x > y? x: y;
      }
    ```

    B.
    ```
    int max(int x, int y)
      int x, y;
      {
          int z;
          z = x > y? x; y;
          return(z);
      }
    ```

    C.
    ```
    int max(int x, int y)
        {
            int x, y, z;
            z = x > y? x: y;
            return(z);
    ```

    D.
    ```
    void max()
      {
      }
    ```

4. 以下选项各函数首部中,正确的是(　　)。

    A. void play(var Integer,var b:Integer)

    B. void play(int a,b)

    C. void play(int a,int b)

    D. Sub play(a as integer,b as integer)

5. 若有以下函数调用语句"fun(a+b,(x,y),fun(n+k,d,(a,b)));",在此函数调用语句中实参的个数是(　　)。

    A. 3　　　　　　　　B. 4　　　　　　　　C. 5　　　　　　　　D. 6

6. 关于 return 语句,下列说法正确的是(　　)。

    A. 在主函数和其他函数中均要出现

    B. 必须在每个函数中出现

    C. 可以在同一个函数中出现多次

D. 只能在除主函数之外的函数中出现一次

7. 一个函数返回值的类型是由( )决定的。

A. return 语句中表达式的类型　　　　B. 在调用函数时临时指定

C. 定义函数时指定的函数类型　　　　D. 调用该函数的主调函数的类型

8. 运行以下程序的输出结果是( )。

```
float fun(int x,int y)
{
    return(x + y);
}
int main()
{
    int a = 2,b = 5,c = 8;
    printf("%3.0f\n",fun((int)fun((a + c,b),a - c)) ;
    return 0;
}
```

A. 编译出错　　　　B. 9　　　　C. 21　　　　D. 9.0

9. 在 C 语言中,关于变量的作用域,下列描述中错误的是( )。

A. 形参也是局部变量,在函数调用时为其分配内存,退出函数时将释放所占内存

B. 在一个函数内部可在复合语句中定义变量,但变量只在本复合语句中有效

C. 全局变量的有效范围为从定义全局变量的位置开始到该源文件结束

D. 全局变量不可与局部变量重名

10. C 语言程序的模块化通过以下哪个选项来实现( )。

A. 函数　　　　B. 变量　　　　C. 程序行　　　　D. 语句

二、填空题

1. 声明局部变量时存储类型使用默认值,该变量的存储类型是_____。

2. 若一个函数不需要形参,则在定义该函数时,应使形式参数表为空或放置一个_____。

3. 一个 C 语言程序在运行时,如果没有发生任何异常情况,则只有在执行了_____函数的最后一条语句或该函数中的 return 语句后,程序才会终止运行。

4. 当_____语句被执行时,程序的执行流程无条件地从一个函数跳转到另一个函数。

5. 在声明局部变量时,不能使用的存储类型是_____。

6. 在 C 语言中大部分执行语句都含有关键字。例如 for 语句含关键字 for。除这些语句外不含关键字的非空操作语句是_____。

7. 变量的值在函数调用结束后仍然保留,以便下一次调用该函数时使用,可以将局部变量定义为_____类型。

8. 若有函数定义 int fun() {int a＝4，b＝3，c＝2；return a，b，c;},则调用函数 fun()后的返回值是_____。

9. 下面程序从键盘输入 5647,输出结果是_____。

```
#include<stdio.h>
void convert(int n)
{
    int i;
    if((i = n/10)!= 0)
    convert(i);
    putchar(n % 10 + '0');
}
int main()
{
    int number;
    scanf("% d",&number);
    if(number < 0)
    {
        putchar('-');
        number = - number;
    }
    convert(number);
    return 0;
}
```

10. 以下程序的输出结果是_____。

```
#include "stdio.h"
int i = 5;
int main()
{
    int i = 3;
    {
        int i = 10;
        i++;
    }
    f1():
    i += 1:
    printf("% d\n",i);
    return 0;
}
int f1()
{
    i = i + 1;
    return(i);
}
```

三、改错题

1. 以下程序实现的是:函数 getint(),其完整的函数原型为 int getint(int min, int max);其功能为实现用户从键盘输入一个整数进行验证,保证输入的一定是一个介于 min 和 max 之间的一个整数并最后返回该整数。如果用户输入不合法,则会提示继续输入,直到输入合法时为止。程序有两处错误,请找出并改正。

```
# include < stdio. h>
void getint( int min, int max)
{
    int n = 0;
    printf("请输入一个 % d 到 % d 间的整数: ",min,max);
    while(1)
    {
      scanf(" % d",&n);
      if(n > = min&&n < = max)
      {
        break;
      }
      else
      {
        printf("输入不合法,请继续输入: ");
      }
    }
    return min, max;
}
int main()
{
    printf("你输入的整数是 % d\n",getint(100,200));
    return 0;
}
```

2. 以下递归函数的功能：有 5 个学生坐在一起,问第 5 个学生多少岁？他说比第 4 个学生大 2 岁；问第 4 个学生多少岁,他说比第 3 个学生大 2 岁；问第 3 个学生,又说比第 2 个学生大 2 岁；问第 2 个学生,说比第 1 个学生大 2 岁；最后问第 1 个学生,他说是 10 岁；输出第 5 个学生年龄。程序有两处错误,请找出并改正。

```
# include < stdio. h>
int f_age( int n)
{
    int age = 0;
    if(n < 0)
    {
      age = 0;
    }
    else if(n == 1)
    {
      age = 10;
    }
    else
    {
      age = f_age(n - 1) + 2;
    }
    return f_age;
}
int main()
{
    printf(" % f\n",f_age(5));
    return 0;
}
```

四、编程题

1. 定义一个函数 int fun(inta,intb,intc)。其功能为若 a,b,c 能构成等边三角形,函数返回 3；若能构成等腰三角形,函数返回 2；若能构成一般三角形,函数返回 1；若不能构成三角形,函数返回 0。

2. 编写函数 fun(int n)。其功能为计算正整数 n 的所有因子(1 和 n 除外)之和作为函数值返回。例如:n=120 时,函数返回值为 239。

3. 从键盘录入一个自然数,判断其是不是完全数。完全数,又称完美数或完数(Perfect Number),指这样的一些特殊的自然数,它所有的真因子(即除了自身以外的约数)的和,恰好等于它本身。例如,6 就是一个完全数,是因为 6=1+2+3。请编写一个判断完全数的函数 IsPerfect(),然后判断从键盘输入的整数是否是完全数。

4. 编写函数计算 100～200 的所有素数之和,函数原型为 int f_prime_sum()；判别一个数是否是素数请用给定的函数实现,函数原型为 int fun(int m),参数 m 是要进行判断的数,若 m 是素数,则返回值为 1,否则返回值为 0。

5. 编写程序,输入一个整数,将它逆序输出。要求定义并调用函数 reverse(number),它的功能是返回 number 的逆序数。例如 reverse(12345)的返回值是 54321。

6. 输入精度 e,使用格雷果里公式求 π 的近似值,精确到最后一项的绝对值小于 e。要求定义和调用函数 pi(e)求 π 的近似值。

$$\frac{\pi}{4} = 1 - \frac{1}{3} + \frac{1}{5} - \frac{1}{7} \cdots$$

7. 使用递归方法,求解 x^n。其中 n 为整数,x 不等于 0。

8. 使用递归方法,计算组合数 $C_m^k = \dfrac{m!}{k!(m-k)!}$ 的程序。

9. 使用递归方法,计算 a+aa+aaa+⋯+aa⋯a(n 个 a)的值。n 和 a 的值由键盘输入。

10. 使用递归方法,实现输出如下杨辉三角形。

```
          1
        1   1
      1   2   1
    1   3   3   1
  1   4   6   4   1
```

第 8 章

指　　针

引言

指针是 C 语言的一个非常重要的概念，也是 C 语言提供的一种数据类型，是 C 语言的核心内容。使用指针能够直接处理内存地址，能够更方便地处理数组、字符串，能够动态分配内存空间，也能够更有效地处理复杂的数据结构；指针还能够作为函数的参数，来实现批量数据的传递以及多个不同类型的数据的交互，运用好指针可以设计出高效的程序。指针的学习对于掌握 C 语言来说非常重要，但是指针的概念比较抽象，初学者掌握好指针有一定难度，特别是指针对内存的非法访问会带来程序系统的崩溃，因此这一章的学习需要花费更多的精力和时间练习。

本章导读

本章首先介绍指针和指针变量的概念以及指针相关的运算符，然后介绍一维数组和二维数组的指针，接着介绍如何使用指针操作字符串，最后介绍了指针数组、指向指针的指针。本章我们将使用指针操作实现课程项目的功能模块"温湿度排序"。

重点内容

（1）指针的概念和指针变量的概念。

（2）使用指针变量操作一维数组。

（3）二维数组的行地址和列地址。

（4）使用指针变量操作字符串输入、排序、输出。

世界计算机名人——姚期智

在历史的长河中，总有一些人以其非凡的才华和崇高的精神品质成为时代的灯塔，照亮后人前行的道路。今天，我们将讲述的正是这样一位杰出人物——姚期智教授（见图 8-1）的故事。

姚期智出生于中国上海，后赴美深造，在普林斯顿大学获得计算机科学博士学位，并在斯坦福大学、加利福尼亚大学伯克利分校等世界顶尖学府任教。然而，姚期智的心中始终怀揣着对祖国的深情与责任，他毅然决定放弃海外的优厚待遇，回国投身教育事业，成为清华大学计算机科学与

图 8-1　姚期智

技术系的教授。姚期智在学术领域取得了令人瞩目的成就,他的研究涵盖了计算理论、密码学、量子计算等多个前沿方向。他不仅在理论上有着深厚的造诣,还致力于将科研成果转化为实际应用,推动了计算机科学的发展。此外,姚期智还非常注重人才培养,他亲自指导了众多优秀的博士生和博士后,为中国乃至世界的计算机科学界输送了大量高素质的人才。

更为难能可贵的是,姚期智在回国任教后,积极推动了中国计算机科学教育的改革与发展。他倡导"因材施教"的教育理念,鼓励学生独立思考、勇于创新;他引入国际先进的课程体系和教学方法,提升了中国计算机科学教育的整体水平;他还积极搭建国际交流平台,促进了计算机科学领域的国际交流与合作。

爱国情怀与责任担当

姚期智放弃海外优厚待遇,回国投身教育事业的故事,展现了深厚的爱国情怀和强烈的责任担当。这启示我们,作为新时代的青年学子,应该树立远大理想,将个人的发展与国家的前途命运紧密相连,为实现中华民族伟大复兴的中国梦贡献自己的力量。

追求卓越与勇于创新

姚期智在学术领域取得的卓越成就和勇于探索未知的精神,激励我们要不断追求卓越、勇于创新。在学习和科研中,我们要敢于挑战权威、突破常规思维,不断探索新的领域和方法,为科学进步和社会发展贡献智慧和力量。

注重实践与学以致用

姚期智不仅注重理论研究,还致力于将科研成果转化为实际应用。这启示我们,在学习和科研中要注重实践环节,将所学知识应用于实际问题的解决中,做到学以致用、知行合一。

培养国际视野与跨文化交流能力

姚期智积极搭建国际交流平台,促进了计算机科学领域的国际交流与合作。这启示我们,在全球化日益加深的今天,我们要培养国际视野和跨文化交流能力,积极参与国际合作与交流活动,拓宽自己的国际视野和人际关系网络。

8.1 指针和指针变量

8.1.1 指针

C语言中,常量的值、变量的值、数组、函数都是存储在计算机内存特定的存储单元中的。以变量为例,当定义一个变量的时候,系统就会在内存中给它分配一定数量的存储空间,来存储这个变量的值。计算机内存最小的存储单元是字节,不同的数据类型分配的存储单元数不一样,比如,字符型变量分配1字节,整型变量分配4字节等。内存中每字节的存储单元都有特定的编号,也就是内存地址,因此每个变量都有自己的内存地址,当变量分配的存储单元超过1字节的时候,变量的(内存)地址就是其所占存储空间的第一字节的地址,也就是变量的首地址。变量在内存中所占存储空间的首地址,称为该变量的地址,可以通过取地址运算符"&"来获取变量的地址,如例8-1所示。

【例 8-1】　显示变量的地址。

```
1    # include < stdio. h >
2    int main()
3    {
4      int a = 0;
5      float b = 0;
6      char c = 0;
7      printf("a 的值为 % d,a 的地址为 % d,a 占内存大小为 % d 字节\n",a,&a,sizeof(a));
8      printf("b 的值为 % f,b 的地址为 % d,b 占内存大小为 % d 字节\n",b,&b,sizeof(b));
9      printf("c 的值为 % c,c 的地址为 % d,c 占内存大小为 % d 字节\n",c,&c,sizeof(c));
10       return 0;
11   }
```

程序运行结果如下。

```
a 的值为 0,a 的地址为 1703724,a 占内存大小为 4 字节
b 的值为 0.000000,b 的地址为 1703720,b 占内存大小为 4 字节
c 的值为,c 的地址为 1703716,c 占内存大小为 1 字节
```

变量 a、b、c 的内存分配示意如图 8-2 所示。

当变量分配内存后,操作系统会建立一个表,存储变量名与其地址的对照关系,如表 8-1 所示,程序中对变量进行数据的存取操作时,查询系统中此表,通过变量名找到该变量的内存地址,然后操作该地址所指向的内存中的物理位置进行数据的存取操作,因此,C 语言中,把地址称为指针。通过变量名找到地址访问数据的方式为直接存取方式。

表 8-1　变量与地址对照表

变 量 名 称	数 据 类 型	内 存 地 址
a	int	1703724
b	float	1703720
C	char	1703716

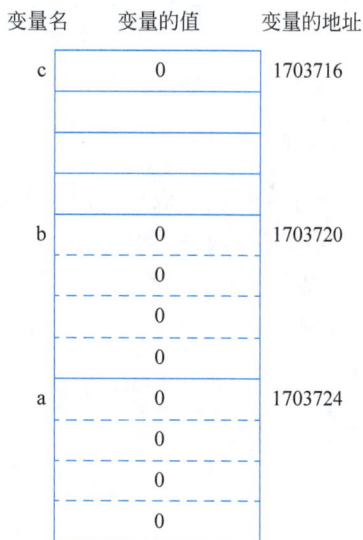

图 8-2　变量 a、b、c 的内存分配示意

8.1.2　指针变量

C 语言中把地址称为指针,存储地址(指针)的变量称为指针变量。指针变量定义的一般格式如下。

数据类型 * 指针变量名;

其中,"指针变量名"指定义的指针变量的名字,需要符合 C 语言标识符的命名规则,符号" * "是定义指针变量的标识,"数据类型"是指针变量所指向的数据的类型,即指针变量的

基类型(Base Type)。

【例 8-2】 指针变量的定义。

```
1    int * p1 = NULL, * p2 = NULL;
2    char * p3 = NULL;
```

上面例子定义了 3 个指针变量 p1、p2、p3,同时给变量赋初值 NULL。p1 和 p2 都是指向 int 型数据的指针变量,也就是说 p1 和 p2 变量中能且只能存储 int 型数据的内存空间的首地址;p3 变量为指向 char 型数据的指针变量,能且只能存储 char 型数据的内存空间的首地址。需要注意的是目前这 3 个变量的值都为 NULL,没有指向任何存储空间。

8.2 指针运算符

C 语言中,和指针变量相关的运算符主要有两个:取地址运算符"&"和间接寻址运算符"*"。

8.2.1 取地址运算符

获取变量的地址需要使用取地址运算符"&",取地址运算符的一般使用形式如下。

> & 变量名

上述表达式为取地址运算表达式,"&"运算符是只有一个操作对象的单目运算符,它的运算功能是获取操作对象(变量)在计算机内存中所分配的存储空间的首地址,表达式的返回值为地址,也就是指针。

【例 8-3】 指针变量的赋值。

```
1    # include < stdio. h >
2
3    int main()
4    {
5      int a = 0, * p = NULL;
6      p = &a;
7      printf("a 的地址: % d,p 的值: % d\n",&a,p);
8
9      return 0;
10   }
```

程序运行结果如下。

> a 的地址:1703724,p 的值:1703724

例 8-3 第 5 行代码表示定义了两个变量 a 和 p,a 为 int 型的变量,p 为指向 int 型的指针变量,a 的初值为 0,p 的初值为 NULL。第 6 行代码为赋值语句,运算表达式"&a"后,表达式的值为变量 a 在计算机内存中所分配的存储空间的首地址,然后将此地址(指针)赋值

给变量 p,也就是变量 p 在内存中所分配的存储空间里面存储着变量 a 的地址,那么变量 p
就指向了变量 a。第 7 行代码输出了 a 的地址值和 p 的值,可以通过运行结果看出两者值是相同的,指针变量 p 与它指向的变量 a之间的关系如图 8-3 所示。

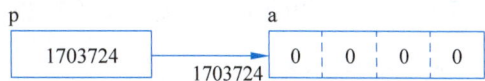
图 8-3　指针变量 p 与它指向的变量 a 之间的关系

8.2.2　间接寻址运算符

在前面几章中,对变量的存和取操作是通过访问变量名的方式进行的,也就是直接寻址的方式。学习指针变量后,还可以通过指针变量间接对它所指向的变量进行数据的存和取,这种访问方式称为间接寻址。当通过指针变量来访问指针变量所指向的变量的值的时候,需要用到间接寻址运算符“＊”,也称为解引用运算符。间接寻址运算符“＊”的一般使用形式如下。

＊指针变量名

上面表达式返回的值是指针变量所指向的内存单元的值,运算时要求指针变量已经被正确赋值并且指向内存中某个确定的存储单元。

【例 8-4】　使用指针变量通过间接寻址运算访问变量的值。

```
1    # include < stdio. h >
2
3    int main()
4    {
5      int a = 0, * p = NULL;
6      p = &a;
7      printf("a 的值是 % d\n",a);
8      printf("a 的值是 % d\n", * p);
9      return 0;
10   }
```

程序运行结果如下。

```
a 的值是 0
a 的值是 0
```

程序定义了一个 int 型变量 a,赋初值为 0;定义了一个指针类型变量 p,赋初值为NULL,随后将变量 a 的地址赋值给 p,接下来输出 a 的值和 ＊p 的值。因为 p 的值为变量 a 的地址,p 指向了内存中分配给变量 a 的存储空间,也就是 p 指向了变量 a,＊p 返回了 a 的值,＊p 的值就是 a 的值。可以简单地理解为,p 为指针变量,p 被赋值了变量 a 的地址,p 指向 a,＊p 就是 a。

8.2.3　用指针处理简单变量

本节通过 3 个例子来说明如何通过指针变量来实现简单变量数据的输入、输出和两个变量的值的交换。在本节中,你将看到函数的参数为指针类型。

1. 指针变量对普通变量进行存取操作

【例 8-5】 使用指针变量对普通变量进行存取处理。

```
1    # include < stdio. h>
2    int main()
3    {
4        int a = 0, * p = NULL;
5        p = &a;
6        printf("请输入 a 的值: ");
7        scanf(" % d",p);
8        printf("通过变量名直接寻址输出 a 的值是: %d\n",a);
9        printf("通过指针变量间接寻址输出 a 的值是: %d\n", * p);
10       return 0;
11   }
```

程序运行结果如下。

```
请输入 a 的值: 5✓
通过变量名直接寻址输出 a 的值是: 5
通过指针变量间接寻址输出 a 的值是: 5
```

程序使用指针变量 p 实现了对 int 型变量 a 的输入和输出。首先指针变量 p 要定义为指向 int 型数据的指针变量(第 4 行代码),然后要让 p 指向 a,把变量 a 的地址赋值给变量 p(第 5 行代码),接着在输入语句中用 p 代替"&a"实现 a 的值的输入(第 7 行代码),最后在输出语句中用 * p 代替 a 实现值的输出(第 9 行代码),可以看出第 9 行代码使用指针变量间接寻址输出 a 的值和第 8 行代码直接用变量名 a 输出 a 的值是相同的。

2. 指针变量作函数参数

【例 8-6】 对例 8-5 的重构:输入和输出部分的函数封装。

```
1    # include < stdio. h>
2
3    void f_IO(int * p)
4    {
5        printf("请输入 a 的值: ");
6        scanf(" % d",p);
7        printf("通过指针变量间接寻址输出 a 的值是: %d\n", * p);
8    }
9    int main()
10   {
11       int a = 0, * p = NULL;
12       p = &a;
13       f_IO(p);
14       printf("通过变量名直接寻址输出 a 的值是: %d\n",a);
15
16       return 0;
17   }
```

程序运行结果如下。

```
请输入 a 的值: 5✓
通过指针变量间接寻址输出 a 的值是: 5
```

通过变量名直接寻址输出 a 的值是：5

如上，将例 8-5 中第 6、7、8 行使用指针变量来实现变量 a 的值的输入和输出的代码封装成函数"f_IO(int * p)"，在函数内通过指针变量实现对函数外 main() 函数中的局部变量进行存取操作。需要注意的是，主函数中调用 f_IO() 函数传递的实参 p 与形参 p 是两个不同的变量，主函数中实参 p 为指针变量，值为指针也就是变量 a 的地址，形参 p 得到实参 p 的值，那么形参 p 的值也是 a 的地址，形参 p 也指向了变量 a，从而在函数 f_IO() 里面实现了使用指针变量对变量 a 的输入和输出操作。在这个例子中，可以注意到函数 f_IO() 的形参不是普通的 int 型变量而是指针类型，通过指针类型的参数传递地址能够修改外部变量的值，起到函数内部与外界交互数据的作用，所以当函数要返回多个变量的值的时候可以通过指针类型的形参来实现。换个角度说，要想在函数内部改变外部变量的值，必须使用指针变量，传递待操作的变量的地址给函数。

【例 8-7】 交换两数的值。

```
1     # include < stdio. h>
2     void f_jh(int * p1, int * p2)
3     { int temp = 0;
4        temp = * p1;
5        * p1 = * p2;
6        * p2 = temp;
7     }
8     int main()
9     {
10       int a = 1, b = 2;
11       f_jh(&a, &b);
12       printf("a 的值为 %d, b 的值为 %d\n", a, b);
13       return 0;
14    }
```

程序运行结果如下。

a 的值为 2, b 的值为 1

程序通过调用函数 f_jh()，实现了 a、b 两个变量值的交换。函数 f_jh() 的两个形参 p1 和 p2 是指针类型，调用函数 f_jh() 传递的实参是"&a"和"&b"，实参"&a"的值传给 p1，"&b"的值传给 p2，形参 p1 的值就是变量 a 的地址，形参 p2 的值就是变量 b 的地址，于是指针变量 p1 就指向了主函数中的变量 a，p2 指向了变量 b，在函数 f_jh() 中，* p1 就等价于 a，* p2 就等价于 b，因而第 4、5、6 三行代码实现了变量 a、b 的值的交换。

8.3 指针与一维数组

8.3.1 一维数组的内存分配

当定义了数组后，系统会给数组分配一片连续的存储空间，相邻两个元素的存储空间也是相邻的，以整型数组为例，内存分配如例 8-8 所示。

【例 8-8】　数组的内存显示。

```
1    # include < stdio. h>
2    int main()
3    {
4        int n[5] = {1,2,3,4,5},i = 0;
5        printf("int 型分配的存储空间大小为 % d 字节\n",sizeof(int));
6        for(i = 0;i < 5;i++)
7        {
8            printf("n[ % d]的地址是: % d\n",i,&n[i]);
9        }
10       printf("n 的值是 % d\n",n);
11    return 0;
12   }
```

程序运行结果如下。

```
int 型分配的存储空间大小为 4 字节
n[0]的地址是: 1703708
n[1]的地址是: 1703712
n[2]的地址是: 1703716
n[3]的地址是: 1703720
n[4]的地址是: 1703724
n 的值是 1703708
```

程序中定义了长度为 5、基类型为 int 型的数组 n,循环输出了数组的每个元素的地址。从程序的运行结果可以看到,系统给数组的每个元素分配了 4 字节的存储空间,并且可以看出系统给数组分配了连续的存储空间,相邻两个数组元素的地址也是相邻的。元素 n[0]的地址是 1703708,元素 n[1]的地址是 1703712,比 n[0]地址大 4 字节,刚好大一个 int 型数据的存储空间,也就是 &n[1]的值等价于 &n[0]+1。最后一个元素 n[4]地址比第一个元素 n[0]的地址大 16 字节,也就是大 4 个 int 型数据的存储空间,即 &n[4]的值等价于 &n[0]+4。另外,从程序运行结果还可以看出,数组名 n 的值是 1703708,与 n[0]的地址是相同的,也就是说对于一维数组来说,数组名的值就是数组的起始地址。

8.3.2　定义指向数组元素的指针变量

对于数组的操作实际上是对数组元素进行操作,如果要用指针变量来操作数组,实际上是用指针变量来操作数组元素,那么就要把指针变量定义为指向数组元素类型的指针变量,把数组元素的地址赋值给指针变量。

比如例 8-8 中,数组元素的类型是 int 型,如果想定义一个指针变量 p 操作元素 n[0]的值的输入和输出,那么 p 应该如下进行定义和赋值。

```
int  * p = NULL;
p = &n[0];
```

这时候指针变量 p 的值为数组元素 n[0]的地址,p 指向 n[0],那么接下来就可以用例 8-5 中的方法对 n[0]进行输入和输出的操作了。如果把最后一个元素 n[4]的地址赋值给 p，即 p=&n[4]，那么 p 就不指向 n[0]了，而指向 n[4]；这个时候可以用 p 来操作元素 n[4]的输入和输出。

使用指针来操作一维数组，需要定义指向数组基类型的指针变量，把数组元素的地址赋值给指针变量，以实现用指针变量来操作数组元素的值的存和取。

8.3.3 使用指针变量访问数组元素

在第 6 章，使用数组名加索引的方式配合循环结构实现了对数组每个元素的访问，本节将使用指针变量配合循环结构实现对数组每个元素的访问。通过例 8-8 可以知晓，系统给数组分配一片连续的存储空间，相邻两个元素的存储空间是相邻的，例 8-8 中相邻元素的地址相差一个 int 型数据单位存储空间，即 4 字节，如图 8-4 所示。

数组 n 的基类型是 int 型，数组相邻元素的地址相隔一个 int 型数据的存储空间，n[0]的地址加上一个 int 型数据单位存储空间就是 a[1]的地址，即 &n[0]+1 等价于 &n[1]，如果把 &n[0]赋值给指针变量 p，那么 p+1 的值就等价于 &n[1]，p+2 的值等价于 &n[2]，以此类推，p+4 的值等价于 &n[4]，由此可以看出，把数组的起始地址赋值给指针变量后，可以通过对指针变量值的改变，由指针变量来实现对每个元素的操作。实际上指针变量的值依次往后移动一个单位，在循环结构控制下就能实现对数组每个元素的访问，如例 8-9 所示。

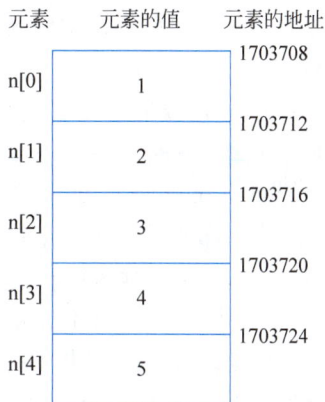
图 8-4 数组元素地址示意图

第 21 集 微课视频

【例 8-9】 循环结构控制下指针变量对数组元素的访问。

```
1   # include< stdio. h>
2   int main()
3   {
4       int n[5] = {1,2,3,4,5};
5       int * p = NULL;
6       for(p = &n[0];p <= &n[4];p++)
7       {
8          printf(" % d\n", * p);
9       }
10      printf("数组的起始地址为 % d\n",&n[0]);
11      printf("此时 p 的值为 % d\n",p);
12   return 0;
13  }
```

程序运行结果如下。

```
1
2
```

```
3
4
5
数组的起始地址为 1703708
此时 p 的值为 1703728
```

例 8-9 通过指针对数组元素的访问输出了数组每个元素的值。第 5 行代码定义了指向数组基类型 int 型的指针变量 p,第 6 行代码循环结构中,第一个表达式 p=&n[0],将数组的第一个元素 n[0]的地址赋值给了 p,p 指向了 n[0],判断第二个表达式 p<=&n[4]成立,执行循环体语句即第 8 行代码,输出了 *p 的值,也就是输出了 p 指向的对象 n[0]的值,然后执行第 6 行代码循环结构的第 3 个表达式 p++,p 的值增加一个单位,这时候 p 的值就等价于 &n[1],p 指向 n[1],接着判断 p<=&n[4],成立,执行循环体第 8 行的代码,输出 *p 的值,这时候输出 n[1]的值,输出为 2,接着又继续执行 p++,p 的值增加一个单位,p 指向了 n[2],判断 p<=&n[4],执行第 8 行代码输出 n[2]的值,继续执行 p++,p 的值增加一个单位,p 指向了 n[3],判断 p<=&n[4],执行第 8 行代码输出 n[3]的值,接着又继续执行 p++,p 的值增加一个单位,p 指向了 n[4],判断 p<=&n[4]成立,执行第 8 行代码输出 n[4]的值,又继续执行 p++,p 的值在 &n[4]的基础上又增加了一个单位,p<=n[4]的值为 0,条件不成立,循环结束。通过程序可以看到,从数组的起始地址开始,到数组的最后一个元素的地址,在循环结构的控制下,通过 p++语句,能够实现指针变量 p 对数组所有元素的访问,需要注意的是当循环结束的时候,p 的值已经不在数组内存空间范围内。

已知数组名的值即数组的起始地址,数组的最后一个元素 n[4]的地址和数组的起始地址的关系是增加了 4 个单位,即 &n[4]等价于 n+4,所以例 8-9 的第 6 行代码和第 10 行代码可以作如下修改:第 6 行代码的循环控制表达式中,p 赋初值为 n,每执行一次循环体执行一次 p++,直到 p 的值为 n+5 结束循环。修改后程序运行结果和例 8-9 一样,修改后的代码如下所示。

```
1    # include < stdio. h >
2    int main()
3    {
4        int n[5] = {1,2,3,4,5};
5        int * p = NULL;
6        for(p = n;p <= n + 4;p++)
7        {
8            printf(" % d\n", * p);
9        }
10       printf("数组的起始地址为 % d\n",n);
11       printf("此时 p 的值为 % d\n",p);
12    return 0;
13   }
```

8.3.4　一维数组的指针作函数参数

前面学习了使用指针来操作一维数组,本节将结合函数的知识,采用模块化编程思想,以一维数组的指针作函数参数实现数据的交互。数组作函数参数的时候,数组名作为实参实际传递的是数组的起始地址,也就是指针,那么函数的形参就可以设计为指针类型的变量。例 8-10 实现了对例 8-9 的重构,以指针作函数参数,封装了两个函数实现了数组元素数据的输入和输出。

【例 8-10】 以一维数组的指针作函数参数。

```
1    # include < stdio.h >
2    # define N 5
3
4    //温度数据采集
5    void f_wd_caiji(float * wd_all,int n)
6    {
7        float * p = NULL;
8
9        //输入
10       for(p = wd_all;p < wd_all + n;p++)
11       {
12           printf("请输入第 % d 个大棚的湿度数据: ",p - wd_all + 1);
13           scanf(" % f",p);
14       }
15   }
16
17   //温度数据显示
18   void f_wd_xianshi(float * wd_all,int n)
19   {
20       float * p = NULL;
21
22       //输出
23       for(p = wd_all;p < wd_all + n;p++)
24       {
25           printf("第 % d 个大棚的湿度: ",p - wd_all + 1);
26           printf("% .0f % % \n", * p);
27       }
28   }
29   int main()
30   {
31     float wd_all[N];
32
33     f_wd_caiji(wd_all,N);          //输入
34     f_wd_xianshi(wd_all,N);        //输出
35     return 0;
36   }
```

程序运行结果如下。

```
请输入第 1 个大棚的湿度数据: 51
请输入第 2 个大棚的湿度数据: 50
请输入第 3 个大棚的湿度数据: 49
请输入第 4 个大棚的湿度数据: 50
请输入第 5 个大棚的湿度数据: 48
第 1 个大棚的湿度: 51 %
```

```
第 2 个大棚的湿度: 50%
第 3 个大棚的湿度: 49%
第 4 个大棚的湿度: 50%
第 5 个大棚的湿度: 48%
```

例 8-10 实现了一个基类型为 float 型的一维数组的元素数据的输入和输出。数据输入函数为 f_wd_caiji(float ＊ wd_all,int n),数据输出函数为 f_wd_xianshi(float ＊ wd_all,int n),这两个函数的第一个形参都是指向 float 型数据的指针变量,获取一维数组的起始地址。第二个参数为整型变量,获取数组的大小。第 33 行和第 34 行代码调用函数的时候实参是一维数组的名称 wd_all,通过前面的学习,可以知道一维数组的名称的值是数组的起始地址,指向数组的第一个元素,即指向 float 型的指针,因此函数的形参就可以设计为指向 float 型数据的指针变量。由于数组名只传递了数组的起始地址,但没有数组大小的信息,因此函数还要设计一个整型参数用来传递数组的大小。当函数获得数组的起始地址和大小信息后,在函数体内对数组元素的操作利用 8.3.3 节的知识就可以完成了。

8.4　指针与二维数组

8.4.1　二维数组的内存分配

从逻辑上说,二维数组是存储逻辑关系上为若干行若干列的数据,但是系统给二维数组分配的内存并不是若干行若干列的,而是一片连续的存储空间,相邻两个元素的存储空间也是相邻的,以 char 型数组为例,内存分配示例如例 8-11 所示。

【例 8-11】　二维数组的内存显示。

```
1     # include < stdio. h>
2     int main()
3     {
4         char str[3][4] = {'\0'};
5         int i = 0,j = 0;
6         printf("char 型分配的存储空间大小为 %d 字节\n",sizeof(char));
7         for(i = 0;i < 3;i++)
8         {
9             for(j = 0;j < 4;j++)
10            {
11                printf("str[ %d][ %d]的地址是: %d\n",i,j,&str[i][j]);
12            }
13        }
14        printf("str 的值是: %d\n",str);
15        printf("str[0]的值是: %d\n",str[0]);
16        printf("str[1]的值是: %d\n",str[1]);
17        printf("str[2]的值是: %d\n",str[2]);
18        return 0;
19    }
```

程序运行结果如下。

```
char 型分配的存储空间大小为 1 字节
str[0][0]的地址是：1703716
str[0][1]的地址是：1703717
str[0][2]的地址是：1703718
str[0][3]的地址是：1703719
str[1][0]的地址是：1703720
str[1][1]的地址是：1703721
str[1][2]的地址是：1703722
str[1][3]的地址是：1703723
str[2][0]的地址是：1703724
str[2][1]的地址是：1703725
str[2][2]的地址是：1703726
str[2][3]的地址是：1703727
str 的值是：1703716
str[0]的值是：1703716
str[1]的值是：1703720
str[2]的值是：1703724
```

从运行结果可以看出，第一行最后一个元素 str[0][3]的地址是 1703719，第二行第一个元素 str[1][0]的地址是 1703720，str[1][0]所分配的存储空间紧邻 str[0][3]的存储空间，第三行第一个元素 str[2][0]的地址比第二行最后一个元素 str[1][3]的地址多一个 char 型数据单位存储空间，即 1 字节，最后一个元素 str[2][3]的地址比第一个元素 str[0][0]的地址大 11 个 char 型数据单位存储空间。由此可知，二维数组的所有元素的内存地址是依次连续的。

8.4.2　使用指针变量访问二维数组

对二维数组的访问实际上也就是对二维数组元素的访问，类似于一维数组，使用指针变量来访问数组元素，那么可以定义指向数组基类型的指针变量，把数组元素的地址赋值给指针变量，就能实现对数组元素的访问。进一步，如果想要访问二维数组的每一个元素，可以将数组的起始地址赋值给指针变量，将指针变量进行自增运算，配合循环结构，能实现对二维数组的访问，如例 8-12 所示。

【例 8-12】　录入 8 个大棚的温度和湿度数据。

```
1    # include < stdio. h>
2    int main()
3    {
4        float data_all[8][2] = {0};
5        float  * p = NULL;          //定义访问二维数组 data_all 的指针变量
6      int i = 0,j = 0;
7
8        p = &data_all[0][0];
9        for(i = 0;i < 8;i++)
10       {
11         for(j = 0;j < 2;j++)
12         {
```

```
13              scanf(" % f",p);
14              p++;
15          }
16      }
17      return 0;
18  }
```

程序第 5 行代码定义了指向数组元素数据类型的指针变量 p,循环结构之前指针变量被赋值为数组第一个元素的地址"p=&data_all[0][0];",每执行一次循环体,指针变量的自增语句 p++就执行一次,指针变量的值就增加一个 float 型数据单位存储空间,指针的指向往后移动一个元素,在双层嵌套循环的控制下,指针变量就从第一个元素依次指向最后一个元素,通过重复执行"scanf("%f",p);"语句实现了对数组的每个元素的数值输入。需要注意的是,循环结束后,指针变量的值已超出数组的存储范围,为数组最后一个元素 data_all[7][1] 的后一字节的地址。

通过上面分析,可以知道使用指针变量访问二维数组,指针变量的值是从数组的第一个元素的地址逐次递增变化到最后一个元素的地址,因此上面的程序也可以改写成下面的循环结构形式。

```
1   # include< stdio. h>
2   int main()
3   {
4       float data_all[8][2] = {0};
5       float * p = NULL;           //定义访问二维数组 data_all 的指针变量
6
7       for(p = &data_all[0][0];p <= &data_all[7][1];p++)
8       {
9         scanf(" % f",p);
10      }
11      return 0;
12  }
```

程序第 7 行代码中,for 语句的第一个表达式将 p 的值赋值为数组第一个元素的地址,即 p=&data_all[0][0],当 p<=&data_all[7][1]即 p 的值小于或等于数组最后一个元素的地址时,执行循环体,然后执行 p++语句,指针往后移动,以此实现对二维数组所有元素的访问。

8.4.3 二维数组的行地址与列地址

在 8.3.3 节对例 8-9 的修改程序中,循环结构控制访问一维数组的时候,p 的初始值赋值为数组名,数组名的值和数组第一个元素的地址的值是相同的,并且通过例 8-11 的运行结果可以看出二维数组名 str 的值与第一个元素的地址是相同的,那么在上面的程序中,是否可以把循环语句的第一个表达式 p=&data_all[0][0]替换成 p=data_all 呢?答案是否定的,程序如图 8-5 所示。

```
#include<stdio.h>
int main()
{
    float data_all[8][2]={0};
    float *p=NULL;//定义访问二维数组data_all的指针变量

▶   for(p=data_all;p<=data_all+15;p++)
    {
        printf("%d\n",p);
    }
    return 0;
}
```

```
warning C4047: '=' : 'float *' differs in levels of indirection from 'float (*)[2]'
warning C4047: '<=' : 'float *' differs in levels of indirection from 'float (*)[2]'
```

图 8-5　二维数组指针变量的初始值替换为数组名的代码及编译错误

程序在编译的时候出现如图 8-5 所示的警告信息,说明类型不匹配,二维数组的数组名 data_all 的值的类型是 float（＊）[2]类型,p 是定义为 float ＊类型的,在程序编译进行赋值时候,警告类型不匹配。

出现图 8-5 所示警告是因为二维数组有行地址和列地址之分,二维数组的数组名的值也是地址,即数组内存空间起始字节的编号,值的大小和第一个元素的地址 ＆data_all[0][0]相同,但是数组名 data_all 的值和 ＆data_all[0][0]的值意义不一样,data_all 的值是行地址,＆data_all[0][0]的值是列地址。可以从两个视角来看 data_all 数组,第一个视角是看成二维数组,它的元素就是 data_all[i][j],元素的类型是 float 型,假设 float 型分配 4 字节的存储空间,那么相邻元素的地址相隔 4 字节,指向元素类型的指针变量定义为"float ＊"类型,当指针变量运行自增运算时,是逐个往后移动一个 float 型数据单位存储空间。另一个视角是把二维数组 data_all 看成一个元素个数为 8 的一维数组,第一个元素是 data_all[0],最后一个元素是 data_all[7],每个元素是一个大小为 2 的一维数组。按照一维数组的规律,数组名称 data_all 的值是第一个元素 data_all[0]的地址,也就是 data_all 的值等价于 ＆data_all[0],data_all 指向的对象是 data_all[0],是一个大小为 2 的基类型为 float 型的一维数组,data_all 的值加 1,值是下一个元素的地址,即 data_all[1]的地址,变化了 8 字节,所以 data_all＋1 的值并不是 data_all[0][1]的地址,data_all 这样的地址称为行地址,每增加一个单位是变化一行的地址,而 ＆data_all[i][j]这样的地址称为列地址,每增加一个单位是变化一个 float 型元素的地址。

data_all 的值的类型为 float（＊）[2],如果定义指针变量 p 来存储 data_all 的值,那么 p 的定义及赋值如下所示。

```
float（＊p）[2];
p = data_all;
```

p 指向的对象为大小为 2 的一维数组,p 称为指向一维数组的指针变量,p 赋值为数组名的值,p 指向了 data_all[0],即 p 的值等价于 ＆data_all[0],＊p 等价于 data_all[0],＊p 是一个大小为 2 的一维数组。如果执行 p＋＋语句,那么 p 就指向了 data_all[1],＊p 等价于 data_all[1]。进一步分析,data_all[1]是数组,那么 data_all[1]相当于数组名,

data_all[1]的值相当于这个数组的第一个元素 data_all[1][0]的地址,即 *(data_all[1])等价于 data_all[1][0],因为当前 *p 等价于 data_all[1],在式子 *(data_all[1])中用 *p 替换 data_all[1],得到 *(*p)等价于 data_all[1][0],实现了用行地址访问二维数组的元素。

当访问二维数组的元素的时候,可以定义两种类型的指针变量,一种是定义为行指针的指针变量,另一种是定义为列指针的指针变量,前者需要两次寻址运算才能访问到数组元素,后者进行一次寻址运算即可访问到数组元素,可以理解为行指针进行一次寻址运算后转换为列地址,但是需要注意的是不能对列地址进行"&"运算得到行地址,即 &(&data_all[1][0])表达式是非法的。下面的例子是使用行指针重构例 8-12。

【例 8-13】 使用行指针访问二维数组。

```
1    #include<stdio.h>
2    int main()
3    {
4        float data_all[8][2] = {0};
5        float (*p)[2];
6        int j = 0;
7        //输入
8        for(p = data_all;p < data_all + 8;p++)
9        {
10           printf("请输入第%d个大棚温度数据:",p - data_all + 1);
11           scanf("%f", *p);
12           printf("请输入第%d个大棚湿度数据:",p - data_all + 1);
13           scanf("%f",(*p) + 1);
14       }
15
16       //输出
17       for(p = data_all;p < data_all + 8;p++)
18       {
19           printf("第%d个大棚的数据:",p - data_all + 1);
20           for(j = 0;j < 2;j++)
21           {
22               printf("%.2f\t", *((*p) + j));
23           }
24           printf("\n");
25       }
26       return 0;
27   }
```

程序运行结果如下。

```
请输入第1个大棚温度数据: 34.5↙
请输入第1个大棚湿度数据: 49.8↙
请输入第2个大棚温度数据: 34.2↙
请输入第2个大棚湿度数据: 48.5↙
请输入第3个大棚温度数据: 33.9↙
请输入第3个大棚湿度数据: 46.6↙
请输入第4个大棚温度数据: 32.1↙
请输入第4个大棚湿度数据: 51.6↙
```

```
请输入第 5 个大棚温度数据：33.2 ↙
请输入第 5 个大棚湿度数据：51.7 ↙
请输入第 6 个大棚温度数据：32.9 ↙
请输入第 6 个大棚湿度数据：52.4 ↙
请输入第 7 个大棚温度数据：33.65 ↙
请输入第 7 个大棚湿度数据：52.8 ↙
请输入第 8 个大棚温度数据：32.9 ↙
请输入第 8 个大棚湿度数据：50.6 ↙
第 1 个大棚的数据：34.50 49.80
第 2 个大棚的数据：34.20 48.50
第 3 个大棚的数据：33.90 46.60
第 4 个大棚的数据：32.10 51.60
第 5 个大棚的数据：33.20 51.70
第 6 个大棚的数据：32.90 52.40
第 7 个大棚的数据：33.65 52.80
第 8 个大棚的数据：32.90 50.60
```

例 8-13 中第 4 行代码定义了一个元素为 float 型的 8 行 2 列的数组 data_all 来存储 8 个大棚的温度和湿度数据，第 5 行代码定义了指向一维数组的指针变量 p 来访问 data_all 数组，第 8～14 行代码完成数据的输入功能，第 17～25 行代码完成了数据的输出功能。第 8 行的循环语句中，p 赋值为数组名 data_all 的值，p 为行指针，此时 p 指向二维数组 data_all 的第一行，p 的值小于 data_all+8 的值，执行循环体，循环体中，第 10 行代码通过 p 的值与 data_all 的值相减可以得到当前行的行下标，再"+1"处理，可以得到大棚记号。第 11 行输入语句中，p 的值等价于一维数组的地址，那么 *p 等价于一维数组，*p 的值为列地址，为当前行的首地址，*p 指向当前行第一个元素，(*p)+1 指向当前行的第二个元素，因此通过第 11 行和第 13 行的两行代码能够输入数据存入数组当前行的两列中。每执行一次循环体后执行一次 p++ 语句，p 就依次指向数组的下一行，通过指针 p 就完成了数组元素数据的输入，最后一次执行 p++ 后，p 的值为 data_all+9，超出数组范围，循环控制表达式不成立，循环结束。输出部分语句块中，第 20～23 行代码使用循环结构访问当前行的每列，printf("%.2f\t", *((*p)+j)) 输出当前行每个元素的值，p 为当前行的行地址，*p 为当前行的起始列地址，*p 的值可以看成当前行作为一个一维数组的数组名的值，(*p)+j 相当于从当前行的起始地址移动 j 个单位，也就是当前行的下标为 j 的元素的地址，因此 (*p)+j 的指向即 *((*p)+j)，就是当前行下标为 j 的元素，于是 printf("%.2f\t", *((*p)+j)) 在循环结构的控制下，输出了当前行每个元素的值，而在外部 p 循环的控制下实现数组每行每列元素的输出。

8.4.4 二维数组的指针作函数参数

如同一维数组一样，当与函数交互二维数组元素的数据的时候，也可以以二维数组的指针作函数参数，二维数组有行地址和列地址，函数的形参可以设计为行指针也可以设计为列指针，不同的参数形式操作数组元素的方式不一样，下面分别通过例子进行介绍。

1. 向函数传递列地址

例 8-14 对例 8-12 进行重构,并加入输出数据的模块,分别在函数中完成二维数组元素数据的输入和输出。

【例 8-14】 向函数传递列地址实现二维数组元素数据的输入和输出。

```
1     #include<stdio.h>
2     //二维数组元素数据的输入
3     void data_in(float * p_data_all,int m,int n)
4     {
5         float * p = NULL;
6
7         for(p = p_data_all;p < p_data_all + m * n;p++)
8         {
9             scanf("%f",p);
10        }
11
12    }
13
14    //二维数组元素数据的输出
15    void data_out(float * p_data_all,int m,int n)
16    {
17        float * p = NULL;
18        int i = 0,j = 0;
19
20        for(p = p_data_all,i = 0;i < m;i++)
21        {
22            for(j = 0;j < n;j++)
23            {
24                printf("%.2f\t", * p);
25                p++;
26            }
27            putchar('\n');
28        }
29    }
30
31    int main()
32    {
33        float data_all[8][2] = {0};
34
35        //输入
36        data_in(&data_all[0][0],8,2);
37        //输出
38        data_out(&data_all[0][0],8,2);
39    return 0;
40    }
```

程序运行结果如下。

30.2↙
51.6↙

```
32.8 ↙
49.7 ↙
30.2 ↙
50.4 ↙
31.5 ↙
49.6 ↙
33.1 ↙
48.8 ↙
32.7 ↙
49.5 ↙
30.2 ↙
50.1 ↙
31.4 ↙
49.6 ↙
30.20    51.60
32.80    49.70
30.20    50.40
31.50    49.60
33.10    48.80
32.70    49.50
30.20    50.10
31.40    49.60
```

例 8-14 设计了一个函数 data_in(float * p_data_all,int m,int n),用来实现输入数据存入主函数定义的二维数组 data_all 中,函数第一形参为指向 float 型数据的指针变量,第二个和第三个参数分别为整型变量,函数的调用如第 36 行"data_in(&data_all[0][0],8,2)",第一个实参为"&data_all[0][0]",传递了数组的第一个元素的地址给形参,此地址为数组的列地址,第二个和第三个实参分别为 8 和 2,可知第一个参数传递了数组的地址,但是并不知晓数组的大小信息,因此设计第二个和第三个参数来传递数组的行数和列数。由于二维数组的所有元素在内存内是按行和列依次存储的,通过指针逐个单位的移动能够访问到数组的每个元素,因此在 data_in() 函数内,定义了指向数组元素的指针变量 p(第 5 行代码),在循环结构中(第 7 行代码),首先 p 赋值为数组的初始地址即形参 p_data_all 的值,循环体中通过"scanf("%f",p);"语句输入数据,随后执行 p++ 语句,继续执行循环体,直到 p 的值为 p_data_all+m * n 的值,即数组最后一个元素的下一字节,超出数组的范围,二维数组最后一个元素的地址与第一个元素的地址相差 m * n-1 个单位。地址的逐个移动,实现了二维数组的元素数据的输入,同理可实现二维数组元素数据的输出,不同之处在于 data_out() 函数中,定义了两个循环变量 i,j 来控制输出格式按 m 行 n 列输出。

当以二维数组的列地址作函数参数的时候,传递的地址直接指向二维数组元素,利用指针的逐个移动可以访问到数组的每个元素,但是如果要从逻辑上进行行和列的控制需要额外的处理。

2. 向函数传递行地址

向函数交互二维数组的时候,通常直接以二维数组名作为实参来传递,通过 8.4.3 节的知识可知,二维数组的数组名的值是行地址,是指向一维数组的指针,那么形参要定义为指向数组的指针类型。例 8-15 对例 8-13 进行重构,对输入和输出功能模块进行函数封装,以指向数组的指针作函数参数,实现与例 8-14 相同的功能。

【例 8-15】 对例 8-13 进行重构:以指向一维数组的指针作函数参数。

```
1    # include < stdio. h >
2
3    //输入
4    void data_in(float ( * data_all)[2], int m)
5    {
6        float ( * p)[2];
7        for(p = data_all; p < data_all + m; p++)
8        {
9          printf("请输入第 % d 个大棚温度数据: ", p - data_all + 1);
10         scanf(" % f", * p);
11         printf("请输入第 % d 个大棚湿度数据: ", p - data_all + 1);
12         scanf(" % f", ( * p) + 1);
13        }
14   }
15
16   //输出
17   void data_out(float ( * data_all)[2], int m)
18   {
19       float ( * p)[2];
20       int j = 0;
21       for(p = data_all; p < data_all + m; p++)
22       {
23         printf("第 % d 个大棚的数据: ", p - data_all + 1);
24         for(j = 0; j < 2; j++)
25         {
26           printf(" % .2f\t", * (( * p) + j));
27         }
28         printf("\n");
29       }
30
31   }
32
33   int main()
34   {
35       float data_all[8][2] = {0};
36       //输入
37       data_in(data_all, 8);
38       //输出
39       data_out(data_all, 8);
40       return 0;
41   }
```

程序运行结果如下。

```
请输入第 1 个大棚温度数据: 34.5 ↙
请输入第 1 个大棚湿度数据: 49.8 ↙
请输入第 2 个大棚温度数据: 34.2 ↙
```

```
请输入第 2 个大棚湿度数据：48.5↙
请输入第 3 个大棚温度数据：33.9↙
请输入第 3 个大棚湿度数据：46.6↙
请输入第 4 个大棚温度数据：32.1↙
请输入第 4 个大棚湿度数据：51.6↙
请输入第 5 个大棚温度数据：33.2↙
请输入第 5 个大棚湿度数据：51.7↙
请输入第 6 个大棚温度数据：32.9↙
请输入第 6 个大棚湿度数据：52.4↙
请输入第 7 个大棚温度数据：33.6↙
请输入第 7 个大棚湿度数据：52.8↙
请输入第 8 个大棚温度数据：32.9↙
请输入第 8 个大棚湿度数据：50.6↙
第 1 个大棚的数据：34.50 49.80
第 2 个大棚的数据：34.20 48.50
第 3 个大棚的数据：33.90 46.60
第 4 个大棚的数据：32.10 51.60
第 5 个大棚的数据：33.20 51.70
第 6 个大棚的数据：32.90 52.40
第 7 个大棚的数据：33.60 52.80
第 8 个大棚的数据：32.90 50.60
```

例 8-15 将例 8-13 代码中的第 8～14 行输入模块的代码封装成 data_in(float (* data_all)[2],int m) 函数，第 17～25 行输出模块的代码封装成 data_out(float (* data_all)[2], int m) 函数，主函数的代码就简化成两个函数的调用，如第 37 行和第 39 行代码所示。data_in() 函数的第一个参数为指向大小为 2 的一维数组的指针变量，第二个参数为整型变量用来传递数组的行数。第 37 行代码函数调用时第一个实参为主函数定义的 8 行 2 列的数组 data_all 的数组名，传递了二维数组的行地址给函数，第二个实参为数组的行数 8。data_in() 函数获取到行地址即数组的起始地址后，定义了一个同类型的变量 p，从起始行地址开始，到最后一行行地址，执行 p++ 逐行移动，每访问一行，执行 * p 运算转化为列地址实现对数组元素的访问。data_in() 函数体内的代码和例 8-13 中第 8～14 行的代码相同。输出函数 data_out() 的参数设计形式和作用与输入函数 data_in() 相同，函数体中的代码与例 8-13 中第 17～25 行的代码相同。

向函数传递二维数组的时候，可以传递二维数组的列地址也可以传递行地址。当传递列地址的时候，通过指针变量的自增操作可以实现对二维数组的每个元素的访问。当传递二维数组的行地址的时候，指针变量的自增操作是逐行变化，指针变量指向数组的一行，并没有指向二维数组的元素，因此还需要使用行指针进行间接寻址运算转化为列地址来实现对数组元素的访问。

8.5 指针与字符串

在第 6 章，我们已经学习过把数组名作为 gets() 函数的参数来实现输入一行字符并将其存入一维 char 型数组，把数组名作为 puts() 函数参数来输出存储在一维 char 型数组中的字符串。本节中,将学习如何用指针作为函数参数来输入和输出存储在一维数组中的一个字符串和存储在二维 char 型数组中的多个字符串。

1. 使用指针实现一个字符串的输入和输出

已知 gets()函数的参数是一维数组的数组名,一维数组的数组名是地址也就是指针,如果定义一个指针变量 p,把数组的数组名的值存在这个指针变量 p 中,那么把 p 作为 gets()函数的参数能否实现字符串的输入呢? 例 8-16 进行了详细分析。

【例 8-16】 使用指针变量从键盘输入一个字符串并输出。

```
1    # include< stdio.h >
2    # include< string.h >
3    int main()
4    {
5        char str[20];
6        char * p;
7        p = str;
8        printf("请输入大棚的名字:");
9        gets(p);
10       printf("你输入的大棚的名字:");
11       puts(str);
12
13       return 0;
14   }
```

程序运行结果如下。

```
请输入大棚的名字:草莓大棚↙
你输入的大棚的名字:草莓大棚
```

使用函数 gets(str)是可以输入字符串存入数组 str 的,str 的值为地址,且为指向 char 型的地址。例 8-16 中,声明基类型为 char 型的指针变量 p,p 赋值为 str 的值,如第 6 行和第 7 行代码所示,使用 gets(p)和 puts(p)能完成字符串的输入和输出功能。如果将上述例子中的 gets(p)和 puts(p)语句用循环结构控制起来就能输入和输出多个字符串,那么存储多个字符串的二维 char 型数组又如何定义指针变量来操作呢? 读者可参考例 8-18 进行学习。

2. 使用指针实现字符串的处理

例 8-17 是使用指针操作字符串来实现字符串中大小写字母的转换,函数的参数为字符串。在 C 语言中,字符串是使用 char 型数组来存储和处理的,也就是说字符串为参数实际上是以存储字符串的一维字符数组为参数,所以参数的传递与一维数组作函数参数时相同。

【例 8-17】 字符串大小写字母的转换。

```
1    # include< stdio.h >
2    # include< string.h >
3
4    //实现字符串大小写字母的转换
```

```
5    void str_convert(char * p_str)
6    {
7        char * p = NULL;
8        for(p = p_str; * p!= '\0';p++)
9        {
10          if( * p > = 'A'&& * p < = 'Z')
11          {
12              * p = * p + 32;
13          }
14          else if( * p > = 'a'&& * p < = 'z')
15          {
16              * p = * p - 32;
17          }
18       }
19   }
20
21   int main()
22   {
23       char str[500] = {0};
24
25       //输入字符串
26       gets(str);
27       //转换
28       str_convert(str);
29       //输出
30       puts(str);
31       return 0;
32   }
```

程序运行结果如下。

```
HELLO12345welcome↙
hello12345WELCOME
```

例 8-17 实现的功能是从键盘输入一个字符串,将字符串中的大写字母转换成小写字母,小写字母转换成大写字母,其他字符不变。其中第 5～19 行的函数 str_convert(char * p_str)完成了字符串大小写字母的转换功能,str_convert()函数的形参为基类型为 char * 类型的指针,获取字符串的起始地址,第 28 行该函数的调用,以主函数定义的字符数组 str 的名称为实参,str 数组中存储着字符串,数组名 str 的值为存储字符串的内存的起始地址,将字符串的起始地址传递给 str_convert()函数,函数获取到起始地址,通过指针的逐个字符移动能实现对字符串中每个字符的访问。在 str_convert()函数中,首先定义了一个基类型为 char 的指针变量 p(第 7 行代码),通过循环结构实现对逐个字符的访问,循环结构语句中(第 8 行代码),从首个字符的地址开始,p 被赋值为字符串的起始地址 p_str(形参获取到实参的值),对字符(* p)进行大小写字母的判断并实现转换(第 10～18 行代码),逐次运行 p++操作,指针往后移动,直到 * p 为字符串的结束符(\0)为止。

指针对单个字符串的操作类似于指针对一维数值型数组的操作,也是从数组的起始地址开始,使用指针逐个对元素进行访问。不同之处在于,对于数值型数组的访问需要整型变量来控制访问的数据规模,而字符串的操作由特殊的字符串结束符(\0)来控制,因此字符串操作的函数并不需要设计一个整型参数来传递数组的大小。

3. 使用指向数组的指针实现多个字符串的输入、排序和输出

【例 8-18】 使用指针变量从键盘输入多个字符串并输出。

```
1   # include < stdio. h >
2   # include < string. h >
3   # define N 8
4   # define M 50
5   int main()
6   {
7       char dp_name[N][M] = {0};        //定义二维数组存放所有大棚的名字
8       char( * p)[M];
9       //输入
10      for(p = dp_name;p < dp_name + N;p++)
11      {
12        printf("请输入第 % d 个大棚的名字: ",p - dp_name + 1);
13        gets( * p);
14      }
15      //输出
16      for(p = dp_name;p < dp_name + N;p++)
17      {
18        puts( * p);
19      }
20
21      return 0;
22  }
```

程序运行结果如下。

```
请输入第 1 个大棚的名字: 奶油草莓大棚 1 ↙
请输入第 2 个大棚的名字: 奶油草莓大棚 2 ↙
请输入第 3 个大棚的名字: 巧克力草莓大棚 1 ↙
请输入第 4 个大棚的名字: 巧克力草莓大棚 2 ↙
请输入第 5 个大棚的名字: 巧克力草莓大棚 3 ↙
请输入第 6 个大棚的名字: 红颜草莓大棚 1 ↙
请输入第 7 个大棚的名字: 红颜草莓大棚 2 ↙
请输入第 8 个大棚的名字: 红颜草莓大棚 3 ↙
奶油草莓大棚 1
奶油草莓大棚 2
巧克力草莓大棚 1
巧克力草莓大棚 2
巧克力草莓大棚 3
红颜草莓大棚 1
红颜草莓大棚 2
红颜草莓大棚 3
```

例 8-18 中,二维数组 dp_name 用于存放多个字符串,该数组可以看成一个由 8 个一维数组组成的数组(宏常量 N 的值为 8),每一行存储一个字符串,那么需要从 gets(dp_name[0])一

直到 gets(dp_name[7]),用指针变量 p 的来引用 dp_name[i](i 从 0 到 7),p 指向类型为 dp_name[i]的类型,dp_name[i]的类型是长度为 M 的基类型为 char 型的一维数组,所以指针变量 p 的声明如第 8 行代码所示,p 的定义形式为"char(＊p)[M];",p 称为指向数组的指针,p 要被赋值为 pd_name[i]的地址,从前一节的知识知道,二维数组的数组名的值为 pd_name[0]的地址,因此如第 10 行代码所示,在循环结构中,p 的初值赋值为 dp_name,＊p 就等价于 dp_name[0],第 13 行 gets(＊p)就能实现 gets(dp_name[0])同样的效果,即输入一个字符串存入二维数组的第一行中,而随着 p++的运行,p 的值逐行变化,p 依次指向了每一行数组,通过循环体 gets(＊p)语句的运行,在 p＜dp_name＋N 的控制下,实现了输入 N 个字符串存入二维数组的 N 行中。同理,第 16~19 行的代码,在循环结构的控制下,随着 p++的运行,循环体语句 puts(＊p)实现了将二维数组中每行存储的字符串依次输出。

例 8-19 展示了如何用指向数组的指针操作二维数组,实现字符串排序。

【例 8-19】 用指向数组的指针操作二维数组,实现字符串排序。

```
1    # include < stdio. h >
2    # include < string. h >
3    # define N 5
4    # define M 20
5
6    int main()
7    {
8        char name[N][M] = {"刘一","陈二","张三","李四","王五"},temp[M];
9        char (＊p)[M];
10       int i = 0;
11
12       //冒泡排序,升序
13       for(i = 1;i < N;i++)
14       {
15         for(p = name;p <= name + N - 1 - i;p++)
16         {
17             if(strcmp(＊p, ＊(p + 1)) > 0)
18             {
19                 strcpy(temp, ＊p);
20                 strcpy(＊p, ＊(p + 1));
21                 strcpy(＊(p + 1),temp);
22             }
23
24         }
25       }
26
27       //输出
28       for(p = name;p < name + N;p++)
29       {
30         puts(＊p);
31       }
32
33       return 0;
34   }
```

程序运行结果如下。

```
陈二
李四
刘一
王五
张三
```

例 8-19 使用指向数组的指针变量 p 操作二维数组实现了使用冒泡排序法对字符串的升序排序。程序第 8 行代码定义二维 char 型数组,并赋值了 5 个名字(宏常量 N 为 5)。第 13 行代码,冒泡排序的第一个循环结构,有 N 个名字则控制排 N−1 轮,第 15 行的循环语句,控制每轮排序的时候,从第一个名字开始(即 p 指向第一个字符串,所以把二维数组名 name 赋值给 p),每个名字(＊p)逐个和后一个名字(后一个名字的地址是 p+1,后一个名字即＊(p+1))比大小(第 17 行代码),如果较大就交换两个名字的位置(第 19~21 行代码),直到 p 的值增加到每轮要比较的名字的地址为 name+N−1−i。

当字符串排序的时候,交换字符串的值需要进行大量的字符复制操作,效率比较低,下一节将介绍指针数组,利用指针数组进行字符串的排序将有效解决这一问题。

8.6 指针数组

第 23 集
微课视频

如果数组元素的基类型是指针类型,那么这样的数组称为指针数组。示例如下。

```
1    char * pStr[8];
```

以上示例表示定义了一个大小为 8 的数组,数组名为 pStr,数组的基类型为 char ＊ 类型,也就是 pStr 数组的每个元素存储的值应该为地址,pStr 为指针数组。指针数组元素的赋值和使用如下所示。

```
1    char str[20], * pStr[8];
2    pStr[0] = str;
3    gets(pStr[0]);
```

上面程序段第 1 行定义了一个字符数组 str 和一个指针数组 pStr,第 2 行将字符数组的数组名 str 的值赋值给了指针数组的下标为 0 的元素,str 的值为字符数组的起始地址,所以 pStr[0] 的值为字符数组的起始地址,通过"gets(str);"语句可以输入一个字符串存入数组 str,而 pStr[0] 的值等价于 str,因此第 3 行语句"gets(pStr[0]);"能够实现输入一个字符串存入字符数组 str 中。接下来通过例 8-20 说明如何使用指针数组实现多个字符串的输入、排序和输出。

【例 8-20】 使用指针数组实现多个字符串的输入、排序和输出。

```
1    # include < stdio. h >
2    # include < string. h >
```

```
3     #define N 5
4     #define M 20
5
6     int main()
7     {    char name[N][M] = {'\0'};
8         char * pStr[N] = {NULL}, * ptemp = NULL;
9         int i = 0, j = 0;
10
11        //给指针数组元素赋值
12        for(i = 0; i < N; i++)
13        {
14            pStr[i] = name[i];
15        }
16
17        //输入多个字符串存入二维数组 name
18        printf("请输入 %d 个名字：\n", N);
19        for(i = 0; i < N; i++)
20        {
21            gets(pStr[i]);          //等价于 gets(name[i]);
22        }
23
24        //排序前输出显示一下 name 中的字符串
25        printf("\nname 数组中名字顺序为\n");
26        for(i = 0; i < N; i++)
27        {
28            puts(name[i]);
29        }
30
31        //冒泡排序,升序
32        for(i = 1; i < N; i++)
33        {
34            for(j = 0; j <= N - 1 - i; j++)
35            {
36                if(strcmp(pStr[j], pStr[j + 1]) > 0)
37                {
38                    //交换 pStr[j]和 pStr[j + 1],交换地址
39                    ptemp = pStr[j];
40                    pStr[j] = pStr[j + 1];
41                    pStr[j + 1] = ptemp;
42                }
43            }
44        }
45
46        //排序后的字符串输出
47        printf("\n 名字升序排序为\n");
48        for(i = 0; i < N; i++)
49        {
50            puts(pStr[i]);
51        }
52
53        //按下标顺序把 name 数组中的字符串输出
```

```
54        printf("\nname 数组中名字顺序为\n");
55        for(i = 0;i < N;i++)
56        {
57          puts(name[i]);
58        }
59        return 0;
60      }
```

程序运行结果如下。

```
请输入 5 个名字:
刘一↙
陈二↙
张三↙
李四↙
王五↙

name 数组中名字顺序为
刘一
陈二
张三
李四
王五

名字升序排序为
陈二
李四
刘一
王五
张三

name 数组中名字顺序为
刘一
陈二
张三
李四
王五
```

例 8-20 实现了使用指针数组来对保存在二维数组中的多个字符串排序输出,但是二维数组中的字符串并没有如同例 8-19 中一样存放顺序改变,只是将字符串按大小顺序输出了。程序中定义了一个指针数组 pStr(第 8 行代码),通过第 12～15 行的循环结构,将二维数组 name 每一行的起始地址存于指针数组 pStr 的每个元素中,接下来利用指针数组元素的值使用 gets()函数输入字符串的值存入二维数组的每一行(第 18～22 行代码),通过第 26～29 行的循环结构执行 puts(name[i])可以看出键盘输入的字符串按输入顺序依次存放到了二维数组 name 中,第 32～34 行代码采用冒泡排序法对指针数组 pStr 中的元素(值为地址)进行排序,需要注意的是并不是对数组 pStr 各元素的值(地址)进行大小比较和交换,而是比较数组 pStr 各元素的值指向的存储空间所存储的字符串的大小,以此为依据,交换

pStr[j]和 pStr[j+1]的值(第 39~41 行代码),从而实现按照数组 pStr 中地址的顺序所指向的存储空间的字符串是从小到大的顺序的(name 数组中字符串并没有移动)。比如,排序前 pStr[0]存放的是 name[0]的值即"刘一"的起始地址,排完序后,pStr[0]存放的是 name[1]的值即"陈二"的起始地址,也就是实现了在数组 pStr 中将字符串的地址按字符串的大小有序存放从而实现字符串的排序,如图 8-6 所示。最后可以看到第 47~51 行的代码,通过循环结构输出了排序后的字符串,而第 54~58 行代码数组 name 中字符串还是输入时的顺序。

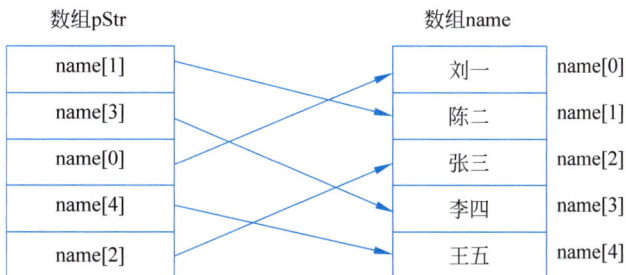

图 8-6 指针数组实现字符串排序

接下来进一步重构例 8-20,指针数组 pStr 也是数组,同样可以用指针变量来引用数组的元素,数组 pStr 元素的值是地址,操作数组的指针变量要指向数组的元素的类型,那么需要定义指向指针的指针变量来操作数组 pStr,同时将字符串输入、排序、输出的代码进行函数封装,如例 8-21 所示。

【例 8-21】 指针操作指针数组实现字符串排序。

```
1    # include < stdio. h>
2    # include < string. h>
3    # define N 5
4    # define M 20
5
6    //输入字符串
7    void f_input_str(char ( * pName)[M])
8    {
9        int i = 0;
10       for(i = 0;i < N;i++)
11       {
12          gets( * pName);
13          pName++;
14       }
15   }
16
17   //排序
18   void f_sort(char ( * pName)[M],char * pStr[N])
19   {
20       char ** p = NULL, * ptemp = NULL;        //p 指针用来访问数组 pStr 的元素
21       int i = 0;
```

```
22
23        //给指针数组赋值
24        for(p = pStr;p < pStr + N;p++)
25        {
26            * p = * pName;
27            pName++;
28        }
29
30        //排序
31        for(i = 1;i < N;i++)
32        {
33            for(p = pStr;p < = pStr + N - 1 - i;p++)
34            {
35                if(strcmp( * p, * (p + 1))> 0)
36                {
37                    ptemp = * p;
38                    * p = * (p + 1);
39                    * (p + 1) = ptemp;
40                }
41            }
42        }
43    }
44
45    //输出排序后的字符串
46    void f_output_str(char * pStr[N])
47    {
48        char ** p = NULL;
49        for(p = pStr;p < pStr + N;p++)
50        {
51            puts( * p);
52        }
53
54    }
55
56    int main()
57    {
58        char name[N][M] = { '\0'};
59        char * pStr[N] = {NULL};
60
61        //输入字符串存入 name 数组
62        printf("请输入 5 个名字: \n");
63        f_input_str(name);
64
65        //排序
66        f_sort(name,pStr);
67
68        //排序后的字符串
69        printf("\n 名字升序排序为\n");
70        f_output_str(pStr);
71
72        return 0;
73    }
```

程序运行结果如下。

```
请输入 5 个名字：
刘一↙
陈二↙
张三↙
李四↙
王五↙

名字升序排序为
陈二
李四
刘一
王五
张三
```

例 8-21 实现了与例 8-20 同样的功能，第 7～15 行代码定义的函数 f_input_str(char
(＊pName)[M])实现了字符串的输入存储，此函数以指向字符串的指针作函数参数，主函
数中调用此函数时实参为二维数组 name 的数组名的值(第 63 行代码)，传递的是数组的起
始地址。第 18～43 行代码定义的函数 f_sort(char (＊pName)[M],char ＊pStr[N])实现
了字符串逻辑意义上的排序是对例 8-20 第 12～15 行和第 32～44 行代码的封装，主函数中
调用此函数"f_sort(name,pStr)"的实参为 name 数组的起始地址和 pStr 数组的起始地址，
即通过传递数组的地址将数组传递给函数使用，在函数内第 20 行代码处，定义了一个指针
变量 p 来访问数组 pStr，因为 pStr 数组的基类型为指针类型，而指针变量 p 要访问数组的
元素，那么 p 要定义为指向指针类型的指针，所以 p 定义中为"char ＊＊"类型，称为指向指
针的指针，第 24 行循环结构中，p 赋初值为形参 pStr 的值，而形参 pStr 是得到主函数中实
参 pStr 的值，所以第 24 行代码中 p 得到了主函数中指针数组的起始地址，此时＊p 等价于
pStr[0]。第 26 行代码中，＊pName 的值赋值给＊p，形参 pName 得到实参 name 的值即二
维数组的行指针，＊pName 此时就等价于 name[0]，相当于把 name[0] 的值赋值给＊p，也
就是相当于把 name 数组第一行的起始地址赋值给指针数组 pStr 的第一个元素，随着
p＋＋和 pName＋＋的运行，＊p 能访问到指针数组的每一个元素，并将 name 数组每一行
的起始地址(即字符串的起始地址)赋值到指针数组中，同理第 31～43 行的排序代码，是使
用指针变量 p 引用指针数组的元素，逐个比较＊p 和＊(p＋1)所指向的字符串的大小，交换
指针数组中元素的值(地址)的排列，从而实现了使用指向指针的指针变量引用指针数组的
元素实现了对字符串的访问和排序，程序第 46～54 行代码实现了用指向指针的指针变量 p
操作指针数组，通过引用＊p 使用 puts(＊p)函数实现了字符串的按序输出。

8.7 科技前沿之光子计算机

光子计算机是一种由光信号进行数字运算、逻辑操作、信息存储和处理的新型计算机。
现有的计算机是由电流来传递和处理信息的。光子计算机以光子作为传递信息的载

体,以光互连代替导线互连,以光硬件代替电子硬件,以光运算代替电运算,利用激光来传送信号,并由光导纤维与各种光学元件等构成集成光路,从而进行数据运算、传输和存储。

1. 主要组成

光子计算机由激光器、光学反射镜、透镜、滤波器等光学元件和设备构成,靠激光束进入反射镜和透镜组成的阵列进行信息处理,以光子代替电子,光运算代替电运算。由于光子比电子速度快,光子计算机的运行速度可高达一万亿次每秒。它的存储量是现代计算机的几万倍,还可以对语言、图形和手势进行识别与合成。

2. 主要优点

(1) 超高的运算速度。光子计算机并行处理能力强,具有更高的运算速度。

(2) 超大规模的信息存储容量。光子计算机具有极为理想的光辐射源——激光器,光子的传导是可以不需要导线的,而且即使在相交的情况下,它们之间也不会产生丝毫的相互影响。光子计算机无导线传递信息的平行通道,其密度实际上是无限的。

(3) 能量消耗小,散发热量低,是一种节能型产品。光子计算机的驱动,只需要同类规格的电子计算机驱动能量的一小部分,这不仅降低了电能消耗,大大减少了机器散发的热量,而且为光子计算机的微型化和便携化研制提供了便利的条件。

3. 早期研究与发展

20 世纪 50 年代,科学家提出利用光进行信息处理的概念;20 世纪 60 年代,激光的发明(1960 年)为光子计算机的发展提供了关键技术;20 世纪 70 年代,科学家开始研究光学逻辑门和光学存储技术,1970 年,贝尔实验室的研究人员提出了光学计算的基本原理;20 世纪 80 年代,科学家开始研究光学计算设备,成功实现了光学逻辑门和光学存储器的原型机,1982 年,Richard Feynman(理查德·费曼)提出了量子计算的概念,为光子计算机的发展提供了新的方向;20 世纪 90 年代,研究人员成功实现了光学互联和光学并行处理的原型机,1994 年,Peter Shor(彼得·肖尔)提出量子算法,展示了量子计算机在解决某些问题上的巨大潜力。

4. 现代进展

进入 21 世纪,光子计算技术逐渐成熟,出现了基于光子的量子计算机原型。2021 年,潘建伟团队研制出基于 255 个光子的量子计算原型机"九章二号",其完成玻色取样任务的速度比当时最快的超级计算机快 10^{24} 倍。这一成就不仅展示了光子计算机在运算速度上的巨大优势,也预示着其在未来计算领域的重要地位。此外,光子计算机的并行处理能力强,具有超高速运算速度,且具有与人脑相似的容错性,系统中某一元件损坏或出错时,并不影响最终的计算结果。光子在光介质中传输所造成的信息畸变和失真概率极小,光传输、转换时能量消耗和散发热量极低,对环境条件的要求比电子计算机低得多。

5. 应用前景

随着现代光学技术与计算机技术、微电子技术相结合,光子计算机在未来有望广泛应用于航空航天领域、军事领域和医疗领域等。其超高的运算速度和能量消耗小的特性,使得光子计算机在处理复杂计算任务和需要高能效比的场景中具有显著优势。

本章小结

本章介绍了有关指针的一些知识,包括指针、指针变量的基本的概念和指针运算符,并介绍了如何定义指针变量、给指针变量赋值、使用指针变量访问简单的变量,然后介绍了如何使用指针变量处理一维数组、二维数组、字符串,其中包含一维数组的指针作函数参数、二维数组的行地址和列地址、二维数组的地址作函数参数等知识,最后介绍了指针数组,以及指向指针的指针。

要注意区分指针和指针变量两个不同的概念,本章的重难点在于指针变量的定义和间接寻址的应用,再结合上函数,以指针变量作函数参数时程序的运行原理,要重点学会使用指针操作一维数组、一维字符数组(字符串),以及学会在函数封装时以指针做函数参数。

没有指针也可以实现程序的设计,本章介绍了把指针理解为操作数据的方法,它提高了程序的性能,但是可以说指针是 C 语言的精华。在第 9 章,将介绍指针更多的应用。指针的知识比较难理解,需要多练习、多实践。

本章习题

一、单选题

1. 变量的指针,其含义是指该变量的( )。
   A. 值　　　　　　B. 地址　　　　　　C. 名　　　　　　D. 一个标志
2. 若有说明：int * point＝NULL,a＝4；point＝&a;,下面均代表地址的是( )。
   A. a,point, * &a
   B. & * a,&a, * point
   C. * &point, * point,&a
   D. &a,& * point,point
3. 若有说明：int * p＝NULL,m＝5,n;,以下程序段正确的是( )。
   A. p = &n;　　　　　　　　B. p = &n;
   　　scanf("%d",&p);　　　　　scanf("%d", * p);
   C. scanf("%d",&n);　　　　D. p = &n;
   　　* p = n;　　　　　　　　　* p = m;
4. 以下程序中调用 scanf()函数给变量 a 输入数值的方法是错误的,其错误原因是( )。

```
int main()
{
    int * p = NULL, * q = NULL,a,b;
    p = &a;
    printf("input a:");
    scanf("%d", * p);
    …
    return 0;
}
```

   A. * p 表示的是指针变量 p 的地址

B. *p 表示的是变量 a 的值,而不是变量 a 的地址

C. *p 表示的是指针变量 p 的值

D. *p 只能用来说明 p 是一个指针变量

5. 运行以下程序的输出结果是(　　)。

```
int main()
{
    int a = 1,b = 3,c = 5;
    int * p1 = &a, * p2 = &b, * p = &c;
    * p = * p1 * ( * p2);
    printf("% d\n",c);
    return 0;
}
```

A. 1 　　　　　　 B. 2 　　　　　　 C. 3 　　　　　　 D. 4

6. 运行以下程序的输出结果是(　　)。

```
int main()
{
    int m = 1,n = 2, * p = &m, * q = &n, * r;
    r = p;
    p = q;
    q = r;
    printf("% d, % d, % d, % d\n",m,n, * p, * q);
    return 0;
}
```

A. 1,2,1,2 　　　 B. 1,2,2,1 　　　 C. 2,1,2,1 　　　 D. 2,1,1,2

7. 若有 sizeof(int)值为 2 字节,则定义 int a[]={10,20,30}, * p=a;,当执行 p++ 后,下列说法错误的是(　　)。

A. p 向高地址移了 1 字节 　　　　　 B. p 向高地址移了一个存储单元

C. p 向高地址移了 2 字节 　　　　　 D. p 与 a+1 等价

8. 若有以下程序段,则 b 的值是(　　)。

```
int a[10] = {1,2,3,4,5,6,7,8,9,10}, * p = &a[3],b;
b = p[5];
```

A. 5 　　　　　　 B. 6 　　　　　　 C. 7 　　　　　　 D. 9

9. 若有以下定义,则对数组 a 中元素的正确引用是(　　)。

```
int a[5] = {11,43,23,45,8}, * p = a;
```

A. * &a[5] 　　　 B. a+2 　　　　　 C. * (p+5) 　　　 D. * (a+2)

10. 运行以下程序的输出结果是(　　)。

```
void fun(char * c,int d)
{
    * c = * c + 1;
    d = d + 1;
    printf("% c, % c,", * c,d);
```

```
}
int main()
{
    char a = 'A',b = 'a';
    fun(&b,a);
    printf("%c,%c\n",a,b);
    return 0;
}
```

　　A. B,a,B,a　　　　　　B. a,B,a,B　　　　　C. A,b,A,b　　　　　D. b,B,A,b

二、填空题

　　1. 设有定义：int n, * k＝&n;，以下语句将利用指针变量 k 读写变量 n 中的内容,请将语句补充完整。

```
scanf("%d",_____);
printf("%d\n",_____);
```

　　2. 补全以下语句内容用于计算两个整数之和,并通过指针形参 z 得到 x 和 y 相加后的结果。

```
void Add(int x, int y, _____ z)
{
    _____ = x + y;
}
```

　　3. 有以下定义和语句,则 * (p[0]＋1)所代表的数组元素是_____。

```
int a[3][2] = {1,2,3,4,5,6,}, * p[3];
p[0] = a[1];
```

　　4. 如下程序的运行结果是_____。

```
#include< stdio.h>
int main()
{
    static int a[ ][4] = {1,3,5,7,9,11,13,15,17,19,21,23};
    int ( * p)[4],i = 1,j = 2;
    p = a;
    printf("%d\n", * ( * (p + i) + j));
    return 0;
}
```

　　5. 补全以下语句内容以实现函数 strcmp()的功能,即比较两个字符串的大小,将两个字符串中第一个出现的不相同字符的 ASCII 值之差作为比较的结果返回。返回值大于 0,表示第一个字符串大于第二个字符串;返回值小于 0,表示第一个字符串小于第二个字符串;当两个字符串完全一样时,返回值为 0。

```
int MyStrcmp(char * p1, char * p2)
{
    for (; * p1 == * p2; p1++, p2++)
    {
        if ( * p1 == '\0') return _____;
    }
```

```
        return _____ ;
    }
```

6. 运行以下程序后,a 的值为 _____ ,b 的值为 _____ 。

```
# include < stdio. h >
int main( )
{
    int a, b, k = 4, m = 6, * p1 = &k, * p2 = &m;
    a = p1 == &m;
    b = ( * p1)/( * p2) + 7;
    printf("a = % d\n",a);
    printf("b = % d\n",b);
    return 0;
}
```

7. 函数 f( )的功能是:将 s 所指字符串中的数字字符摘出并进行相加,输出累加和。请补全下列语句以实现函数 f( )的功能。

```
void f (char * s)
{
    int sum = 0 , i;
    for (i = 0; _____ ; i++)
        if ((s[i] < = '9') && (s[i] > = '0'))
            _____ ;
    printf(" % d", sum);

}
```

8. 补全以下语句内容,实现从键盘输入一个字符串 a,将字符串 a 复制到字符串 b 中,再输出字符串 b。也就是编程实现字符串复制函数 strcpy( )所能实现的功能,但不能使用字符串复制函数 strcpy( )。

```
# include < stdio. h >
int main( )
{
    char a[80],b[80]; int i;
    printf("Enter a string:");
    gets(a);
    for(i = 0;_____ ;i++)
    {
        b[i] = _____ ;
    }
    b[i] = _____ ;
    printf("String b is: % s\n",b);
    return 0;
}
```

9. 下列程序的运行结果为 _____ 。

```
# include < stdio. h >
int main( )
{
    int a[] = {1,2,3,4,5};
```

```
    int  * p = a;
    printf("% d,", * p);
    printf("% d,", * (++p));
    printf("% d,", ( * p)++);
    printf("% d,", * p);
    printf("% d\n", * p--);

.. return 0;

}
```

10. 若有以下定义和语句,则对数组元素 s[1][1]的正确引用形式是_____。

```
int  s[4][5],( * ps)[5];
ps = s;
```

三、编程题

1. 用指针编程实现:连续输入若干字符,统计其中的大写字母、小写字母、数字和其他字符的个数。

2. 用指针编程实现:从键盘输入 10 个成绩,把成绩降序排序并输出。

3. 编程实现(用指针访问):输入一串字符串,把它变为反串(相反字符串)后再输出。例如,字符串"AbcXYz"的反串为"zYXcbA"。

4. 用指针编程实现:设计一个自定义函数 void Swap2(int * a,int * b),从键盘任意输入两个整数,通过调用这个自定义函数来实现两数交换。

5. 用指针编程实现:自定义函数 void Readscore(int score[],int num[],int * max,int * n),该函数能输入若干学生的成绩和学号(成绩为-1 为止),通过指针返回最高分及人数;自定义函数 void Print(int * ps,int * pn,int n)输出 n 个学生的分数与学号。在主函数中验证自定义函数的功能。

6. 统计重复字符。输入一串字符(字符数小于 80),以回车表示输入结束,编程计算并输出这串字符中连续重复次数最多的字符和重复次数。如果重复次数最多的字符有两个,则输出最后出现的那一个。

已知函数原型为 Void CountRepeatStr(char str[]),函数功能为统计字符串中连续重复次数最多的字符及其重复的次数,函数参数 str 指向待统计的字符串,函数无返回值。

第9章

结 构 体

引言

　　C 语言有非常丰富的数据类型,在前面章节,我们经常使用的是几种基本的数据类型,如 char、int、float、double 等类型,在基本数据类型的基础上,C 语言还提供了数组类型和指针类型,这些数据类型都是系统定义的,可以直接使用。此外,C 语言还支持用户构造自己需要的数据类型以满足用户多维的数据处理需求。用户在程序中自己定义的数据类型称为用户自定义数据类型,在已定义的数据类型的基础上,用户可以构造结构体类型、枚举类型、位域型、联合型 4 种自定义数据类型,进一步还可以定义相应数据类型的变量、数组和指针等。从前面章节的程序案例也可以看出,基本数据类型不够使用,不同类型的批量数据存储各需要一个数组,只能依靠下标将同一对象的数据联系起来,而利用自己定义的数据类型,就能够把不同类型的数据整合在一起。

本章导读

　　本章将介绍结构体类型定义的方法,如何进行结构体类型变量定义和成员赋值,如何使用结构体数组,以及如何使用指针操作结构体数组,并结合函数、指针、结构体数组进行综合应用编程。

重点内容

(1) 结构体类型的定义。

(2) 结构体类型变量成员的赋值和使用。

(3) 结构体类型数组的使用。

(4) 指针操作结构体数组。

(5) 函数、指针、结构体数组综合编程。

世界计算机名人——夏培肃

　　夏培肃(见图 9-1),这个名字在我国计算机科学史上有着举足轻重的地位。她被誉为"中国计算机事业的奠基人之一",一生致力于计算机科学与技术的研究与教育事业,为中国计算机事业的发展做出了不可磨灭的贡献。

　　夏培肃早年留学英国,专攻电子工程,后转入计算机领域深造。在国外求学期间,她刻苦钻研,积累了丰富的知识和经

图 9-1　夏培肃

验。然而,听到来自祖国的召唤,她毅然放弃了国外优越的工作和生活条件,于1956年回国,投身中华人民共和国计算机事业的初创阶段。

回国后,夏培肃面对的是一穷二白的局面。没有先进的设备,没有充足的资料,但她凭借着对科学的热爱和坚定的信念,带领团队从零开始,逐步攻克了一个又一个技术难关。她亲自参与了中国第一台电子计算机——107计算机的研制工作,并为其编写了基本指令系统,奠定了中国计算机事业的基础。

除了科研成就之外,夏培肃还非常重视人才培养和教育工作。她深知计算机科学的未来在于年轻一代的成长和发展。因此,她积极参与计算机教育事业的建设和发展,为培养我国自己的计算机专业人才倾注了大量心血。

爱国情怀与责任担当

夏培肃放弃国外优厚待遇,回国投身计算机事业的壮举,体现了深厚的爱国情怀和强烈的责任担当。这启示我们要将个人的发展与国家的前途命运紧密相连,为实现中华民族的伟大复兴贡献自己的力量。

勇于探索与不懈追求

面对国内计算机事业初创阶段的种种困难,夏培肃没有退缩,而是勇于探索、不懈追求。这种精神激励我们在学习和科研中要敢于挑战、勇于创新,不断攀登科学的高峰。

坚定信念与持之以恒

夏培肃一生致力于计算机科学事业,始终坚守自己的信念和追求。这种持之以恒的精神是我们学习的榜样。在学习和生活中,我们要坚定信念、持之以恒地追求自己的目标和理想。

9.1 结构体类型的定义

数组是相同类型的数据的集合,结构体类型是不同数据类型的数据的集合,便于用户处理多元数据对象。结构体类型中的不同数据类型的数据成员从逻辑意义上来说是相互关联的,并且属于同一个整体。比如进行班级学生信息管理时,每个学生信息包含学号、姓名、年龄、生源地址、成绩等多个不同类型的信息,如果不使用结构体类型,只能用多个不同数据类型的数组来分别存储这些信息,而语法上分离的多个数组处理起来非常麻烦,C语言提供了结构体类型,使得用户能够把同一个学生的多项不同类型的信息组合在一起作为一个整体,作为一个变量来处理,程序的编写就变得非常方便和高效了。

结构体类型定义的一般格式如下。

```
struct 结构体类型名
{
    数据类型 1 成员名 1;
    数据类型 2 成员名 2;
    …
    数据类型 n 成员名 n;
};
```

其中,结构体类型定义的关键字是 struct。结构体类型名是用户根据自己的需要取的数据类型的名字,要求符合标识符的命名规则。类型名后跟一对花括号,并以分号结尾。花括号内包含一个或多个结构体成员,成员名是用户根据需要自己取的名字,要求符合标识符的命名规则,成员的数据类型可以是任何已经定义的数据类型,可以是 C 语言的基类型、数组类型、指针类型等,还可以是结构体类型。例如,定义一个包含学号、姓名、年龄、生源地址、成绩等数据的“学生”结构体类型,代码如下。

```
1    struct Student
2    {
3        char xuehao[11];
4        char name[20];
5        int age;
6        char addr[50];
7        float score;
8    };
```

上面的代码表示定义了一个用户自己定义的数据类型,类型名为“struct Student”,它包含 xuehao、name、age、addr、score 5 个成员,从逻辑意义上可以理解为定义了一个“学生”数据类型,可以用此类型来定义“学生”类型的变量,用来存储学号、姓名、年龄、生源地址、成绩等学生信息。

结构体类型中的成员还可以是结构体类型、指针类型,比如下面的结构体类型的嵌套定义。

```
1    struct Birthday
2    {
3        int year;
4        int month;
5        int day;
6    };
7    struct Student
8    {
9        char xuehao[11];
10       char name[20];
11       struct Birthday age;
12       char addr[50];
13       float score;
14       struct student * next;
15   };
```

第 1～6 行代码定义了结构体类型“struct Birthday”,第 7～15 行代码定义了结构体类型“struct Student”。其中“struct Student”类型的成员 age 的类型为结构体类型“struct Birthday”,因此“struct Birthday”类型要在“struct Student”类型前面定义,需要注意定义嵌套结构体类型时的先后顺序。此外,“struct Student”类型还包含一个名字叫“next”的成员,其类型为指针类型“struct student *”,指向本结构体类型。

结构体类型的定义还有以下形式。

```
1    typedef struct Student
2    {
3      char xuehao[11];
4      char name[20];
5      int age;
6      char addr[50];
7      float score;
8    }Student;
```

上面代码表示在定义结构体类型"struct Student"的同时用关键字"typedef"为结构体类型"struct Student"定义一个别名"Student",那么在后续编写程序使用结构体类型名时可以不用写成"struct Student"而直接使用"Student",更为简洁。有时候结构体类型不取名字,用"typedef"直接取别名,示例如下。

```
1    typedef struct
2    {
3      char xuehao[11];
4      char name[20];
5      int age;
6      char addr[50];
7      float score;
8    }Student;
```

上面第一行代码 struct 关键字后面没有结构体类型名,直接跟着花括号,表示定义了无名称结构体类型,但是使用关键字 typedef 为其取了别名"Student",在后续代码中直接用别名"Student"来使用此结构体类型。另外还可以为已经定义好的结构体类型定义别名,示例如下。

```
typedef struct Student Student;
```

使用 typedef 将已经定义好的数据类型"struct Student"取了个别名"Student",后续代码中可以直接使用类型名"Student",等同于使用"struct Student"。需要注意的是,此时只有数据类型"struct Student",还没有变量,"struct Student"的地位等同于"int",还不能给"struct Student"类型的成员赋值,系统也未分配存储空间,下面的写法是错误的,不能在定义结构体类型的时候给成员赋值。

```
1    struct Student
2    {
3      char xuehao[11] = {"2024010201"};
4      char name[20] = {"刘一"};
5      int age = 18;
6      char addr[50] = {"中国"};
7      float score = 90;
8    };
```

9.2　结构体变量的定义和使用

9.2.1　结构体变量的定义

只有定义了结构体类型的变量,系统才会开辟内存空间,才能存储数据。定义结构体变量的形式有 3 种,定义结构体变量的同时也可以给变量的成员赋初值。

1. 先定义结构体类型,再定义结构体变量

第一种定义结构体变量的方法,是先定义结构体类型,再定义结构体变量。在上一节已经定义了结构体类型 struct Student,接下来可以用它来定义结构体变量,格式如下。

```
1    struct Student
2    {
3       char xuehao[11];
4       char name[20];
5       int age;
6       char addr[50];
7       float score;
8    };
struct Student stu1,stu2;
```

上面的代码表示,定义了两个变量 stu1 和 stu2,它们是 struct Student 类型,系统将会分别为它们开辟 sizeof(struct Student)大小的内存空间,它们分别都有 xuehao、name、age、addr、score 成员。如果类型 struct Student 已经被定义为 Student 的名字,那么也可以写成如下形式。

```
Student stu1,stu2;
```

此外,也可以在定义结构体变量的同时给变量的成员赋初值,如下所示。其中,花括号内的常量值依次给变量的成员赋值。

```
struct Student stu1 = {"2024010201","刘一",18,"湖南",0},stu2 = {"2024010202","陈二",19,"四川",0};
```

2. 定义结构体类型的同时定义结构体变量

第二种定义结构体变量的形式,是在定义结构体类型的同时定义结构体变量,直接将要定义的变量写在结构体类型定义的花括号后面,最后以分号结束,形式如下。

```
1    struct Student
2    {
3       char xuehao[11];
4       char name[20];
5       int age;
6       char addr[50];
7       float score;
8    }stu1,stu2 = {"2024010202","陈二",19,"四川",0};
```

上面代码定义了结构体类型 struct Student,同时还定义了该类型的两个变量 stu1 和
stu2,并且给 stu2 变量赋了初值,花括号内的各个常量值依次赋值给 stu2 的各成员。

3. 定义无名称结构体类型的同时定义结构体变量

第三种定义结构体类型变量的方法,是定义无名称结构体类型的同时定义结构体变量,
如下所示。

```
1    struct
2    {
3      char xuehao[11];
4      char name[20];
5      int age;
6      char addr[50];
7      float score;
8    }stu1,stu2 = {"2024010202","陈二",19,"四川",0};
```

这种方法省略了结构体类型名,后续代码无法用此类型以上述第一种定义形式来定义
结构体变量。

结构体变量被定义之后,系统会为其分配连续的存储空间,该片存储空间依次分配给该
变量的成员。

9.2.2　结构体变量成员的使用

当定义了结构体变量后,可以使用结构体变量的名字给结构体变量赋值,但是要输入数
据存储到结构体变量中或者使用结构体变量里的数据,只能通过结构体变量的成员来操作。
结构体变量成员的引用通过运算符“.”来实现,格式如下。

> **结构体变量名.成员名**

“.”为结构体成员引用运算符,自左向右结合,例如 stu2. score 表示引用 stu2 这个结构
体的 score 成员,当结构体成员又是结构体时候,需要逐级引用,引用格式为“外层结构体变
量名.外层成员名.内层成员名”,比如前面定义过的结构体变量成员 age 又是结构体类型,数
据输入和输出的时候,不能直接使用 age 成员,需要引用 age 成员的成员,如 stu1. age. year
形式。

结构体变量成员的使用同一般变量一样,比如上一节已经定义了一个 struct Student
类型的变量 stu1,先从键盘输入一个学生的学号、姓名、年龄、住址、成绩信息并将其存储到
stu1 里面,再输出 stu1 的信息,示例如下。

【例 9-1】　结构体变量数据的输入和输出。

```
1    # include < stdio. h>
2    # include < string. h>
3    struct Student
4    {
5      char xuehao[11];
6      char name[20];
```

```
7        int age;
8        char addr[50];
9        float score;
10    };
11    typedef struct Student Student;
12    int main()
13    {
14       Student stu1;
15
16       printf("请输入学号: ");
17       gets(stu1.xuehao);
18       printf("请输入姓名: ");
19       gets(stu1.name);
20       printf("请输入年龄: ");
21       scanf("%d",&stu1.age);
22       getchar();
23       printf("请输入生源地址: ");
24       gets(stu1.addr);
25       printf("请输入成绩: ");
26       scanf("%f",&stu1.score);
27       getchar();
28
29       printf("\n你输入的学生信息为\n\n");
30       printf("学号:%s\n",stu1.xuehao);
31       printf("姓名:%s\n",stu1.name);
32       printf("年龄:%d\n",stu1.age);
33       printf("生源地址:%s\n",stu1.addr);
34       printf("成绩:%.2f\n",stu1.score);
35       return 0;
36    }
```

程序运行结果如下。

```
请输入学号: 2024010201 ↙
请输入姓名: 刘一↙
请输入年龄: 18 ↙
请输入生源地址: 上海↙
请输入成绩: 90 ↙

你输入的学生信息为

学号:2024010201
姓名:刘一
年龄:18
生源地址:上海
成绩:90.00
```

上面程序第 3~10 行代码定义了结构体类型 struct Student。第 11 行代码将该结构体
类型名别名定义为"Student"。第 14 行代码定义了结构体变量 stu1。第 17 行代码输入了
字符串"2024010201"并存入了 stu1.xuehao 中,stu1.xuehao 为字符数组,所以使用了 gets()

函数,以数组名 stu1. xuehao 作 gets()函数的参数。第 19 行代码输入了姓名并存入 stu1. name 成员。第 21 行代码输入了年龄并存入 stu1. age 成员,stu1. age 为 int 型,所以和普通的 int 型数据输入一样用"%d"格式符。第 24 行代码输入了生源地址"上海"并存入了 stu1. addr 成员中。第 25 行代码输入了成绩并存入了 float 型的成员 stu1. score 中。第 29～34 行代码输出了 stu1 变量的各成员的值,即输出了学生的各项信息。

假设还定义了一个 struct Student 类型的变量 stu2,可以使用如下语句将学生信息全部进行赋值。

```
stu2 = stu1;
```

使用变量名 stu1 通过赋值语句将该变量所分配的内存中存储的数据全部复制到 stu2 的存储空间中,实现了成员值的依次赋值,stu2 各成员的值和 stu1 各成员的值相同。

9.2.3 通过结构体变量的指针引用成员

类似于基本数据类型,也可以使用指针变量来操作结构体类型数据,本节介绍指向结构体变量的指针以及如何通过指针来间接引用结构体变量的成员。定义指向结构体类型的指针变量的格式如下。

结构体类型名 * 指针变量名;

例如,例 9-1 中定义了结构体类型 struct Student 和该类型的变量 stu1,想用指针变量 p 来间接操作变量 stu1,指针变量定义和赋值如下所示。

```
struct Student * p;
p = &stu1;
```

p 指针要指向 stu1,那么 p 要定义为指向变量 stu1 的类型的指针变量,并且将 stu1 的地址赋值给 p,这个时候 * p 就等价于 stu1 了,接下来就可以用 p 指针来引用 stu1 的成员。使用指针变量引用结构体变量的成员的方式有两种,如下所示。

第一种方式:(* 指针变量). 成员名
第二种方式:指针变量 ->成员名

第一种方式,指针变量所指向的对象就是结构体变量,再使用结构体成员引用运算符"."对成员进行引用,需要注意的是"*"运算符的优先级低于"."运算符,而指针变量要先和"*"进行结合运算,所以要将"* 指针变量"用括号括起来。第二种方式是使用指向结构体成员的运算符"−>"。两种方式等效,可以任意使用,使用指针 p 来引用结构体变量 stu1 的成员进行数据输入的方式如下所示。

```
Student stu1, * p = &stu1;
gets(( * p). xuehao);                //或者 gets(p -> xuehao);
```

```
gets(p->name);                 //或者 gets((*p).name);
scanf("%d",&((*p).age));       //或者 scanf("%d",&(p->age));
gets(p->addr);                 //或者 gets((*p).addr);
scanf("%f",&(p->score));       //或者 scanf("%f",&((*p).score));
```

上面的语句可以替代例9-1中的数据输入部分。同理,stu1 成员的数据的输出也可以使用指针来类似地操作。当使用指针的时候,一定要注意的是要给指针变量赋值,让指针指向结构体变量,否则会出现内存的非法引用,导致程序崩溃。

9.2.4　结构体变量作函数参数

结构体变量的成员、结构体变量、结构体的指针都可以作为函数的参数进行数据的交互,类型为基类型或者数组型的结构体成员独立作为函数参数的使用方法与普通的变量作函数参数的使用方法一样,本节将重点介绍结构体变量作函数参数和结构体指针作函数参数的使用方法。引入模块化程序设计思想,对例9-1进行重构,将第16～27行代码数据输入部分进行函数封装,第29～34行代码数据的输出部分进行函数封装。

1. 直接以结构体变量作函数参数

首先设计函数,直接以结构体变量作函数参数,重构例9-1,解释程序的运行过程。

【例9-2】　对例9-1进行重构:直接以结构体变量作函数参数。

第24集
微课视频

```
1    #include<stdio.h>
2    #include<string.h>
3    struct Student
4    {
5      char xuehao[11];
6      char name[20];
7      int age;
8      char addr[50];
9      float score;
10   };
11   typedef struct Student Student;
12
13   void stu_input(Student stu1)
14   {
15     printf("请输入学号: ");
16     gets(stu1.xuehao);
17     printf("请输入姓名: ");
18     gets(stu1.name);
19     printf("请输入年龄: ");
20     scanf("%d",&stu1.age);
21     getchar();
22     printf("请输入生源地址: ");
23     gets(stu1.addr);
24     printf("请输入成绩: ");
25     scanf("%f",&stu1.score);
26     getchar();
```

```
27      }
28
29      void stu_output(Student stu1)
30      {
31        printf("\n 你输入的学生信息为\n\n");
32        printf("学号: % s\n",stu1.xuehao);
33        printf("姓名: % s\n",stu1.name);
34        printf("年龄: % d\n",stu1.age);
35        printf("生源地址: % s\n",stu1.addr);
36        printf("成绩: % .2f\n",stu1.score);
37      }
38
39      int main()
40      {
41        Student stu1;
42        stu_input(stu1);
43        stu_output(stu1);
44        return 0;
45      }
```

程序运行结果如下。

```
请输入学号: 2024010201↙
请输入姓名: 刘一↙
请输入年龄: 18↙
请输入生源地址: 上海↙
请输入成绩: 90↙

你输入的学生信息为

学号:烫烫烫烫烫烫烫烫烫烫烫烫烫烫烫烫烫烫烫烫烫烫烫烫烫烫烫烫烫烫烫烫烫烫烫烫
烫烫烫烫烫烫?@
姓名:烫烫烫烫烫烫烫烫烫烫烫烫烫烫烫烫烫烫烫烫烫烫烫烫烫烫烫烫烫烫烫烫烫烫烫烫
绦@
年龄: - 858993460
生源地址:烫烫烫烫烫烫烫烫烫烫烫烫烫烫烫烫烫烫烫烫烫烫烫烫烫?@
成绩: - 107374176.00
```

第 1~11 行代码同例 9-1 的第 1~11 行代码。第 13~27 行代码将例 9-1 程序中第 16~27 行代码数据输入的功能进行了函数封装,设计了函数 void stu_input(Student stu1)。第 29~37 行代码将例 9-1 程序中第 29~34 行代码数据输出的功能进行了函数封装,设计了函数 void stu_output(Student stu1)。主函数中声明了结构体变量 stu1,然后调用函数 stu_input(stu1)进行数据输入,调用函数 stu_output(stu1)进行数据输出。但是从程序运行结果来看,输出的数据是乱码,这是为什么呢? 原因在于主函数调用 stu_input(Student stu1) 函数进行数据输入时候,输入的数据并没有存入主函数的 stu1 变量中。stu_input()函数的形参为 struct Student 类型,函数调用的时候,系统会给形参 stu1 开辟内存空间,实参 stu1(主函数中声明的变量 stu1)的值(虽然此时实参 stu1 在主函数中并没有赋值,值是随机的)传递给形参 stu1,然后执行函数,输入的数据都存入了形参 stu1 的各个成员中,也就是存入了给形参 stu1 分配的存储空间中,而并没有存入实参 stu1 的存储空间中。随着函数调用的结束,形参 stu1 的存储空间释放掉了,回到主函数,继续执行调用函数 stu_output(),实参 stu1(主函数中的 stu1)的值传递给该函数的形参 stu1,而由前面程序的执行过程知道,主函数 stu1 并没有被赋值,还是声明变量时产生的随机值,所以这些随机值也被赋值给了 stu_output()函数中的 stu1 变量,因此在 stu_output()函数输出时就是乱码。

可以看出,出现乱码的原因就在于调用 stu_input()函数时以结构体变量作函数参数并没有真正地把数据存储到主函数的 stu1 中。要解决这个问题,形参必须要用指针,接下来介绍结构体变量的指针作函数参数的使用方法,并重构例 9-2。

2. 以结构体变量的指针作函数参数

结构体变量的指针作函数参数,形参设计为指向结构体类型的指针变量,调用函数时传递的实参为结构体变量的地址(指针),这样在函数内部,就可以通过指针变量操作实参的存储空间实现对外部的变量进行数据操作。例 9-3 对例 9-2 进行重构,不同之处在于函数 stu_input()以结构体指针作参数。

【例 9-3】 对例 9-2 进行重构:以结构体变量的指针作函数参数。

```
1   # include < stdio. h >
2   # include < string. h >
3   struct Student
4   {
5     char xuehao[11];
6     char name[20];
7     int age;
8     char addr[50];
9     float score;
10  };
11  typedef struct Student Student;
12
13  void stu_input(Student * pStu1)
14  {
15    printf("请输入学号: ");
16    gets(pStu1 -> xuehao);
17    printf("请输入姓名: ");
18    gets(pStu1 -> name);
19    printf("请输入年龄: ");
20    scanf(" % d",&(pStu1 -> age));
21    getchar();
22    printf("请输入生源地址: ");
23    gets(pStu1 -> addr);
24    printf("请输入成绩: ");
25    scanf(" % f",&(pStu1 -> score));
26    getchar();
27  }
28
29  void stu_output(Student stu1)
30  {
```

```
31      printf("\n你输入的学生信息为\n\n");
32      printf("学号：% s\n",stu1.xuehao);
33      printf("姓名：% s\n",stu1.name);
34      printf("年龄：% d\n",stu1.age);
35      printf("生源地址：% s\n",stu1.addr);
36      printf("成绩：%.2f\n",stu1.score);
37  }
38
39  int main()
40  {
41      Student stu1;
42      stu_input(&stu1);
43      stu_output(stu1);
44      return 0;
45  }
```

程序运行结果如下。

```
请输入学号：2024010201 ↙
请输入姓名：刘一 ↙
请输入年龄：18 ↙
请输入生源地址：上海 ↙
请输入成绩：90 ↙

你输入的学生信息为

学号:2024010201
姓名:刘一
年龄:18
生源地址:上海
成绩:90.00
```

例 9-3 程序第 13 行代码，函数 void stu_input(Student * pStu1)的形参是 pStu1，为指向结构体类型 Student 的指针类型。主函数中第 42 行代码调用函数 stu_input(&stu1)的时候，是以主函数中的结构体变量 stu1 的地址作为实参传递的，函数被调用执行的时候，系统会给形参 pStu1 开辟存储空间，得到实参 &stu1 的值，即 pStu1 变量的存储空间存储着主函数中 stu1 变量的地址，因此 stu_input()函数中的指针变量 pStu1 就指向了主函数中的结构体 stu1，因此在函数 stu_input()中通过指针变量 pStu1 引用的成员实际上就是主函数中 stu1 的成员，所以在函数 stu_input()中输入的数据实际上就是存储到变量 stu1 的各成员中，因此调用函数 stu_output()输出数据时候，实参 stu1 的值传递给形参 stu1，形参 stu1 中复制了实参 stu1 的值，因此 stu_output()函数中输出的值虽然是形参 stu1 变量的成员的值，但是是和主函数 stu1 的值相等的。

还可以对 stu_output()函数进行改造，也以指针作函数参数，如下所示。

```
1   void stu_output(Student * pstu1)
2   {
```

```
3        printf("\n 你输入的学生信息为\n\n");
4        printf("学号：% s\n",pstu1 -> xuehao);
5        printf("姓名：% s\n",pstu1 -> name);
6        printf("年龄：% d\n",pstu1 -> age);
7        printf("生源地址：% s\n",pstu1 -> addr);
8        printf("成绩：% .2f\n",pstu1 -> score);
9    }
```

主函数中调用如下。

```
stu_output(&stu1);
```

在输出数据的时候，以指针作函数参数比直接以结构体变量作参数效率更高一点，以结构体变量作形参，是把实参结构体变量所有成员的数据复制给形参，当结构体成员数据量大的时候，是比较浪费空间和时间的。而以指针作函数参数的话，形参只要开辟指针类型的内存空间大小，参数传递时候只需要复制一个地址给形参，程序更加高效。C 语言因为有指针而高效，所以写 C 语言程序时，函数的参数通常设计为指针形式。

9.3　结构体数组

9.3.1　结构体数组的定义和初始化

本节介绍结构体数组的使用方法。结构体数组方便用户存储和处理批量的多元数据对象。当数组的基类型为结构体类型的时候，这样的数组称为结构体数组，结构体数组的定义也如结构体变量的定义一样有 3 种形式。这里介绍一维数组最常见的定义格式，如下所示。

```
结构体类型名 数组名[数组长度];
```

结构体数组的每一个元素都是结构体类型，数组的每个元素都有相同数量和相同类型的结构体成员，系统给数组分配连续的存储空间，数组元素的存储空间是依次相邻的。例如，前面章节已经定义了学生结构体类型 struct Student，那么该类型的结构体数组定义如下。

```
struct Student stu_all[100];
```

上面一行代码表示定义了一个名字为 stu_all 的数组，数组的基类型为结构体类型，也就是数组的每个元素的类型均是 struct Student，每个元素都有学号、姓名、年龄、生源地址、成绩这些成员，数组的长度为 100，意味着这个数组能存储 100 个学生的这些信息。

定义结构体数组时可以同时对数组元素的成员进行初始化，将每个数组元素各成员的初始化数据按结构体定义中的顺序写在花括号内，如下所示。

```
struct Student stu_all[2] = {{"2024010201","刘一",18,"上海",90},{"2024010202","陈二",19,
"湖南",95}};
```

9.3.2　结构体数组元素的使用

对结构体数组的访问,是对结构体数组元素的访问,结构体数组元素的类型是结构体类型,可以看成一个普通的结构体变量来使用,所以对结构体数组的访问本质上访问的是结构体数组各元素的成员。结构体数组元素成员的引用方式如下所示。

结构体数组名[下标].成员名

例如 stu_all[0].name,是对结构体数组 stu_all 的第一个元素的 name 成员的访问。下面以实例来说明结构体数组数据的输入和输出。

【例9-4】　从键盘输入所有草莓大棚的信息并输出。

```
1    #include<stdio.h>
2    #include<string.h>
3    #define N 3
4    typedef struct Dp_Info{
5      short int dp_Id;                //大棚编号
6      char dp_Name[20];              //大棚名字
7      float dp_wd;                   //大棚温度数据
8      float dp_sd;                   //大棚湿度数据
9      char dp_remark[50];            //备注信息
10   }Dp_Info;
11
12   int main()
13   {
14     Dp_Info dp[N];
15     int i = 0;
16
17     //输入大棚信息
18     for(i = 0;i < N;i++)
19     {
20       printf("请输入第%d个大棚的编号: ",i + 1);
21       scanf("%d",&(dp[i].dp_Id));
22       getchar();
23       printf("请输入第%d个大棚的名字: ",i + 1);
24       gets(dp[i].dp_Name);
25       printf("请输入第%d个大棚的温度: ",i + 1);
26       scanf("%f",&(dp[i].dp_wd));
27       getchar();
28       printf("请输入第%d个大棚的湿度: ",i + 1);
29       scanf("%f",&(dp[i].dp_sd));
30       getchar();
31       printf("请输入第%d个大棚的备注信息: ",i + 1);
32       gets(dp[i].dp_remark);
33     }
34
35     //输出大棚信息
36     for(i = 0;i < N;i++)
```

```
37        {
38          printf("\n%d号大棚: %s,",dp[i].dp_Id,dp[i].dp_Name);
39          printf("温度: %.0f摄氏度,",dp[i].dp_wd);
40          printf("湿度: %.0f%%,",dp[i].dp_sd);
41          printf("%s",dp[i].dp_remark);
42        }
43    return 0;
44    }
```

程序运行结果如下。

```
请输入第1个大棚的编号: 1↙
请输入第1个大棚的名字: 奶油草莓大棚↙
请输入第1个大棚的温度: 32↙
请输入第1个大棚的湿度: 49↙
请输入第1个大棚的备注信息: 12月30号开园↙
请输入第2个大棚的编号: 2↙
请输入第2个大棚的名字: 奶油草莓大棚↙
请输入第2个大棚的温度: 31↙
请输入第2个大棚的湿度: 52↙
请输入第2个大棚的备注信息: 1月15日开园↙
请输入第3个大棚的编号: 3↙
请输入第3个大棚的名字: 巧克力草莓大棚↙
请输入第3个大棚的温度: 30↙
请输入第3个大棚的湿度: 50↙
请输入第3个大棚的备注信息: 1月1日开园↙

1号大棚: 奶油草莓大棚,温度: 32摄氏度,湿度: 49%,12月30号开园
2号大棚: 奶油草莓大棚,温度: 31摄氏度,湿度: 52%,1月15日开园
3号大棚: 巧克力草莓大棚,温度: 30摄氏度,湿度: 50%,1月1日开园
```

上面程序定义了一个 struct Dp_Info 结构体类型的数组 dp,长度为3。第18～33行代码输入了 dp 数组每个元素成员的值。第36～42行代码输出了数组各元素的所有成员的值。在循环结构控制下,随着循环变量 i 的变化,通过数组名加索引的方式可以访问到每个结构体,加上成员引用运算符".",即使用"dp[i]."就能访问到该结构体所有成员。

9.3.3　结构体数组作函数参数

进一步把例9-4中第36～42行数据输出部分的代码进行函数封装,以结构体数组作函数参数,进行模块化编程,代码如例9-5所示。结构体数组作函数参数,能实现由函数外向函数内传递批量的多维数据。

【例9-5】　例9-4进行重构:结构体数组作函数参数。

```
1    #include<stdio.h>
2    #include<string.h>
3    #define N 3
4    typedef struct Dp_Info{
```

```
5       short int dp_Id;                //大棚编号
6       char dp_Name[20];               //大棚名字
7       float dp_wd;                    //大棚温度数据
8       float dp_sd;                    //大棚湿度数据
9       char dp_remark[50];             //备注信息
10   }Dp_Info;
11
12   //输入大棚信息函数
13   void f_input(Dp_Info dp[N])
14   {   int i = 0;
15      for(i = 0;i < N;i++)
16      {
17        printf("请输入第%d个大棚的编号：",i+1);
18        scanf("%d",&(dp[i].dp_Id));
19        getchar();
20        printf("请输入第%d个大棚的名字：",i+1);
21        gets(dp[i].dp_Name);
22        printf("请输入第%d个大棚的温度：",i+1);
23        scanf("%f",&(dp[i].dp_wd));
24        getchar();
25        printf("请输入第%d个大棚的湿度：",i+1);
26        scanf("%f",&(dp[i].dp_sd));
27        getchar();
28        printf("请输入第%d个大棚的备注信息：",i+1);
29        gets(dp[i].dp_remark);
30      }
31   }
32
33   //输出大棚信息函数
34   void f_output(Dp_Info dp[N])
35   {
36      int i = 0;
37      for(i = 0;i < N;i++)
38      {
39        printf("\n%d号大棚：",dp[i].dp_Id);
40        printf("%s,温度：%.0f摄氏度,",dp[i].dp_Name,dp[i].dp_wd);
41        printf("湿度：%.0f%%,",dp[i].dp_sd);
42        printf("%s",dp[i].dp_remark);
43      }
44   }
45
46   int main()
47   {
48      Dp_Info dp[N];
49      int i = 0;
50
51      //输入大棚信息
52      f_input(dp);
53      //输出大棚信息函数的调用
54      f_output(dp);
55
56      return 0;
57   }
```

程序运行结果如下。

```
请输入第 1 个大棚的编号：1↙
请输入第 1 个大棚的名字：奶油草莓大棚↙
请输入第 1 个大棚的温度：32↙
请输入第 1 个大棚的湿度：49↙
请输入第 1 个大棚的备注信息：12 月 30 号开园↙
请输入第 2 个大棚的编号：2↙
请输入第 2 个大棚的名字：奶油草莓大棚↙
请输入第 2 个大棚的温度：31↙
请输入第 2 个大棚的湿度：52↙
请输入第 2 个大棚的备注信息：1 月 15 日开园↙
请输入第 3 个大棚的编号：3↙
请输入第 3 个大棚的名字：巧克力草莓大棚↙
请输入第 3 个大棚的温度：30↙
请输入第 3 个大棚的湿度：50↙
请输入第 3 个大棚的备注信息：1 月 1 日开园↙

1 号大棚：奶油草莓大棚,温度：32 摄氏度,湿度：49％,12 月 30 号开园
2 号大棚：奶油草莓大棚,温度：31 摄氏度,湿度：52％,1 月 15 日开园
3 号大棚：巧克力草莓大棚,温度：30 摄氏度,湿度：50％,1 月 1 日开园
```

第 25 集
微课视频

例 9-5 程序第 13～31 行代码设计了函数 void f_input(Dp_Info dp[N])用来输入所有大棚的数据。第 34～44 行代码设计了函数 void f_output(Dp_Info dp[N])用来输出所有大棚的数据。两个函数都以结构体数组为参数,主函数第 52 行和第 54 行分别调用了这两个函数实现了数组数据的输入和输出,实参为主函数第 48 行代码定义的数组 dp。从程序运行结果可以看到,程序运行正常,并没有如同例 9-2 一样出现乱码。原因是,此例中以结构体数组作函数参数与以结构体变量作函数参数传递的数据类型是不一样的。结构体数组作函数参数,传递的是数组的起始地址,系统并没有给形参开辟数组空间,也没有将实参的值进行复制。实参 dp 为数组名,它的值是一个常量值,为系统分配给该数组内存空间的起始字节的编号（地址）,因此形参 dp 获得的值是地址,形参 dp 就指向了实参那个数组的存储空间,函数内通过形参名 dp 引用的成员的数据实际上就是实参数组元素的成员,所以输入函数 f_input()中输入数据就是存入了实参 dp 数组的存储空间里,函数 f_output()中输出的数据也是实参 dp 数组的存储空间里的值。在这里我们故意把形参与实参设计为相同的名字,第一个原因是让大家清楚,虽然名字相同,但是实际上是两个变量,第二个原因是从逻辑上来说函数内处理的数据实际上就是实参的数据,是同一块内存中的数据,取相同的名字从程序的逻辑上来说便于处理。

9.4 节将介绍如何使用指针来访问结构体数组,以及结构体数组的指针作函数参数进行数据交互的使用方法。

9.4 指针、结构体数组与函数

9.4.1 指向结构体数组的指针

和一般数值型一维数组一样,使用指针操作一维结构体数组,本质上是使用指针访问结构体数组的元素,指针变量存放类型为结构体类型的数组元素的地址,因此定义操作结构体

数组的指针变量的方法和定义指向普通结构体变量的方法一样,形式如下。

结构体类型名 * 指针变量名;

类似于指向数值型数组的指针,给指向结构体数组的指针变量赋值时,可以把结构体数组元素的地址赋值给指针变量,也可以把数组名的值赋值给指针变量,在循环结构的控制下,利用指针的自增运算就可以访问数组的每个元素,对于元素成员的引用,与指针访问普通结构体变量相同,可以用下面两种方式。

(* 指针变量名).成员名
指针变量名 - >成员名

下面对例 9-4 进行重构,使用指针来操作结构体数组实现数据的输入和输出。

【例 9-6】 对例 9-4 进行重构:使用指针操作结构体数组。

```
1   # include < stdio. h >
2   # include < string. h >
3   # define N 3
4   typedef struct Dp_Info{
5       short int dp_Id;              //大棚编号
6       char dp_Name[20];            //大棚名字
7       float dp_wd;                 //大棚温度数据
8       float dp_sd;                 //大棚湿度数据
9       char dp_remark[50];          //备注信息
10  }Dp_Info;
11
12  int main()
13  {
14      Dp_Info dp[N], * p_dp = NULL;
15      int i = 0;
16
17      //输入大棚信息
18      for(p_dp = dp;p_dp < dp + N;p_dp++)
19      {
20          printf("请输入第 % d 个大棚的编号: ",p_dp - dp + 1);
21          scanf(" % d",&(p_dp - > dp_Id));
22          getchar();
23          printf("请输入第 % d 个大棚的名字: ",p_dp - dp + 1);
24          gets(p_dp - > dp_Name);
25      printf("请输入第 % d 个大棚的温度: ",p_dp - dp + 1);
26          scanf(" % f",&(p_dp - > dp_wd));
27          getchar();
28          printf("请输入第 % d 个大棚的湿度: ",p_dp - dp + 1);
29          scanf(" % f",&(p_dp - > dp_sd));
30          getchar();
31          printf("请输入第 % d 个大棚的备注信息: ",p_dp - dp + 1);
32          gets(p_dp - > dp_remark);
33      }
34
```

```
35        //输出大棚信息
36        for(p_dp = dp;p_dp < dp + N;p_dp++)
37        {
38          printf("\n%d号大棚: ",p_dp->dp_Id);
39      printf("%s,温度: %.0f摄氏度,",p_dp->dp_Name,p_dp->dp_wd);
40            printf("湿度: %.0f%%,",p_dp->dp_sd);
41            printf("%s",p_dp->dp_remark);
42        }
43        return 0;
44    }
```

程序运行结果如下。

```
请输入第1个大棚的编号:1↙
请输入第1个大棚的名字:奶油草莓大棚↙
请输入第1个大棚的温度:32↙
请输入第1个大棚的湿度:49↙
请输入第1个大棚的备注信息:12月30号开园↙
请输入第2个大棚的编号:2↙
请输入第2个大棚的名字:奶油草莓大棚↙
请输入第2个大棚的温度:31↙
请输入第2个大棚的湿度:52↙
请输入第2个大棚的备注信息:1月15日开园↙
请输入第3个大棚的编号:3↙
请输入第3个大棚的名字:巧克力草莓大棚↙
请输入第3个大棚的温度:30↙
请输入第3个大棚的湿度:50↙
请输入第3个大棚的备注信息:1月1日开园↙

1号大棚:奶油草莓大棚,温度:32摄氏度,湿度:49%,12月30号开园
2号大棚:奶油草莓大棚,温度:31摄氏度,湿度:52%,1月15日开园
3号大棚:巧克力草莓大棚,温度:30摄氏度,湿度:50%,1月1日开园
```

例9-6在第14行定义了一个结构体数组dp和一个指向结构体类型的指针变量p_dp,p_dp赋初值NULL。第18~33行代码使用指针变量p_dp操作数组dp,输入数据存入了dp的每个元素。第18行代码,for循环控制的3个表达式中,指针变量p_dp被赋初值dp,p_dp指向了dp[0],循环体中使用p_dp-dp+1,计算出当前p_dp变量值与数组起始地址的差值,得出当前是第几个元素,使用"->"运算符对数组元素进行引用。每执行一次循环体后,执行p_dp++,指针指向后一个元素,由条件表达式p_dp < dp+N控制循环的执行,循环结束后,p_dp的值为dp+N,已经不在数组的存储空间范围内。程序第36~42行,与输入数据的循环结构相同,完成了数据的输出。读者可以使用同样的方法尝试对例9-5进行重构。

9.4.2 结构体指针作函数参数

通过例9-5知道,当结构体数组作函数参数的时候,实际上参数传递的是结构体数组的地址,也就是指针,既然形参得到指针,那么形参是否可以设计为指向结构体类型的指针变

量呢？答案是可以的,接下来对例 9-5 进行重构,改变函数的参数形式。

【例 9-7】 对例 9-5 进行重构:结构体指针作函数参数。

```
1    # include < stdio. h >
2    # include < string. h >
3    # define N 3
4    typedef struct Dp_Info{
5      short int dp_Id;                    //大棚编号
6      char dp_Name[20];                   //大棚名字
7      float dp_wd;                        //大棚温度数据
8      float dp_sd;                        //大棚湿度数据
9      char dp_remark[50];                 //备注信息
10   }Dp_Info;
11
12   //输入大棚信息函数
13   void f_input(Dp_Info * dp)
14   {
15     Dp_Info * p_dp = NULL;
16     for(p_dp = dp; p_dp < dp + N; p_dp++)
17     {
18       printf("请输入第 % d 个大棚的编号: ", p_dp - dp + 1);
19       scanf("% d", &(p_dp - > dp_Id));
20       getchar();
21       printf("请输入第 % d 个大棚的名字: ", p_dp - dp + 1);
22       gets(p_dp - > dp_Name);
23       printf("请输入第 % d 个大棚的温度: ", p_dp - dp + 1);
24       scanf("% f", &(p_dp - > dp_wd));
25       getchar();
26       printf("请输入第 % d 个大棚的湿度: ", p_dp - dp + 1);
27       scanf("% f", &(p_dp - > dp_sd));
28       getchar();
29       printf("请输入第 % d 个大棚的备注信息: ", p_dp - dp + 1);
30       gets(p_dp - > dp_remark);
31     }
32   }
33
34   //输出大棚信息函数
35   void f_output(Dp_Info * dp)
36   {
37     Dp_Info * p_dp = NULL;
38     for(p_dp = dp; p_dp < dp + N; p_dp++)
39     {
40       printf("\n % d 号大棚: ", p_dp - > dp_Id);
41       printf(" % s,温度: % .0f 摄氏度,", p_dp - > dp_Name, p_dp - > dp_wd);
42       printf("湿度: % .0f % % ,", p_dp - > dp_sd);
43       printf(" % s", p_dp - > dp_remark);
44     }
45   }
46
47   int main()
48   {
49     Dp_Info dp[N];
```

```
50      int i = 0;
51
52      //输入大棚信息
53      f_input(dp);
54      //输出大棚信息函数的调用
55      f_output(dp);
56
57      return 0;
58  }
```

程序运行结果如下。

```
请输入第 1 个大棚的编号:1↙
请输入第 1 个大棚的名字:奶油草莓大棚↙
请输入第 1 个大棚的温度:33↙
请输入第 1 个大棚的湿度:50↙
请输入第 1 个大棚的备注信息:12 月 30 日开园↙
请输入第 2 个大棚的编号:2↙
请输入第 2 个大棚的名字:奶油草莓大棚↙
请输入第 2 个大棚的温度:30↙
请输入第 2 个大棚的湿度:51↙
请输入第 2 个大棚的备注信息:1 月 15 日开园↙
请输入第 3 个大棚的编号:3↙
请输入第 3 个大棚的名字:巧克力草莓大棚↙
请输入第 3 个大棚的温度:31↙
请输入第 3 个大棚的湿度:49↙
请输入第 3 个大棚的备注信息:1 月 1 日开园↙

1 号大棚:奶油草莓大棚,温度:33 摄氏度,湿度:50％,12 月 30 日开园
2 号大棚:奶油草莓大棚,温度:30 摄氏度,湿度:51％,1 月 15 日开园
3 号大棚:巧克力草莓大棚,温度:31 摄氏度,湿度:49％,1 月 1 日开园
```

例 9-7 与例 9-5 不同之处在于数据输入函数和数据输出函数以指向结构体的指针为参数,函数体中使用指针变量操作结构体数组元素的成员,主函数完全相同。当向函数传递结构体数组的数据时,以结构体数组作函数参数,实际传递的是结构体数组的起始地址,结构体数组的起始地址是指向结构体类型的指针,因此可以把函数的形参设计为指向结构体类型的指针变量,如第 13 行和第 35 行代码,主函数中第 53 行和第 55 行代码对函数的调用以数组名为实参,传递数组的起始地址给形参 dp,因此函数就获得了主函数中的结构体数组的起始地址。利用 9.4.1 节的知识,函数体中定义指针变量,从形参 dp 中取得结构体数组的起始地址,利用指针的移动,在循环结构的控制下实现对数组元素的访问操作,实现了数据的输入和输出。

9.5 动态内存分配

C 语言中,变量的内存分配方式因变量的存储类型不同而不同,程序的全局变量和静态变量都是在静态存储区上分配,在程序运行期间始终占据这些内存空间,在程序结束时内存

空间才被操作系统收回。而函数内定义的局部变量,只有函数被调用时系统才为其在栈上分配内存,函数执行结束时候,自动释放这些内存。这两种内存的分配是在程序运行之前就确定知道分配的空间的大小的,但是在实际应用中,经常会碰到这样的情况,程序执行前并不知道数据的规模,所以不知道需要定义一个多大的数组来存储数据。解决这个问题的方法之一是定义一个足够大的数组,但这样必定带来存储空间的浪费。C 语言提供了一种内存分配方式,使用动态内存分配函数,当程序执行起来后动态分配内存,需要多少字节开辟多少字节的存储空间,程序的执行过程中根据需要从堆上分配。本节介绍动态内存分配相关的几个函数,以及使用动态内存分配方式开辟数组存储空间的应用。

9.5.1 动态内存分配函数

C 语言在定义数组的时候,不允许使用变量来定义数组的大小,只能使用常量,这使得数组的存储空间大小是固定的,在实际应用中存在存储空间不够或者存储空间大量浪费的情况。动态内存分配函数能够实现在程序的执行过程中根据用户的需要来开辟适当的存储空间,动态内存开辟后返回的是所开辟的存储空间的首地址,那就必然要用到指针变量。

1. malloc() 函数

malloc() 函数用于分配若干内存空间,返回一个指向该内存首地址的指针,若系统不能够分配足够的内存单元,则返回空指针 NULL。malloc() 函数的原型如下所示。

```
void * malloc(unsigned int size);
```

其中,参数 size 给出字节数,表示要开辟的存储空间的大小,函数返回值为一个指向 void 类型的指针。指向 void 类型的指针称为无类型的指针,就是其指向的类型尚未知的指针类型。因为事先不知道开辟的存储空间是用来存放什么类型数据的,所以通常在调用 malloc() 函数后,将其返回的指向 void 类型的指针强制转换为需要的类型,再赋值给指针变量。示例如下。

```
int * p = NULL;
p = (int *)malloc(sizeof(int));
```

上面的代码使用 sizeof 运算符计算当前环境 int 型数据所需要的存储空间的字节数,以此为参数调用 malloc() 函数开辟了一个 int 型数据大小的存储空间,函数调用返回的指向 void 类型的指针强制转换为指向 int 型的指针后赋值给指向 int 型的指针变量 p,开辟的这块存储空间的访问可以使用也只能使用 p 变量来进行操作。当然,如果知道当前环境给 int 型数据分配的存储空间大小为 4 字节,那么 malloc() 函数可以直接以 4 为参数,但是为了程序的可移植性,一般使用 sizeof 运算符计算当前环境下所需类型所占内存的字节数。

2. calloc() 函数

calloc() 函数的功能与 malloc() 函数功能类似,只是参数不同,calloc() 函数用于分配若干同一类型且连续的存储空间,相当于申请一个一维数组的存储空间,与 malloc() 函数不同的是,该函数能自动将分配的内存空间初始化为 0。该函数分配内存成功返回该内存的起始地址,如果内存不够导致分配失败则返回空指针 NULL。calloc()函数原型如下。

```
void * calloc(unsigned int num,unsigned int size);
```

其中,第 1 个参数 num 表示要向系统申请的内存空间的数量,相当于数组的长度。第 2 个参数 size 表示要申请的每个空间的字节数,相当于数组的基类型的字节数。函数返回所申请的连续的存储空间的起始地址,相当于返回数组的起始地址。返回的地址为指向 void 型的指针类型,calloc()函数的使用如下所示。

```
int * p = NULL;
p = (int * )calloc(10,sizeof(int));
```

上面的代码表示向系统申请 10 个 int 型数据大小的存储空间,系统会分配 10 个 int 型数据大小且连续的存储空间,并返回这块存储空间的起始地址,强制转换为指向 int 型的指针赋值给指针变量 p,也就相当于 p 指向了一个长度为 10 的基类型为 int 型的数组。上面开辟空间的语句 calloc(10, sizeof(int))效果等同于 malloc(10 * sizeof(int)),区别在于 calloc()函数会初始化内存为 0。

3. realloc()函数

realloc()函数用于改变原来分配的存储空间的大小,其函数原型如下。

```
void * realloc(void * p, unsigned int size);
```

该函数的功能为将指针变量 p 所指向的存储空间的大小改为 size,可以申请更大的空间也可以申请更小的空间。函数返回值为新分配的存储空间的起始地址,与原来 p 所指向的存储空间的起始地址可能相同也可能不同。在扩容的时候,realloc()函数会先判断原始指针起始地址后是否有足够的连续存储空间。如果有,则进行扩容,返回与 p 一样的地址;如果空间不够,则重新分配 size 大小的存储空间,将原存储空间的值赋值到新空间(剩余空间不会初始化),并释放 p 指向的存储空间,函数返回新存储空间的起始地址。

4. free()函数

free()函数的功能是释放向系统动态申请的存储空间,函数原型如下。

```
void free(void * p);
```

该函数以指针 p 为参数,释放 p 所指向的存储空间,函数无返回值,如果 p 值为 NULL,则该函数不执行任何操作。需要注意的是 free()函数只能释放由上面 3 个函数动态申请的内存空间,不能释放非动态开辟的内存。函数执行后并不改变 p 的值,p 的值仍旧为原地址值,只是指向的存储空间变为了无效的存储空间。

上面 4 个函数的使用,需要将头文件 stdlib.h 包含到源程序中。也特别提醒大家,动态内存分配为程序提供了方便,但是也容易出现内存泄漏等风险,当动态分配的内存不再使用时,一定要及时调用 free()函数进行释放。

9.5.2 可变长度的动态数组

例 9-7 的程序中数组由宏常量 N 限定了长度,输入数据和输出数据的循环也是固定次数的,程序没有通用性。接下来对例 9-7 进行重构,由用户从键盘输入数据规模,采用动态内存分配方式,解决上述问题。

【例 9-8】 例 9-7 的重构:动态内存分配以实现可变长度的动态数组。

```
1    # include < stdio. h >
2    # include < string. h >
3    # include < stdlib. h >
4
5    typedef struct Dp_Info{
6       short int dp_Id;                //大棚编号
7       char dp_Name[20];              //大棚名字
8       float dp_wd;                   //大棚温度数据
9       float dp_sd;                   //大棚湿度数据
10      char dp_remark[50];            //备注信息
11   }Dp_Info;
12
13   //输入大棚信息函数
14   void f_input(Dp_Info * dp, int N)
15   {
16     Dp_Info * p_dp = NULL;
17     for(p_dp = dp; p_dp < dp + N; p_dp++)
18     {
19       printf("请输入第 % d 个大棚的编号: ", p_dp - dp + 1);
20       scanf(" % d", &(p_dp - > dp_Id));
21       getchar();
22       printf("请输入第 % d 个大棚的名字: ", p_dp - dp + 1);
23       gets(p_dp - > dp_Name);
24       printf("请输入第 % d 个大棚的温度: ", p_dp - dp + 1);
25       scanf(" % f", &(p_dp - > dp_wd));
26       getchar();
27       printf("请输入第 % d 个大棚的湿度: ", p_dp - dp + 1);
28       scanf(" % f", &(p_dp - > dp_sd));
29       getchar();
30       printf("请输入第 % d 个大棚的备注信息: ", p_dp - dp + 1);
31       gets(p_dp - > dp_remark);
32     }
33   }
34
35   //输出大棚信息函数
36   void f_output(Dp_Info * dp, int N)
37   {
38     Dp_Info * p_dp = NULL;
39     for(p_dp = dp; p_dp < dp + N; p_dp++)
40     {
41       printf("\n % d 号大棚: ", p_dp - > dp_Id);
42       printf(" % s, 温度: % .0f 摄氏度, ", p_dp - > dp_Name, p_dp - > dp_wd);
```

```
43          printf("湿度: %.0f%%,",p_dp->dp_sd);
44          printf("%s",p_dp->dp_remark);
45      }
46  }
47
48  int main()
49  {
50      Dp_Info * dp = NULL;
51      int i = 0;
52
53      printf("请输入大棚数量: ");
54      scanf("%d",&i);
55      getchar();
56
57      //开辟数组
58      dp = (Dp_Info * )calloc(i,sizeof(Dp_Info));
59
60      //输入大棚信息
61       f_input(dp,i);
62      //输出大棚信息函数的调用
63       f_output(dp,i);
64
65      return 0;
66  }
```

程序运行结果如下。

```
请输入大棚数量: 3↙
请输入第 1 个大棚的编号: 1↙
请输入第 1 个大棚的名字: 奶油草莓大棚↙
请输入第 1 个大棚的温度: 32↙
请输入第 1 个大棚的湿度: 49↙
请输入第 1 个大棚的备注信息: 12 月 30 日开园↙
请输入第 2 个大棚的编号: 2↙
请输入第 2 个大棚的名字: 奶油草莓大棚↙
请输入第 2 个大棚的温度: 31↙
请输入第 2 个大棚的湿度: 50↙
请输入第 2 个大棚的备注信息: 1 月 15 日开园↙
请输入第 3 个大棚的编号: 3↙
请输入第 3 个大棚的名字: 巧克力草莓大棚↙
请输入第 3 个大棚的温度: 30↙
请输入第 3 个大棚的湿度: 48↙
请输入第 3 个大棚的备注信息: 1 月 1 日开园↙

1 号大棚: 奶油草莓大棚,温度: 32 摄氏度,湿度: 49%,12 月 30 日开园
2 号大棚: 奶油草莓大棚,温度: 31 摄氏度,湿度: 50%,1 月 15 日开园
3 号大棚: 巧克力草莓大棚,温度: 30 摄氏度,湿度: 48%,1 月 1 日开园
```

例 9-8 主函数中第 50 行代码定义了指向结构体类型的指针变量 dp。第 51 行代码定义了一个整型变量 i,用来存储用户输入的数据规模大小(第 54 行代码)。第 58 行代码调用 calloc()函数开辟 i 个 Dp_Info 大小的存储空间,即开辟了一个长度为 i 的基类型为 Dp_Info

的数组的存储空间,同时把该数组的首地址保存到指针变量 dp 中。第 61 行代码调用函数
f_input(dp,i)进行输入,函数 f_input()第一个参数为结构体指针,实参为 dp,相当于把动态
开辟的数组的起始地址传递给函数,作用与例 9-7 相同,与例 9-7 不同的是,这里多了一个
整型参数,传递数组的长度,为什么要传递数组的长度呢?因为第一个参数只传递数组的地
址,并没有数组长度的信息,所以需要传递数组的长度用于控制对有效内存的访问。在
例 9-7 中并没有这个参数,是因为例 9-7 中是静态数组,由宏常量 N 限定,在函数中直接使
用了 N 值来控制循环的次数。输入数据和输出数据的函数通过参数获得数组的起始地址
和数组的长度,函数体的代码就和例 9-7 一样了。例 9-8 利用动态内存分配和指针实现了
根据用户的需要开辟适量的内存空间存储和操作数据,代码应用更具有普适性。

9.6　科技前沿之边缘计算

　　边缘计算指分散式运算的架构。
　　边缘计算是一种分布式计算框架,旨在将计算能力和存储资源移动到离用户或数据源
更近的地方,以减少设备和服务器之间的响应延迟。它通过在边缘设备、传感器和边缘节点
上处理数据,大大降低了对集中式云服务器的依赖性,提供更快速、高效和安全的计算服务。

1. 边缘计算的实现方式

　　边缘计算的实现方式包括在网络边缘侧采用网络、计算、存储、应用核心能力为一体的
开放平台,就近提供最近端服务。其应用程序在边缘侧发起,产生更快的网络服务响应,满
足行业在实时业务、应用智能、安全与隐私保护等方面的基本需求。

2. 边缘计算的特点

　　(1) 低延迟:在本地处理数据,减少网络延迟。
　　(2) 高效能:适用于实时数据处理和分析。
　　(3) 安全性:数据在本地处理,保护隐私和安全。
　　(4) 灵活性:适应不同行业和应用场景的需求。

3. 边缘计算的关键问题

　　(1) 服务发现:在边缘计算中,由于计算服务请求者的动态性,如何让计算服务请求者
知道周边的服务是一个核心问题。传统的基于域名服务(Domain Name Service,DNS)的服
务发现机制在面对大范围、动态性的边缘计算场景时存在网络抖动的问题。
　　(2) 快速配置:由于用户和计算设备的动态性增加,如智能网联车等场景下,服务需要
快速配置和迁移,这会导致大量的突发网络流量,广域网的网络情况更为复杂,带宽可能存
在一定的限制。
　　(3) 负载均衡:边缘设备产生大量的数据,同时边缘服务器提供了大量的服务。如何
根据边缘服务器和网络状况动态调度数据至合适的计算服务提供者是一个核心问题。

4. 边缘计算的应用

　　边缘计算的应用非常广泛,例如在物联网中,边缘计算可以处理和分析从终端设备采集

的数据,无须将数据传输到云端,从而减少网络延迟和数据传输成本。在工业自动化领域,边缘计算可以实时监控和分析传感器数据,提高生产效率和安全性。此外,边缘计算还可被应用于智能城市、智能交通、医疗保健等领域。

5.边缘计算的研究方向

(1)边缘计算系统平台:设计面向不同应用场景的边缘计算系统平台,攻克边缘服务灵活定制、分布式计算资源高效利用、高实时高可靠等关键问题。

(2)云边任务协同调度机制:结合云计算和边缘计算的优点,实现云中心和边缘设备之间的任务协同调度,提高系统运行效率。

(3)边缘智能算法:研究在资源相对受限的边缘设备上高效实现人工智能、机器学习算法的方法,降低智能算法的计算资源开销。

(4)边缘计算创新应用:探索边缘计算技术在重要、关键性应用中的使用,推动边缘计算技术的发展和应用。

本章小结

本章介绍了结构体的使用方法,知识点包括结构体类型的定义、结构体变量的定义、结构体变量成员的引用、使用指针引用结构体变量的成员、结构体数组的使用、使用指针操作结构体数组的方法、结构体变量作函数参数、结构体数组作函数参数、结构体指针作函数参数,最后介绍了动态内存分配函数的使用以及应用。

结构体类型方便我们处理数据对象的多维数据,结构体数组的应用使得我们能够处理更大规模的数据,因而具备了开发应用系统的有力工具,这一章的知识也是后续学习数据结构非常重要的基础知识。

本章习题

一、单选题

1. 设有下列定义,则对 data 中的 a 成员的正确引用是(   )。

```
struct sk
{
    int a;
    float b;
}data, * p = &data;
```

A.（＊p）.data.a   B.（＊p）.a   C. p—>data.a   D. p.data.a

2. 有以下说明和定义语句,以下选项中引用结构体变量成员的表达式错误的是(   )。

```
struct student
{
    int age; char num[8];
};
```

```
struct student stu[3] = {{20,"200401"},{21,"200402"},{10\9,"200403"}};
struct student * p = stu;
```

A. （p＋＋）－＞num
B. p－＞num

C. （＊p）.num
D. stu［3］.age

3. 设有以下语句，则下面叙述中正确的是（　　　）。

```
typedef struct S
{
    int g;
    char h;
} T;
```

A. 可以用 S 定义结构体变量
B. 可以用 T 定义结构体变量

C. S 是 struct 类型的变量
D. T 是 struct S 类型的变量

4. 以下选项中不能正确把 cl 定义为结构体变量的是（　　　）。

A.
```
typedef struct
{
    int red;
    int green;
        int blue;
} COLOR;
 COLOR cl;
```

B.
```
struct color cl
{
    int red;
    int green;
    int blue;
};
```

C.
```
struct color
{
    int red;
    int green;
        int blue
} cl;
```

D.
```
struct
{
    int red;
    int green;
    int blue;
} cl;
```

5. 设有如下定义，选项中各输入语句中错误的是（　　　）。

```
struct ss
{
    char name[10];
    int age;
    char sex;
}std[3], * p = std;
```

A. scanf("％d",&（＊p）.age);
B. scanf("％s",&std.name);

C. scanf("％c",&std［0］.sex);
D. scanf("％c",&（p－＞sex））;

6. 设有如下说明，则以下选项中，能正确定义结构体数组并赋初值的语句是（　　　）。

```
typedef struct
{
    int n;
    char c;
    double x;
}STD;
```

A. STD tt［2］＝{{1,'A',62},{2, 'B',75}};

B.　STD tt[2]={1,"A",62},2, "B",75};

C.　struct tt[2]={{1,'A'},{2, 'B'}};

D.　struct tt[2]={{1,"A",62.5},{2, "B",75.0}};

7. 运行以下程序的输出结果是(　　)。

```
struct stu
{
    char num[10];
    float score[3];
};
int main()
{
    struct stu s[3] = {{"20021",90,95,85},{"20022",95,80,75},{"20023",100,95,90}}, * p = s;
    int i;
    float sum = 0;
    for(i = 0;i < 3;i++)
        sum = sum + p -> score[i];
    printf(" % 6.2f\n",sum);
    return 0;
}
```

A.　260.00　　　　　B.　270.00　　　　　C.　280.00　　　　　D.　285.00

8. 运行以下程序的输出结果是(　　)。

```
# include < stdio. h>
struct cmplx
{
    int x;
    int y;
} cnum[2] = {1, 3, 2, 7};
int main()
{
    printf(" % d\n", cnum[0].y * cnum[1].x);
    return 0;
}
```

A.　0　　　　　　　　B.　1　　　　　　　　C.　3　　　　　　　　D.　6

9. 运行以下程序的输出结果是(　　)。

```
struct stu
{
    int num;
    char name[10];
    int age;
};
void fun(struct stu * p)
{
    printf(" % s\n", ( * p).name);
}
int main()
{
    struct stu student[3] = {{9801,"Zhang",20},{9802,"Wang",19},{9803,"Zhao",18}};
```

```
    fun(student + 2);
    return 0;
}
```

A. Zhang   B. Zhao   C. Wang   D. 18

10. 运行下列程序后,全局变量 t.x 和 t.s 的值分别是(　　　)。

```
#include <stdio.h>
    struct tree
    {
        int x;
        char * s;
    }t;
    func(struct tree t)
    {
        t.x = 10;
        t.s = "computer";
        return 0;
    }
    int main()
    {
        t.x = 1;
        t.s = "minicomputer";
        func(t);
        printf("%d, %s\n", t.x, t.s);
        return 0;
    }
```

A. 10，computer   B. 1，minicomputer

C. 1，computer   D. 10，minicomputer

二、填空题

1. 运行以下程序的输出结果是_____。

```
struct s
{
    int x,y;
}data[2] = {10,100,20,200};
int main()
{
    struct s * p = data;
    printf("%d\n",++(p->x));
    return 0;
}
```

2. 运行以下程序的输出结果是_____。

```
struct NODE
{
    int num;
    struct NODE * next;
};
int main()
```

```
{
    struct NODE * p, * q, * r;
    p = (struct NODE * )malloc(sizeof(struct NODE));
    q = (struct NODE * )malloc(sizeof(struct NODE));
    r = (struct NODE * )malloc(sizeof(struct NODE));
    p - > num = 10;
    q - > num = 20;
    r - > num = 30;
    p - > next = q;
    q - > next = r;
    printf(" % d\n",p - > num + q - > next - > num);
    return 0;
}
```

3. 设有如下定义,若要使 P 指向 data 中的 a 域,赋值语句是_____。

```
struck sk
{
    int a;
    float b;
}data;
int * p;
```

4. 运行以下程序的输出结果是_____。

```
struct st
{
    int x;
    int * y;
} * p;
int dt[4] = {10,20,30,40};
struct st aa[4] = {50,&dt[0],60,&dt[0],60,&dt[0],60,&dt[0]};
int main()
{ p = aa;
  printf(" % d\n",++(p - > x));
  return 0;
}
```

5. 已知学生记录描述如下,设变量 s 中的 birth 值为"1984 年 11 月 11 日",对 s 变量的 birth 成员的赋值语句是_____。

```
struct student
{
        int        no;
        char       name[20];
        char       sex;
        struct
        {
            int   year;
            char      month[20];
            int   day;
        }birth;
};
struct student s;
```

6. 若有以下定义及语句,想输出其中'c'的值,用 p 引用的语句可以写成_____。

```
struct s1
{
    char a[3];
    int num;
}t = {'a','b','c',4}, * p;
p = &t;
```

7. 阅读以下程序,注释 1 和注释 2 处正确的输出结果分别是_____和_____。

```
#include < stdio.h >
    struct str1
    {
        char c[5];
        char * s;
    };
    int main()
    {
        struct str1 s1[2] = {{"ABCD","EFGH"}, {"IJK","LMN"}};
        struct str2
        {
            struct str1 sr;
            int d;
        } s2 = {"OPQ","RST",32767};
        struct str1 * p[2];
        p[0] = &s1[0];
        p[1] = &s1[1];
        printf(" % s",++p[1] -> s);        /* 注释 1 */
        printf(" % c",s2.sr.c[2]);         /* 注释 2 */
        return 0;
    }
```

8. 若有以下说明和语句,则表达式(* ++p). num 的值为_____。

```
struct student
{
    int num, age;
};
struct student stu[3] = {{1001, 20}, {1002, 19}, {1003, 21}};
struct student * p = stu;
```

9. 设有如下定义,若要使 p 引用 data 中的成员 n,正确的引用表达式应为_____。

```
struct sk
{
    int n;
    float x;
} data, * p = &data;
```

10. 已知有以下定义,则使用 scanf()函数通过 p 的引用输入值存入 pup 数组第一个元素的 name 成员的语句是_____。

```
    struct pupil
        {
```

```
        char name[20];
        int age;
        int sex;
    } pup[5], * p;
    p = pup;
```

三、编程题

1. 编程完成结构体的定义和基本应用。

（1）用 struct 定义结构体 student，该结构体含有 Number（学号）、Name（姓名）、Chinese（语文）、Maths（数学）、Total（总分）共 5 个成员。

（2）用 student 定义 2 个结构体变量 stud1 和 stud2，从键盘输入 stud1 和 stud2 的学号、姓名、语文和数学等成员的值，并计算总分。

（3）输出 stud1 的 5 个成员值，换行后再输出 stud2 的 5 个成员值。

2. 编程完成结构体数组的定义与应用。

（1）用第 1 题中的 student 结构体定义一个结构体数组 stud[N]，宏常量 N 自定义。

（2）用循环结构的方法，从键盘输入 stud 数组各元素（学生）Number、Name、Chinese 和 Maths 的值，并计算出每个元素（学生）的 Total 值。

（3）按总分对所有学生进行排序。

（4）输出表头"学号　姓名　语文　数学 总分"，接着用循环结构输出排序后各学生的 Number、Name、Chinese、Maths 和 Total 值。

3. 编程完成结构体数组的应用。请设计一个投票小系统，输入候选人信息、投票情况，对投票情况进行统计后按得票高低输出候选人的得票情况。

第 10 章　　文　件

引言

到目前为止,程序运行时的数据都是保存在内存中的,一旦退出程序,或者计算机重启、关机,数据将会丢失。如果将数据保存在文件中,即使计算机关机或断电的情况下,数据也不会丢失,下次启动程序,仍然可以继续对数据进行处理。

本章导读

本章介绍如何在 C 语言中处理文件。理解并掌握计算机文件的分类、文件指针的含义、C 语言处理文件的基本过程;掌握文件打开、关闭操作函数;掌握文件顺序读写函数的使用,如字符读写、字符串读写、格式化读写、数据块读写等;如何使用文件随机读写相关函数。

重点内容

(1) 文件的基本概念。

(2) 文件的打开与关闭。

(3) 文件的顺序读写。

(4) 文件的定位与随机读写。

世界计算机名人——王选

王选(见图 10-1),被誉为"汉字激光照排系统之父"。他是两院院士,曾任全国政协副主席、九三学社中央副主席、中国科协副主席。他的故事不仅是一段科技创新的传奇,更是激励后人的宝贵精神财富。

1975 年,王选投身"748 工程",即汉字信息处理系统工程,担任技术总负责人。他带领团队攻克了一系列技术难关,成功研制出汉字激光照排系统,实现了我国出版印刷行业"告别铅与火,迈入光和电"的技术革命。

王选致力于研究成果的产业化,使汉字激光照排技术迅速占领国内市场,并走向海外。他主持开发的电子出版系统引发

图 10-1　王选

了报业和印刷业的多次技术革新,为我国自主创新和用高新技术革新传统行业树立了典范。

王选荣获国家最高科学技术奖等众多荣誉,他的成就得到了国内外的高度认可。他设立"王选科技创新基金",鼓励青年科技工作者开展科技创新研究,为我国科技事业的发展注

入了新的活力。

勇于创新,敢于挑战

王选在科研道路上始终保持着勇于创新和敢于挑战的精神。他敢于直接研制西方尚未成功的第四代激光照排系统,并最终取得了成功。这告诉我们,在科研和工作中要敢于突破常规,勇于尝试新事物。

坚韧不拔,持之以恒

王选在研制汉字激光照排系统的过程中遇到了诸多困难和挑战,但他始终坚持不懈,最终取得了举世瞩目的成就。这启示我们,在追求梦想和目标的过程中要保持坚韧不拔的毅力,持之以恒地努力奋斗。

甘为人梯,培育新人

王选不仅自己取得了卓越的成就,还非常注重培养年轻人。他主动辞去方正集团的职务,让位于年轻人,并以培养年轻人多少作为衡量自己工作的业绩。这体现了他甘为人梯、无私奉献的精神,也启示我们要注重传承和培育新人,为社会的持续发展贡献力量。

爱国敬业,服务人民

王选的一生都在为国家和人民的科技事业奋斗。他用自己的智慧和汗水为我国自主创新和用高新技术改造传统行业做出了巨大贡献。这启示我们要始终保持爱国敬业的精神,将个人的理想追求融入国家和人民的事业中去。

面对困难,勇于担当

在科研和工作中遇到困难时,王选总是勇于担当、迎难而上。他用自己的实际行动诠释了什么是责任和担当。这启示我们在面对困难和挑战时要勇于担当、积极应对,不畏艰险、勇往直前。

10.1　文件的基本概念

所谓"文件",指一组相关数据的有序集合。这个数据集合有一个名称——文件名。从不同的角度可以对文件进行不同的分类。文件的操作对于程序数据的永久保存、读取和传输至关重要。

现代操作系统把所有外部设备都认为是文件,以便进行统一的管理。C语言认为文件是磁盘文件和其他具有输入输出(input/output,I/O)功能的外部设备的总称。在这里文件已成为一个逻辑概念,撇开了具体设备的物理形态而只关心其I/O功能。

文件操作在C语言中通过一系列的库函数来实现,这些函数大部分定义在stdio.h中。

10.1.1　文件的分类

从不同的角度可以对文件进行不同的分类。以下是几种常见的文件分类方式。

(1) 根据数据的组织形式,文件可分为ASCII文件和二进制文件。

ASCII文件又称文本文件,ASCII文件中数据是以字符形式存放的,每个字符都用其对应的 ASCII 值表示,1 个 ASCII 值用 1 字节存放。二进制文件是把内存中的数据按其在内存中的存储形式原样输出到磁盘上存放。

ASCII 文件(如源程序文件)便于进行阅读,但是它与内存数据交换时需要转换。而二进制文件(如执行文件)便于计算机直接处理。二进制文件占用空间少,内存数据和磁盘数据交换时无须转换,但是二进制文件不易阅读、输出。

(2) 从用户的角度,文件可分为普通文件和设备文件。

由于现代操作系统把所有外部设备都认为是文件,因此从操作系统的角度看,文件是不区分普通文件和设备文件的。但是从用户的角度看,习惯上还是把文件分为普通文件和设备文件。

普通文件指驻留在磁盘或其他外部介质上的数据集合,也就是通常意义上的文件。

设备文件指与主机相连的各种外部设备,如显示器、打印机、键盘等。通常把显示器定义为标准输出文件,在显示器上显示信息就是向标准输出文件输出,如 printf()、putchar() 函数就是属于这类输出。键盘通常被指定为标准输入文件,从键盘上输入就意味着从标准输入文件上输入数据,如 scanf()、getchar() 函数就属于这类输入。

10.1.2　文件指针

C 语言文件系统中,关键的概念是文件指针。每个文件在被打开后,操作系统都会在内存中开辟一个区域,用来存放该文件的相关信息(如文件的名称、文件状态及文件的当前位置等)。这些信息是保存在一个结构体变量中的,该结构体变量一般称为文件结构体,命名为"FILE"。

C 语言标准并没有具体地展开 FILE 结构体内部的细节,对 FILE 结构体的具体实现是由具体的编译器和运行时的库提供的,因此它在不同的平台和编译器实现中可能会有所不同。例如 VC++编译环境提供的头文件 stdio.h 中有以下的类型声明。

```
struct _iobuf {
      char * _ptr;
      int    _cnt;
      char * _base;
      int    _flag;
      int    _file;
      int    _charbuf;
      int    _bufsiz;
      char * _tmpfname;
};
typedef struct _iobuf FILE;
```

虽然 C 语言标准库没有公开 FILE 结构体的具体实现,但是程序中总是可以通过标准的文件操作函数来间接操作这些结构体,以实现文件的输入和输出操作。

在 C 语言中,可用一个指针变量指向这样一个描述文件结构特征的结构体变量。通常把这种指向文件结构体变量的指针简称为文件指针,通过文件指针就可以对它所对应的文件进行各种操作。定义一个文件指针一般采用下面的方式。

```
FILE * 指针变量标识符;
```

示例如下。

```
FILE * fp1, * fp2 ;
```

上述语句的功能是：定义了指向 FILE 结构体的指针变量。但是此时它还未具体指向哪一个具体的结构体变量，只有把一个文件的结构体变量的首地址赋值给文件指针，才能通过指针变量 fp1 或 fp2 找到存放某个文件信息的结构体，然后按该结构体提供的信息找到相应的文件，实施对文件的操作。

10.1.3 文件操作的基本过程

对文件的操作一般需要经过打开、读或写、关闭 3 步，并且这 3 步是有先后顺序的：在对文件进行读或写操作之前，首先要打开文件，然后对文件进行读或写操作；读或写操作结束后，需要关闭该文件，以避免数据丢失。文件操作的一般过程如图 10-2 所示。

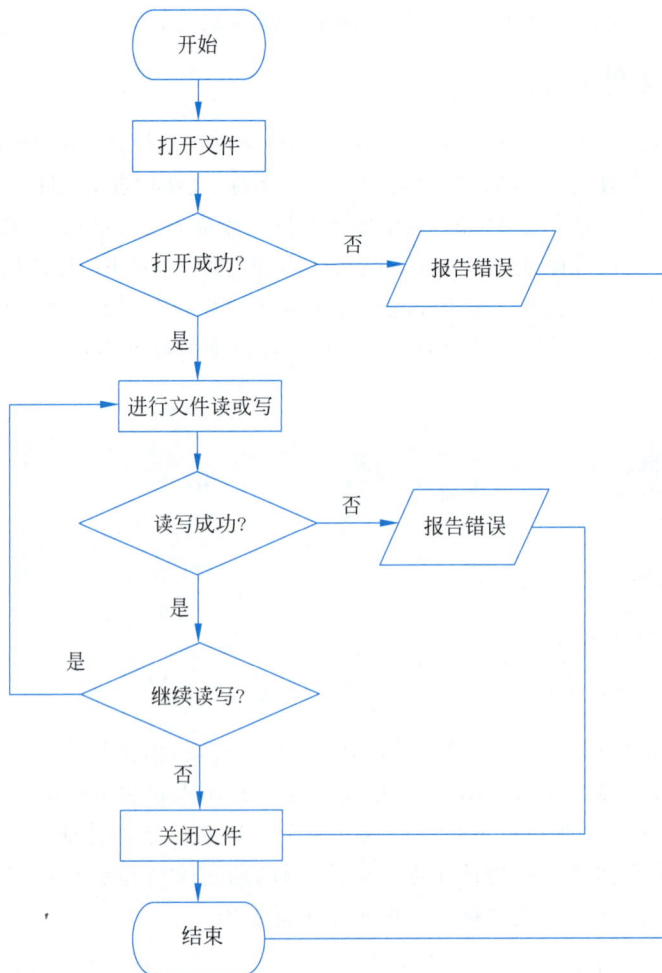

图 10-2 文件操作的一般过程

10.2 文件的打开与关闭

文件在进行读写操作之前要先打开,使用完毕要关闭。所谓打开文件,实际上是建立文件的各种有关信息,并使文件指针指向该文件,以便进行其他操作。关闭文件则是断开指针与文件之间的联系,也就是禁止再对该文件进行操作。

在 C 语言中,文件操作都是由库函数来完成的。

1. 文件的打开:fopen()函数

fopen()函数用来打开一个文件,其调用的一般形式如下。

```
文件指针名 = fopen(文件名,文件打开方式);
```

其中,"文件指针名"必须是被声明为 FILE 类型的指针变量;"文件名"是被打开文件的文件名,是字符串常量或字符串数组;"文件打开方式"指文件的类型和操作要求。

示例如下。

```
FILE * fp;
fp = fopen("file.txt","r");
```

其意义是在当前目录下打开文件 file.txt,只允许进行"读"操作,并使指针 fp 指向该文件。另外一个示例如下。

```
FILE * fp;
fp = fopen("c:\\students.dat","rb");
```

其意义是打开 C 驱动器磁盘的根目录下的文件 students.dat。这是一个二进制文件,只允许按二进制方式进行读操作。两个反斜杠"\\"中的第 1 个表示转义字符,第 2 个表示根目录。

文件打开的方式共有 12 种,文件的打开方式及意义如表 10-1 所示。

表 10-1 文件的打开方式及意义

打 开 方 式	若文件存在	若文件不存在
"r"或"rt"	只读打开一个文本文件,只允许读数据	出错
"w"或"wt"	只写方式打开或建立一个文本文件,只允许写数据	创建新文件
"a"或"at"	追加打开一个文本文件,并在文件末尾写数据	创建新文件
"r+"或"rt+"	读写打开一个文本文件,允许读写	出错
"w+"或"wt+"	读写打开或建立一个文本文件,允许读写	创建新文件
"a+"或"at+"	读写打开一个文本文件,允许读或在文件末追加数据	创建新文件
"rb"	只读打开一个二进制文件,只允许读数据	出错
"wb"	只写打开或建立一个二进制文件,只允许写数据	创建新文件
"ab"	追加打开一个二进制文件,并在文件末尾写数据	创建新文件

打 开 方 式	若文件存在	若文件不存在
"rb+"	读写打开一个二进制文件,允许读写	出错
"wb+"	读写打开或建立一个二进制文件,允许读写	创建新文件
"ab+"	读写打开一个二进制文件,允许读或在文件末追加数据	创建新文件

关于文件的打开有以下几点说明。

(1) 用"r"方式打开一个文件时,该文件必须已经存在,且只能从该文件读出数据。

(2) 用"w"方式打开一个文件时,只能向该文件写入数据。若打开的文件不存在,则以指定的文件名建立新文件;若打开的文件已经存在,则将该文件删除,再建一个新文件。

(3) 若要向一个已存在的文件追加新的信息,只能用"a"方式打开文件。

(4) 在打开一个文件时,如果出错,fopen()函数将返回一个空指针值 NULL。在程序中可以用这一信息来判断是否完成打开文件的工作,并做相应的处理。因此常用以下程序段打开文件。

```
FILE * fp;
fp = fopen("c:\\students.dat","rb");
if(fp == NULL)
{
    printf("error on open file students.dat!");
    getch();
    exit(1);
}
```

(5) 标准输入文件 stdin(键盘)、标准输出文件 stdout(显示器)、标准出错文件 stderr(出错提示信息)是由系统打开的,可直接使用。

2. 文件的关闭：fclose()函数

文件一旦使用完毕,应该用关闭文件函数 fclose()把文件关闭,以避免文件的数据丢失等错误。

fclose()函数调用的一般形式如下。

```
fclose(文件指针);
```

示例如下。

```
fclose(fp);
```

正常完成关闭文件操作时,fclose()函数返回值为 0。如返回非 0 值则表示有错误发生。

10.3 文件的顺序读写

用 fopen()函数打开一个文件后,就可以对该文件进行读写操作,包括顺序读写和随机读写。对顺序读写来说,对文件读写数据的顺序和数据在文件中的物理顺序是一致的。在顺序读时,先读文件中前面的数据,再读文件中后面的数据;在顺序写时,先写入的数据存放在文件中前面的位置,后写入的数据存放在文件中后面的位置。

文件顺序读写操作主要包括字符读写、字符串读写、格式化读写、数据块读写等操作。顺序读写操作都是通过库函数实现的。

10.3.1 字符读写函数

1. 读字符函数 fgetc()

fgetc()函数的功能是从指定的文件中读一个字符,该函数的调用形式如下。

```
字符变量 = fgetc(文件指针);
```

示例如下。

```
ch = fgetc(fp);
```

其意义是从打开的文件中读取一个字符并送入字符变量 ch 中。

对于 fgetc()函数的使用有以下几点说明。

(1) 在 fgetc()函数调用中,读取的文件必须是以读或读写方式打开的。

(2) 读取字符的结果也可以不向字符变量赋值,例如 fgetc(fp)。这样读出的字符不能保存。

(3) 在文件内部有一个位置指针。它用来指向文件的当前读写字节。在文件打开时,该指针总是指向文件的第一字节。使用 fgetc()函数后,该位置指针将向后移动一字节,因此可连续、多次使用 fgetc()函数来读取多个字符。应注意文件指针和文件内部的位置指针不是一回事。文件指针是指向整个文件的,须在程序中定义和声明,只要不重新赋值,文件指针的值是不变的;文件内部的位置指针用以指示文件内部的当前读写位置,每读写一次,该指针均向后移动,它无须在程序中定义或声明,而是由系统自动设置的。

(4) 使用 fgetc()函数读文件时,若遇到文件结束标志,则函数返回 EOF(EOF 是在 stdio.h 中定义的符号常量,其值为整数−1)。

ANSI C 提供了一个 feof()函数来判断文件是否结束,它的一般调用形式如下。

```
feof(fp);    /* fp 为文件指针 */
```

如果文件结束,该函数的返回值为 1,否则为 0。

【例 10-1】 读入文件 file1.txt,在显示器上显示。

```
1    # include < stdio.h >
2    int main()
3    {
4        FILE * fp;
5        char ch;
6        if((fp = fopen("f:\\data\\file1.txt","r")) == NULL)
7        {
```

```
8                printf("Cannot open filel.txt!\n");
9                return 0;
10           }
11      ch = fgetc(fp);
12      while (ch!= EOF)
13      {
14           putchar (ch);
15           ch = fgetc(fp);
16      }
17      fclose(fp);
18      return 0;
19  }
```

例 10-1 程序的功能是从文件 file1.txt 中逐个读取字符,在显示器上显示。程序定义了文件指针 fp,以只读文本文件方式打开文件 file1.txt,并使 fp 指向该文件。如果文件打开出错,给出提示并退出程序;如果打开成功,则先读出第一个字符并赋给变量 ch,然后进入循环,只要读出的字符不是文件结束标志 EOF,就把该字符显示在显示器上,再读入下一字符。每读一次,文件内部的位置指针向后移动一个字符,文件结束时该指针指向 EOF,结束循环。执行本程序可以将整个文本文件完整地显示在显示器上。

2. 写字符函数 fputc()

fputc()函数的功能是把一个字符写入指定的文件中。

该函数的调用形式如下。

```
fputc(字符常量/变量,文件指针);
```

示例如下。

```
fputc('a',fp);
```

其含义是把字符 a 写入所指向的文件中。

对于 fputc()函数的调用要注意以下几点。

(1) 被写入的文件可以用写、读写、追加方式打开,用写或读写方式打开一个已存在的文件时清除原有的文件内容,写入字符从文件首开始。如需保留原有文件内容,希望写入的字符从文件末开始存放,必须以追加方式打开文件。

(2) 每写入一个字符,文件内部的位置指针向后移动一个字符。

(3) fputc()函数有一个返回值,如写入成功则返回写入的字符,否则返回一个 EOF。用户可以通过该函数的返回值来判断写入是否成功。

【例 10-2】　从键盘输入一行字符,并将输入的这一行字符写入一个文本文件中保存。

```
1   # include < stdio.h >
2   int main()
3   {
4       FILE * fp;
```

```
5          char ch;
6          if((fp = fopen("f:\\data\\file2.txt","w + ")) == NULL)
7          {
8              printf("Cannot open file2.txt!\n");
9              return 0;
10         }
11         printf("Input a string:\n");
12         ch = getchar();
13         while (ch!= '\n')
14         {
15             fputc(ch,fp);
16             ch = getchar();
17         }
18         fclose(fp);
19         return 0;
20     }
```

程序以读写文本文件方式建立并打开文件 file2.txt。若打开文件失败,则退出程序。若打开文件成功,则从键盘读入一个字符后进入循环;当读入字符不为回车符时,则把该字符写入文件之中,然后继续从键盘读入下一个字符。每输入一个字符,文件内部的位置指针向后移动一个字符,写入完后,该指针指向文件末尾。

10.3.2 字符串读写函数

1. 读字符串函数 fgets()

fgets()函数的功能是从指定的文件中读一个字符串到字符数组中,其一般调用形式如下。

```
fgets(字符数组名,n,文件指针);
```

其中,n 是一个正整数,表示从文件中读出的字符串不超过 n-1 个字符。在读入的最后一个字符后加字符串结束标志(\0)。

示例如下。

```
fgets(str,n,fp);
```

其含义是从 fp 所指的文件中读出 n-1 个字符送入字符数组 str 中。

【例 10-3】 从文本文件中读出一个含 10 个字符的字符串,并将该字符串在显示器上显示出来。

```
1      # include < stdio. h>
2      int main()
3      {
4          FILE * fp;
5          char str[11];
6          if((fp = fopen("f:\\data\\file2.txt","r")) == NULL)
```

```
7        {
8            printf("Cannot open file3.txt! \n ");
9            return 0;
10       }
11       fgets (str,11,fp);
12       printf(" % s\n",str);
13       fclose (fp);
14       return 0;
15   }
```

例 10-3 定义了一个含有 11 个元素的字符数组 str,在以只读文本文件方式打开文件 file2.txt 后,从中读出 10 个字符送入 str 数组,在该数组最后一个内存单元内将加上"\0", 然后在显示器上输出 str 数组。

对 fgets()函数有以下两点说明。

(1) 在读出 n-1 个字符之前,如遇到了换行符或 EOF,则读出结束。

(2) fgets()函数也有返回值,其返回值是字符数组的首地址。

2. 写字符串函数 fputs()

fputs()函数的功能是向指定的文件中写入一个字符串,其一般调用形式如下。

```
fputs(字符串,文件指针);
```

其中,字符串可以是字符串常量,也可以是字符数组名、指针变量,示例如下。

```
fputs("hello",fp);
```

其含义是把字符串"hello"写入 fp 所指向的文件中。

【例 10-4】 在文本文件末追加一个字符串。

```
1    # include < stdio. h >
2    int main()
3    {
4        FILE * fp;
5        char str[20];
6        if((fp = fopen("f:\\data\\file2.txt","a + ")) == NULL)
7        {
8            printf("Cannot open file2.txt!\n");
9            return 0;
10       }
11       printf("Input a string:\n");
12       scanf(" % s",str);
13       fputs(str,fp);
14       fclose(fp);
15       return 0;
16   }
```

例 10-4 是在文件末加写字符串,因此在程序中以追加读写文本文件的方式打开文件 file2.txt,然后输入字符串,并调用 fputs()函数把该字符串写入文件。

10.3.3 格式化读写函数

fscanf()和fprintf()函数的功能是以指定的格式读写文件。这两个函数与前面使用的scanf()和printf()函数的功能相似,都是格式化读写函数。两者的区别在于fscanf()函数和fprintf()函数的读写对象不是键盘和显示器,而是磁盘文件。后者专门用于标准输入或输出流的操作,而前者主要用于对磁盘文件的格式化读写。

这两个函数的一般调用格式如下。

```
fscanf(文件指针,格式控制字符串,输入列表);
fprintf(文件指针,格式控制字符串,输出列表);
```

fprintf()和fscanf()函数分别以格式控制字符串(format)所指定的格式,向或从文件指针所指向的流输出或读入数据,数据项被列写在格式控制字符串后的参数表中。

fprintf()函数返回实际被写入的字符个数,若出错则返回一个负数;fscanf()函数返回实际被赋值的参数个数,返回EOF值则表示试图去读取超过文件尾端的部分。

【例10-5】 将5个学生的数据信息以文本方式写入指定文本文件中。

```c
# include < stdio. h>
typedef struct
{
    int stuID;              //学号
    char name[10];          //姓名
    float score;            //成绩
}Student;
int main()
{
    int i;
    FILE * fp;
    Student stu[5] = {
        {202401,"李明",50},{202402,"王涛",65.5},
        {202403,"刘强",88.50},{202404,"张丽",90},
        {202405,"陈兰",56}
    };

    if((fp = fopen("f:\\data\\file3.txt","w")) == NULL)
    {
        printf("Cannot open file3.txt!\n");
        return 0;
    }
    for(i = 0;i < 5;i++)
    {
        fprintf(fp," % 6d % 10s % 5.1f\n",
            stu[i].stuID,stu[i].name,stu[i].score);
    }
    fclose(fp);
    return 0;
}
```

第27集
微课视频

程序运行后,使用记事本打开 file3.txt,其中的内容显示如下。

202401　李明 50.0

202402　王涛 65.5

202403　刘强 88.5

202404　张丽 90.0

202405　陈兰 56.0

【例 10-6】 将例 10-5 中产生的文件中的学生数据信息读出并显示在显示器上。

```
1     # include < stdio. h>
2     typedef struct
3     {
4         int stuID;              //学号
5         char name[10];          //姓名
6         float score;            //成绩
7     }Student;
8     int main()
9     {
10        int i;
11        FILE * fp;
12        Student stu;

13        if((fp = fopen("f:\\data\\file3.txt","r")) == NULL)
14        {
15            printf("Cannot open file3.txt!\n");
16            return 0;
17        }
18        for(i = 0;i < 5;i++)
19        {
20            fscanf(fp,"%d%s%f",&stu. stuID,stu. name,&stu. score);
21            printf("%-8d%-10s%-5.1f\n",stu. stuID,stu. name,stu. score);
22        }
23        fclose(fp);
24        return 0;
25    }
```

第 28 集
微课视频

程序运行后,显示器显示如下。

202401　李明　　　50.0

202402　王涛　　　65.5

202403　刘强　　　88.5

202404　张丽　　　90.0

202405　陈兰　　　56.0

10.3.4　数据块读写函数

C 语言还提供了数据块读写函数 fread()和 fwrite(),可用来读写一组数据,如一个数组元素、一个结构体变量的值等。

读数据块函数的一般调用形式如下。

```
fread(数据接收缓冲区指针,数据块大小,数据块个数,文件指针);
```

写数据块函数的一般调用形式如下。

```
fwrite(数据输出缓冲区指针,数据块大小,数据块个数,文件指针);
```

其中,数据接收或输出缓冲区指针表示存放输入或输出数据的首地址;数据块大小指作为一个整体进行读写的数据块的字节数;数据块个数指向文件写入或从文件读出的数据块的数量;文件指针指将要进行按读写操作的文件结构体指针。如果 fread() 或 fwrite() 函数调用成功,则返回读出或写入的数据块的个数,如果实际的个数少于所要求的个数,则操作失败。示例如下。

```
fread(buf,4,5,fp);
```

其含义是从所指的文件中,每次读 4 字节(例如:一个实数)送入数组 buf 中,连续读 5 次,即读 5 个实数到数组 buf 中。

【例 10-7】 将 5 个学生的数据信息以数据块方式写入指定的二进制文件中。

```
1    # include < stdio.h >
2    typedef struct
3    {
4        int stuID;              //学号
5        char name[10];          //姓名
6        float score;            //成绩
7    }Student;
8    int main()
9    {
10       int i;
11       FILE * fp;
12       Student stu[5] = {
13           {202401,"李明",50},{202402,"王涛",65.5},
14           {202403,"刘强",88.50},{202404,"张丽",90},
15           {202405,"陈兰",56}
16       };
17       if((fp = fopen("f:\\data\\students.dat","wb")) == NULL)
18       {
19           printf("Cannot open students.dat!\n");
20           return 0;
21       }
22       for(i = 0;i < 5;i++)
23       {
24           fwrite(&stu[i],sizeof(Student),1,fp);   //写入一个结构体的内存数据
25       }
26       fclose(fp);
27       return 0;
28   }
```

例 10-7 写入的是内存缓存区数据,其中包含了整数和浮点数等二进制数据,不是纯字符数据。所以,使用 fopen()函数打开文件时,是以二进制方式打开,生成的文件为二进制文件,如果用记事本等文本编辑器打开该文件,不能正常显示其中的数据。

【例 10-8】 将例 10-7 中产生的文件中的学生数据信息读出并显示在显示器上。

```
1      # include < stdio. h>
2      typedef struct
3      {
4          int stuID;              //学号
5          char name[10];          //姓名
6          float score;            //成绩
7      }Student;
8      int main()
9      {
10         int i;
11         FILE *fp;
12         Student stu[5];

13         if((fp = fopen("f:\\data\\students.dat","rb")) == NULL)
14         {
15             printf("Cannot open students.dat!\n");
16             return 0;
17         }
18         fread(stu,sizeof(Student),5,fp); //一次从文件中读取 5 个学生数据
19         for(i = 0;i < 5;i++)
20         {
21             printf(" % - 8d % - 10s % - 5.1f\n",
                    stu[i].stuID,stu[i].name,stu[i].score);
22         }
23         fclose(fp);
23         return 0;
25     }
```

读取文件中 5 个学生的数据时,可以采用循环结构逐个读取。由于数组元素在内存中是连续存放的,所以,本例中采用一次读取 5 个学生数据,存入结构体数组 stu[]的首地址指向的内存缓存区中,可以达到同样的效果。

10.4　文件的定位与随机读写

顺序读写,是从文件的开头逐个字符进行读写,该方式易理解,也易操作,但有时效率不高。例如文件中有若干数据,若随机查找第 i 个数据,则必须先逐个读取其前面的所有数据,才能读取第 i 个数据。显然,在这种情况下,顺序读写效率很低。为了解决这个问题,可以采用随机读写的方式。

随机读写不是按数据在文件中的物理位置次序进行读写,而是可以对任何位置上的数据进行访问,显然这种方法比顺序读写效率高。

10.4.1 文件的定位

文件内部的位置指针,用于指向文件当前读写的位置。如果顺序读写一个文件,一般每次读写一个数据,该位置指针自动向后移动,指向下一个位置。如果想改变这种移动规律,强制使位置指针指向程序员指定的位置,此时可以用相关的函数实现。

移动文件内部位置指针的函数主要有 rewind()和 fseek()函数;位置指针检测函数主要有 ftell()和 feof()函数;这些函数也是在 stdio.h 内定义的,使用时必须先包含头文件。

1. rewind()函数

rewind()函数的功能是使文件内部的位置指针重新返回到文件的开头。示例如下。

```
rewind(fp);
```

其含义是使 fp 指向的文件内部的位置指针返回到文件的开头。

2. fseek()函数

fseek()函数可以实现随机改变位置指针的位置,其一般调用形式如下。

```
fseek(位置指针,位移量,起始点);
```

其中,位置指针指向被移动的文件。位移量表示移动的字节数,要求位移量是 long 型数据,以便在文件长度大于 64KB 时不会出错。当用常量表示位移量时,要求加后缀"L"。起始点表示从何处开始计算位移量,规定的起始点有 3 种:文件首、当前位置和文件末尾。其表示方法如表 10-2 所示。

表 10-2 fseek()函数的起始点表示方法

起 始 点	表 示 符 号	数 字 表 示
文件首	SEEK_SET	0
当前位置	SEEK_CUR	1
文件末尾	SEEK_END	2

示例如下。

```
fseek(fp, 100L, SEEK_SET);      /* 把位置指针移到离文件首 100 字节处 */
fseek(fp, 50L, SEEK_CUR);       /* 把位置指针移到离当前位置 50 字节处 */
fseek(fp, -10L, 2);             /* 把位置指针从文件末尾后退 10 字节 */
```

fseek()函数一般用于二进制文件。在文本文件中由于要进行转换,往往计算的位置会出现错误。

3. ftell()函数

ftell()函数的作用是得到位置指针在文件中的当前位置,用相对于文件开头的位移量来表示。在实际编程过程中,由于文件中的位置指针经常移动,往往不易辨清其当前位置,故引入 fell()函数。该函数的一般调用形式如下。

```
长整型变量 = ftell(位置指针);
```

ftell()函数返回一个长整型的数值,表示位置指针的当前位置。若函数返回值为-1L,
则表示出错。

4. feof()函数

feof()函数的一般调用形式如下。

```
feof(位置指针);
```

feof()函数判断位置指针是否处于文件末尾位置,如文件结束,则返回值为1,否则为0。

10.4.2　文件的随机读写

通过对文件位置指针的定位,可以随机读写文件中任意位置的数据。

【例 10-9】　将例 10-7 中产生的文件中的第 4 个学生的姓名修改为周梅,成绩修改为 98
分,并在显示器上分别显示修改前和修改后的学生数据。

```
1    # include < stdio. h >
2    # include < string. h >
3    typedef struct
4    {
5        int stuID;                            //学号
6        char name[10];                        //姓名
7        float score;                          //成绩
8    }Student;
9    int main()
10   {
11       int i;
12       FILE * fp;
13       Student stu;

14       if((fp = fopen("f:\\data\\students.dat","rb + ")) == NULL)
15       {
16           printf("Cannot open students.dat!\n");
17           return 0;
18       }
19       printf("修改前的数据为\n");
20       for(i = 0;i < 5;i++)                   //显示修改前的学生数据
21       {
22           fread(&stu,sizeof(Student),1,fp);
23           printf(" % - 8d % - 10s % - 5.1f\n",stu.stuID,stu.name,stu.score);
24       }
25       fseek(fp,3 * sizeof(Student),SEEK_SET);    //定位到第 4 个学生数据的位置
26       fread(&stu,sizeof(Student),1,fp);          //从文件中读取一个学生数据
27       strcpy(stu.name,"周梅");                    //将学生姓名修改为周梅
28       stu.score = 98;                            //将学生成绩修改为98
29       fseek(fp,3 * sizeof(Student),SEEK_SET);    //重新定位到第 4 个学生数据位置
30       fwrite(&stu,sizeof(Student),1,fp);         //将该学生信息写入文件
31       fflush(fp);                                //将输出缓冲区中的数据强制写入文件中
32       rewind(fp);                                //使文件内部位置指针重新返回到文件的开头
```

第 29 集
微课视频

```
33          printf("\n修改后的数据为\n");
34          for(i = 0;i < 5;i++)                    //显示修改后的学生数据
35          {
36              fread(&stu,sizeof(Student),1,fp);
37              printf("% - 8d% - 10s% - 5.1f\n",stu.stuID,stu.name,stu.score);
38          }
39          fclose(fp);
40          return 0;
41      }
```

程序运行后,显示器显示如下。

修改前的数据为

202401	李明	50.0
202402	王涛	65.5
202403	刘强	88.5
202404	张丽	90.0
202405	陈兰	56.0

修改后的数据为

202401	李明	50.0
202402	王涛	65.5
202403	刘强	88.5
202404	周梅	98.0
202405	陈兰	56.0

10.5 科技前沿之大数据

大数据指处理、存储和分析超大规模数据集的一系列技术和工具。

随着互联网、物联网、社交媒体等的普及,产生的数据量呈指数级增长,传统的数据处理方式难以应对这些海量数据的挑战。大数据技术的核心目标是从大量、复杂、多样的数据中提取有价值的信息和知识,以支持商业决策和技术创新。

1. 大数据的特点(4V)

大数据通常具有以下 4 个典型特征。

(1) Volume(数据量大):数据规模极其庞大,通常以 TB、PB 甚至更大的单位来衡量。

(2) Velocity(速度快):数据产生和处理的速度极快,实时或接近实时的数据处理需求越来越多。

(3) Variety(类型多样):数据类型多样化,既包括结构化数据(如数据库中的表格数据),也包括非结构化数据(如文本、图片、视频等)。

(4) Veracity(真实性):数据的真实性和质量难以保证,包含大量噪声和不准确的信息。

2. 大数据技术的应用场景

大数据技术的应用场景非常广泛,包括但不限于金融、医疗、零售、制造业和政府部门等领域。通过大数据技术,企业和组织可以从大量数据中获得有价值的信息,做出更为精准的决策。

3. 未来发展趋势

大数据技术的未来将与人工智能、物联网、云计算深度融合,推动智能化的决策支持和自动化的业务流程。此外,随着隐私保护法规的日益严格,数据安全与隐私保护技术也将成为大数据技术发展的重要方向。

本章小结

在 C 语言中,文件操作是程序设计中不可或缺的一部分。通过本章的学习,我们掌握了如何在 C 语言程序中进行文件的创建、读取、写入和关闭等基本操作。

C 语言中使用 FILE 结构体来表示文件,通过 fopen() 函数打开文件时会返回一个 FILE 类型的指针,用于后续的文件操作。使用 fopen() 函数以指定的模式(如"r"只读模式、"w"只写模式等)打开文件,如果成功,则返回指向 FILE 对象的指针;否则,返回空指针 NULL。使用 fclose() 函数关闭文件,释放与文件相关的资源。fgetc() 函数用于读取单个字符,fgets() 函数用于读取字符串,fread() 函数用于读取数据块。fputc() 函数用于写入单个字符,fputs() 函数用于写入字符串,fwrite() 函数用于写入数据块。使用 rewind() 函数将位置指针重置到文件的开头,使用 fseek() 函数移动位置指针到指定位置,使用 ftell() 函数获取当前位置指针的位置。

通过本章节的学习,我们不仅理解了文件操作的基本概念,还学会了如何在实际编程中应用这些知识。文件操作是 C 语言中处理数据持久化的关键技术,对于任何需要读写文件的程序都是至关重要的。

本章习题

一、选择题

1. 若需要以追加模式打开一个文本文件,应使用(　　)打开方式。

    A. "r"　　　　　　　　B. "a"　　　　　　　　C. "w"　　　　　　　　D. "rb"

2. 若要写入格式化的输出到文件中,应使用(　　)函数。

    A. fputs()　　　　　　B. fprintf()　　　　　　C. fputc()　　　　　　D. fwrite()

3. 若要从文件读取一个字符,可以使用的函数是(　　)函数。

    A. fgetc()　　　　　　B. getc()　　　　　　　C. scanf()　　　　　　D. fread()

4. C 语言中,文件末尾的判断可以使用(　　)函数。

    A. endfile()　　　　　B. feof()　　　　　　　C. eof()　　　　　　　D. endoffile()

5. 用来读取结构体数据的函数为(　　)。

    A. fprintf()　　　　　B. fscanf()　　　　　　C. fwrite()　　　　　　D. fread()

6. 当文件以"wb+"打开方式打开,以下说法中正确的是(　　)。

    A. 文件用于读和写,二进制模式

B. 文件用于只写,二进制模式

C. 文件用于创建新文件,二进制模式

D. 文件用于读和写,文本模式

7. 使用(   )标准流时,不需要显式调用 fopen( )函数打开流。

    A. stderr   B. stdout   C. stdin   D. 上述所有

8. fseek( )函数用于在文件中定位,其第 3 个参数若为 SEEK_SET,含义是(   )。

    A. 文件的开头   B. 文件的当前位置

    C. 文件的末尾   D. 文件的大小

9. 以下选项中,(   )是正确的读写二进制文件的函数。

    A. fscanf( ) 和 fprintf( )   B. fread( ) 和 fwrite( )

    C. fgetc( ) 和 fputc( )   D. fgets( ) 和 fputs( )

10. 要强制刷新一个流的输出缓冲区,应使用(   )函数。

    A. flush( )   B. fflush( )   C. fclean( )   D. clear( )

二、填空题

1. "FILE * fps"的作用是定义一个文件指针,其中的 FILE 是在头文件_____中定义的。

2. 若需要打开 E 盘上 data 子目录下已经存在的名为 abc.txt 的文本文件,先读出文件中的数据,后追加写入新数据,则正确的函数调用语句是 fp=fopen("e:\\data\\abc.txt",_____)。

3. 在调用函数 fopen("e:\\b.dat","r")时,若 E 盘根目录下不存在文件 b.bat,则函数的返回值是_____。

4. 按照数据的存储形式,文件可以分为_____和_____。

5. 在用 fopen( )函数打开一个已经存在的二进制数据文件 abc 时,若要求既可以读出 abc 文件中原来的内容,也可以用新的数据覆盖文件原来的数据,则调用 fopen( )函数时,使用的存取方式参数应当是_____。

三、编程题

1. 编写一个程序,实现将用户从键盘上输入的若干文字存储到磁盘文件 text.txt 中。

2. 编写一个程序,接收用户从键盘上输入的多个学生信息,学生的信息包括姓名和 3 门课程的成绩,然后将这些信息保存到磁盘文件,已知学生信息定义如下。

```
struct student {
    char name[10];
    float score[3];
};
```

3. 编写一个程序,要求读入第 1 题建立的文件 text.txt,统计文件的行数和字符数。

4. 编写一个程序,将文件 number1.txt 中的字符'0',替换为字符'a',将替换后的结果写入文件 number2.txt。

5. 编写一个程序,将文件 data1.txt 和文件 data2.txt 的内容合并到文件 data3.txt。

## 第 11 章

项目案例实现

引言

C 语言是工具,为我们提供了将现实世界描述到计算机世界的方法以及利用计算机解决问题的工具和技巧。我们需要具备使用 C 语言来解决现实世界问题的能力,需要学会应用所学的基本语法、选择结构、循环结构来控制事件的流程,学会使用数组和字符串来处理批量数据,学会使用结构体来处理多维数据,学会使用函数和指针来提高程序的性能,学会使用文件操作实现数据的永久存储等。学习综合系统的开发,可以夯实 C 语言的基础知识,也能提升 C 语言知识的应用能力,只有多写多应用,才能将 C 语言学以致用。

本章导读

本章将综合应用前面所有章节的知识完成一个小型应用系统——"智慧农业温湿度监控系统"的设计和开发,目的在于提供给大家一个将前面所学知识进行融会贯通来解决实际问题的视野。

重点内容

完成该系统 6 个功能模块"温湿度采集""显示温湿度信息""温湿度数据排序""温湿度信息查找""信息修改"和"加温加湿终端控制"的代码实现。

世界计算机名人——沈绪榜

沈绪榜(见图 11-1),中国计算机专家、中国科学院院士,他的一生是科研与奉献的典范,为中国的计算机事业和航天事业做出了卓越贡献。

沈绪榜于 1933 年 1 月 10 日出生于湖南临澧,自幼聪明好学,尽管家境贫寒,但他凭借自己的努力,克服重重困难,完成了学业。他先后就读于武汉大学数学系和北京大学数学力学系,为日后的科研生涯打下了坚实的基础。

1957 年,沈绪榜从北京大学毕业后,被分配到中国科学院计算技术研究所工作,开始了他的科研生涯,并始终致力于嵌入式计算机及芯片设计的研究。

图 11-1 沈绪榜

在科研道路上,沈绪榜不断突破自我,取得了多项重要成果。他早期设计了中小规模集成电路两种箭载数字计算机,为解决箭载计算机小型化难题做出了突出贡献。随后,他又研

制了 NMOS 大规模集成电路 16 位嵌入式微计算机,推动了 MOS 技术的发展。此外,他还研制了多种数字信号处理芯片和微处理器芯片,为中国计算机事业的发展做出了重要贡献。

沈绪榜不仅在计算机领域取得了显著成就,还积极参与了中国的航天事业。他参与了中国大型系列电子计算机的研制,并领导了运载火箭计算机的总体逻辑设计。他的研究成果在神舟十一号载人飞船发射任务中发挥了重要作用,他亲自为飞船编写了一套"航天保姆"程序,确保了飞船的成功发射和多次太空对接。

沈绪榜非常重视人才培养工作,他自 1982 年开始培养芯片设计研究生,先后担任多所高校的教授和博士生导师,培养出了大量优秀人才。他还编写了多部著作,如《超大规模集成系统设计》等,为中国的计算机教育和科研事业做出了重要贡献。

勤奋好学,勇于探索

沈绪榜院士自小便勤奋好学,不畏艰难困苦,始终保持着对知识的渴望和对科学的热爱。他的故事告诉我们,只有不断学习、勇于探索,才能在科研道路上不断前行。

爱国情怀与责任担当

沈绪榜院士在科研工作中始终将国家利益放在首位,他放弃国外优厚待遇,毅然回国投身科研事业。他的爱国情怀和责任担当精神激励着我们每一个人都要为国家的繁荣富强贡献自己的力量。

勇于创新,敢于突破

沈绪榜院士在科研过程中不断突破自我,勇于创新。他带领团队攻克了一个又一个技术难关,实现了从"跟跑"到"并跑",再到"领跑"的转变。他的故事告诉我们,只有勇于创新、敢于突破,才能在激烈的国际竞争中立于不败之地。

第 30 集
微课视频

11.1 项目需求分析

1. 故事背景

小明的爸爸经营了 8 个草莓大棚,欲使用智能化系统来对草莓大棚的温湿度进行自动化管理,希望能够自动实现草莓大棚的温湿度信息采集及显示,能够自动实现温度的升温控制、湿度的自动加湿控制等功能。

2. 系统流程图

通过对需求的分析,我们设计了该智慧农业温湿度监控系统,系统分为 6 个功能模块:温湿度采集、显示温湿度信息、温湿度数据排序、温湿度信息查找、信息修改、加温加湿终端控制等。其中使用 scanf() 函数来模拟温湿度传感器终端数据的采集,使用 printf 语句来模拟升温、加湿终端设备的开启工作。系统功能模块如图 11-2 所示。

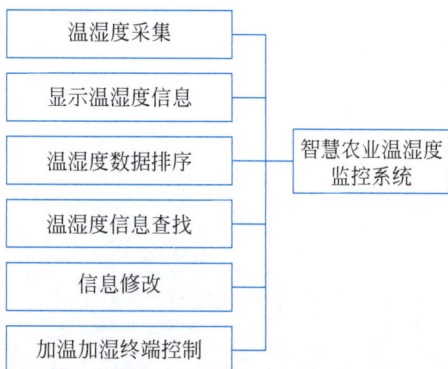

系统的流程如图 11-3 所示。

图 11-2 系统功能模块

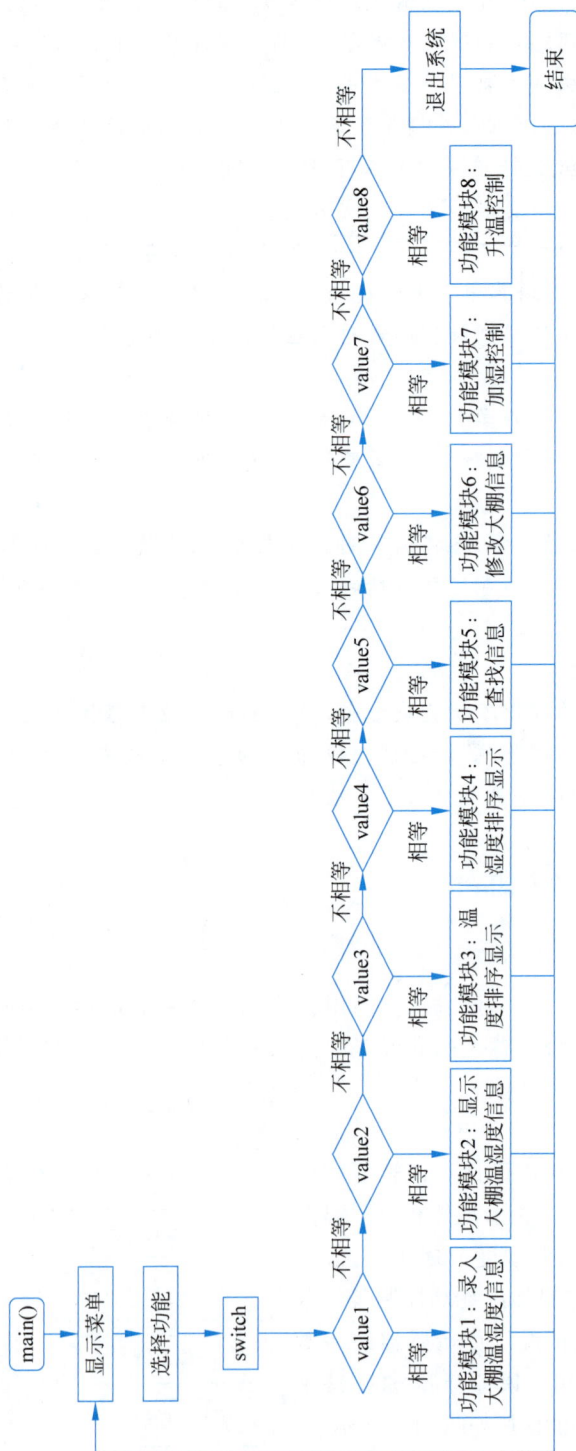

图 11-3 系统的流程

3. 项目功能模块与章节知识的对应

项目功能模块与章节知识的对应关系如图 11-4 所示。

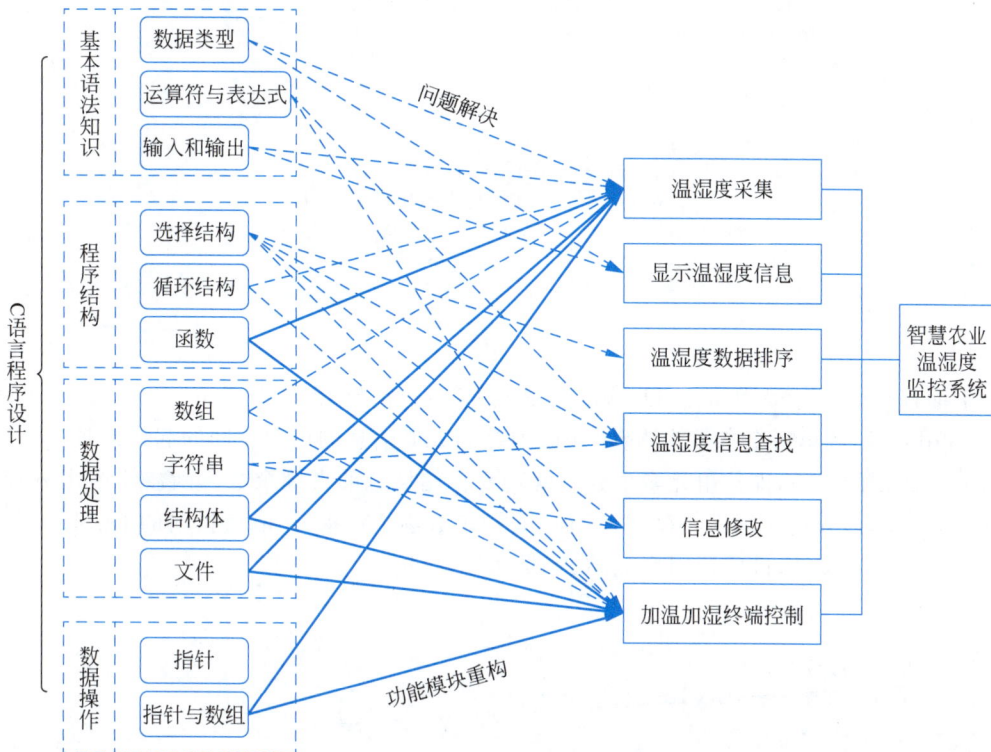

图 11-4 项目功能模块与章节知识的对应关系

11.2 温湿度采集模块

1. 大棚结构体类型的定义

```
1    typedef struct Dp_Info{
2        short int dp_Id;
3        char dp_Name[20];
4        float dp_wd;
5        float dp_sd;
6        char remark[50];
7    }Dp_Info;
```

2. 保存大棚信息到文件的函数设计与实现

```
1    //保存数据到文件
2    void saveToFile(Dp_Info * dp, int n){
3        int i = 0;
```

```
4          FILE * fp;
5
6          if((fp = fopen("Dp_info.txt","wb")) == NULL){
7              printf(" open error !\n");
8              exit(0);
9          }
10
11         for(i = 0;i < n;i++){
12             if(fwrite(dp,sizeof(Dp_Info),1,fp)!= 1){
13                 printf(" 写入第 % d个大棚信息失败!\n",i + 1);
14             }
15             dp++;
16         }
17         fclose(fp);
18     }
```

上面程序将所有大棚信息以"wb"方式保存到当前路径下的"Dp_info. txt"文件中。saveToFile()函数第一个参数为指针,获取到存储大棚信息的内存空间的起始地址,第二个参数 n 为数据的规模,即数组元素个数也就是要存储信息的大棚个数。函数体中用 n 控制循环次数,移动 dp 指针访问内存,调用 fwrite()函数逐个将指针 dp 所指向的 Dp_Info 类型的数据存入文本文件,最后调用 fclose()函数关闭文件。

3. 大棚温湿度采集

```
1      //温湿度数据采集
2      void f_info_caiji(Dp_Info * dp, int n){
3          Dp_Info * p = NULL;
4
5          //输入
6          for(p = dp;p < dp + n;p++)
7          {
8              //大棚 ID
9              printf("请输入第 % d个大棚的编号: ",p - dp + 1);
10             scanf(" % d",&(p - > dp_Id));
11             getchar();
12             //大棚名字
13             printf("请输入第 % d个大棚的名字: ",p - dp + 1);
14             gets(p - > dp_Name);
15             //大棚温度
16             printf("请输入第 % d个大棚的温度: ",p - dp + 1);
17             scanf(" % f",&(p - > dp_wd));        //模拟终端数据采集
18             getchar();
19             //大棚湿度
20             printf("请输入第 % d个大棚的湿度: ",p - dp + 1);
21             scanf(" % f",&(p - > dp_sd));        //模拟终端数据采集
22             getchar();
23             //大棚备注信息
24             printf("请输入第 % d个大棚的备注信息: ",p - dp + 1);
25             gets(p - > remark);
26
```

```
27          }
28
29        //存储到文件
30        saveToFile(dp,n);
31
32    }
```

函数 f_info_caiji(Dp_Info * dp,int n)实现了从键盘录入大棚编号、大棚名字、大棚温度数据、大棚湿度数据、大棚备注信息,并存储信息到磁盘文件,实现信息永久存储。函数的第一个参数为指针,获取到存储大棚信息的内存空间的起始地址,第二个参数 n 为数据的规模,即数组元素个数也就是要存储信息的大棚个数。函数中循环结构,从获取到的存储空间的起始地址开始,执行 p++操作,逐次移动指针操作每个 Dp_Info 的存储单元,循环体内输入结构体每个成员的数据(scanf()语句模拟终端温湿度数据采集)。最后的调用语句"saveToFile(dp,n);",传递存放大棚信息的内存空间的地址和个数 n 给 saveToFile()函数,实现将录入的大棚信息存储到磁盘上的文本文件。

11.3 显示温湿度信息模块

```
1     //大棚温湿度数据显示
2     void  f_dp_xianshi(Dp_Info * dp,int n)
3     {
4         Dp_Info * p = NULL;
5
6         //输入
7         for(p = dp;p < dp + n;p++)
8         {
9             printf("%d号%s,当前温度%.0f摄氏度,湿度%.0f%%,%s\n",p->dp_Id,p->
              dp_Name,p->dp_wd,p->dp_sd,p->remark);
10        }
11    }
```

f_dp_xianshi(Dp_Info * dp,int n)函数显示了所有的大棚信息。函数的第一个参数为指针,获取到存储大棚信息的内存空间的起始地址,第二个参数 n 为数据的规模,即数组元素个数也就是大棚个数。函数体内,在循环结构下,使用指针变量 p 从数组的起始地址 dp 开始,随着 p++执行,逐个输出存储在 p 指向的内存空间中的数据。

11.4 温湿度数据排序模块

1. 温度降序排序显示

```
1     //温度降序排序显示
2     void f_dpwd_paix(Dp_Info * dp,int n)
```

```
3      {
4          Dp_Info * p_dp_Info[N], ** p = NULL, * p_dp, * temp;    //p指针访问 p_dp_Info 数组,p_dp 指
                                                                   //针访问 dp 起始的存储大棚数据的
                                                                   //存储空间
5          int i = 0;
6
7          for(p = p_dp_Info,p_dp = dp;p < p_dp_Info + n;p++,p_dp++)
8          {
9              * p = p_dp;            //将 dp 中每个大棚存储首地址赋值到 p_dp_Info 数组中
10         }
11
12         //排序 p_dp_Info 数组
13         for(i = 1;i < n;i++)
14         {
15             for(p = p_dp_Info;p <= p_dp_Info + n - 1 - i;p++)
16             {
17                 if(( * p) -> dp_wd <( * (p + 1)) -> dp_wd)
18                 {
19                     temp = * p;
20                     * p = * (p + 1);
21                     * (p + 1) = temp;
22                 }
23             }
24         }
25
26         //温度降序输出大棚信息
27         for(p = p_dp_Info;p < p_dp_Info + n;p++)
28         {
29             printf(" % d 号 % s,当前温度 % .0f 摄氏度,湿度 % .0f % %, % s\n",( * p) -> dp_Id,
             ( * p) -> dp_Name,( * p) -> dp_wd,( * p) -> dp_sd,( * p) -> remark);
30         }
31     }
```

f_dpwd_paix(Dp_Info * dp,int n)函数实现了将 dp 指向的内存空间中存储的大棚信息按温度降序排序显示,利用指针数组实现逻辑上的排序显示,没有改变大棚信息的实际存储位置(有关指针数组实现数据排序的知识见第 8.6 节)。函数的第一个参数为指针,获取到存储大棚信息的内存空间的起始地址,第二个参数 n 为数据的规模,即数组元素个数也就是大棚个数。函数内定义了指针数组 p_dp_Info[N],用来存储各个大棚数据所在的存储空间的地址,p 指针用来访问 p_dp_Info 数组,p_dp 指针访问 dp 起始的存储大棚数据的存储空间,指针 temp 用来在排序交换语句的时候使用。

循环体内第一个循环,将 dp 起始的存储各大棚数据的地址依次赋值到指针数组 p_dp_Info 中。第二个循环为使用冒泡排序法对 p_dp_Info 数组中的地址进行排序,按照地址所指向的大棚的温度降序排序。排序后,p_dp_Info 数组中的地址是按照温度从高到低依次存放的。最后一个循环,将指针数组(数组元素的值为地址,指向大棚数据)按下标顺序输出,即得到排好序的温度信息。

2. 湿度降序排序显示

```
1    //湿度降序排序显示
2    void f_dpsd_paix(Dp_Info * dp,int n)
3    {
4       Dp_Info * p_dp_Info[N], ** p = NULL, * p_dp, * temp;   //p指针访问 p_dp_Info 数组,p_dp指
                                                               //针访问 dp 数组
5       int i = 0;
6       for(p = p_dp_Info,p_dp = dp;p < p_dp_Info + n;p++,p_dp++)
7       {
8           * p = p_dp;                //将 dp 中每个大棚存储首地址赋值到 p_dp_Info 数组中
9       }
10
11      //排序 p_dp_Info 数组
12      for(i = 1;i < n;i++)
13      {
14          for(p = p_dp_Info;p <= p_dp_Info + n - 1 - i;p++)
15          {
16              if(( * p) -> dp_sd <( * (p + 1)) -> dp_sd)
17              {
18                  temp = * p;
19                  * p = * (p + 1);
20                  * (p + 1) = temp;
21              }
22          }
23      }
24
25      //温度降序输出大棚信息
26      for(p = p_dp_Info;p < p_dp_Info + n;p++)
27      {
28          printf("% d 号% s,当前温度%.0f 摄氏度,湿度%.0f% %,% s\n",( * p) -> dp_Id,
            ( * p) -> dp_Nam e,( * p) -> dp_wd,( * p) -> dp_sd,( * p) -> remark);
29      }
30   }
```

f_dpsd_paix(Dp_Info * dp,int n)函数实现了将大棚信息按照湿度降序排序显示,实现算法与上一个函数温度降序排序显示是一样的,不同之处仅在于排序时的比较条件是湿度数据而不是温度数据,因此该函数的实现过程不再赘述。

11.5 温湿度信息查找模块

1. 查找功能模块的封装

信息查找模块提供了 4 个功能:按大棚编号查找、按大棚名字查找、湿度低于 30% 的大棚查找、温度低于 10 摄氏度的大棚查找。提供了二级菜单使用,该模块封装成函数 f_chazhao(Dp_Info * dp,int n),如下所示。

```
//查找信息
1    void f_chazhao(Dp_Info * dp, int n)
2    {
3        int cx = 0;
4        printf("\n1.按大棚编号查找\n");
5        printf("\n2.按大棚名字查找\n");
6        printf("\n3.湿度低于 30％％的大棚查找\n");
7        printf("\n4.温度低于 10 摄氏度的大棚查找\n");
8        printf("\n 请输入你要选择的功能项：");
9        scanf("％d",&cx);
10       getchar();
11
12       switch(cx)
13       {
14       case 1:
15               f_chazhao_ID(dp,n);
16               break;
17       case 2:
18               f_chazhao_Name(dp,n);
19               break;
20       case 3:
21               f_chazhao_sd(dp,n);
22               break;
23       case 4:
24               f_chazhao_wd(dp,n);
25               break;
26
27       }
28   }
```

2. 按大棚编号查找

```
1    void f_chazhao_ID(Dp_Info * dp, int n)
2    {
3        short int dp_Id = 0;
4        Dp_Info * p = NULL;
5
6        printf("请输入要查找的大棚编号：");
7        scanf("％hd",&dp_Id);
8        getchar();
9
10       for(p = dp;p < dp + n;p++)
11       {
12         if(p-> dp_Id == dp_Id)
13           {
14               printf("％d 号％s,当前温度％.0f 摄氏度,湿度％.0f％％,％s\n",p-> dp_Id,p->
                     dp_Name,p-> dp_wd,p-> dp_sd,p-> remark);
15               break;
16           }
17       }
18   }
```

f_chazhao_ID(Dp_Info * dp,int n)函数实现从键盘输入大棚编号来查找大棚信息并输出显示。该函数第一个参数为指针,获取到存储大棚信息的内存空间的起始地址,第二个参数 n 为数据的规模,即数组元素个数也就是大棚个数。定义了指针变量 p 来操作存储大棚数据的存储空间,调用 scanf()函数从键盘输入要查找的大棚编号,然后使用循环结构,用指针 p 从起始地址 dp 开始,随着 p++操作,依次访问大棚数据,p 所指向的存储空间内存储的大棚的编号(p-> dp_Id)与输入的大棚编号相等时,就输出大棚信息,并使用 break 语句结束查找。

3. 按大棚名字查找

```
1   //按大棚名字查找
2   void f_chazhao_Name(Dp_Info * dp,int n)
3   {
4      char dp_Name[20];
5      Dp_Info * p = NULL;
6
7      printf("请输入要查找的大棚名字: ");
8      gets(dp_Name);
9
10     for(p = dp;p < dp + n;p++)
11     {
12        if(strcmp(p-> dp_Name,dp_Name) == 0)
13        {
14           printf("%d 号 %s,当前温度 %.0f 摄氏度,湿度 %.0f % %,%s\n",p-> dp_Id,p->
                  dp_Name,p-> dp_wd,p-> dp_sd,p-> remark);
15        }
16     }
17
18  }
```

f_chazhao_Name()函数实现了从键盘输入大棚名字来查找大棚信息并输出的功能。该函数第一个参数 Dp_Info * dp 为指针,获取到存储大棚信息的内存空间的起始地址,第二个参数 n 为数据的规模,即数组元素个数也就是大棚个数。该函数的实现算法与上一个"按大棚编号查找"函数的算法相似,不同之处在于循环体中 if 语句的条件表达式比较的是大棚名字。

4. 湿度低于阈值的大棚查找

```
1   //湿度低于 30 % 的大棚查找
2   void f_chazhao_sd(Dp_Info * dp,int n)
3   {
4      Dp_Info * p = NULL;
5      for(p = dp;p < dp + n;p++)
6      {
7         if(p-> dp_sd < 30)
8         {
9            printf("%d 号 %s,当前温度 %.0f 摄氏度,湿度 %.0f % %,%s\n",p-> dp_Id,p->
                   dp_Name,p-> dp_wd,p-> dp_sd,p-> remark);
```

```
10              }
11          }
12      }
```

f_chazhao_sd()函数实现了湿度低于设定的阈值(30%)的大棚查找并输出的功能。该函数第一个参数 Dp_Info * dp 为指针,获取到存储大棚信息的内存空间的起始地址,第二个参数 n 为数据的规模,即数组元素个数也就是大棚个数。函数体内,在 for 循环控制下,使用指针变量 p 从存储大棚信息的起始地址 dp 开始,判断 p 所指向的大棚的湿度(p-> dp_sd)是否小于阈值,如果条件成立就输出大棚信息,如果该大棚湿度高于阈值就继续执行 p＋＋操作。

5. 温度低于阈值的大棚查找

```
1   //温度低于10摄氏度的大棚查找
2   void f_chazhao_wd(Dp_Info * dp, int n)
3   {
4       Dp_Info * p = NULL;
5       for(p = dp;p < dp + n;p++)
6       {
7           if(p-> dp_wd < 10)
8           {
9               printf("%d号%s,当前温度%.0f摄氏度,湿度%.0f%%,%s\n",p->dp_Id,p->
                    dp_Name,p-> dp_wd,p-> dp_sd,p-> remark);
10          }
11      }
12  }
```

f_chazhao_wd()函数实现了温度低于设定阈值(10 摄氏度)的大棚查找并输出的功能。函数的实现算法与上面的"湿度低于阈值的大棚查找"函数 f_chazhao_sd()的算法类似,不同之处就是 if 语句的条件表达式是比较温度的值。

11.6 信息修改模块

```
1   //修改大棚信息
2   void f_xiugai(Dp_Info * dp, int n)
3   {
4       short int dp_Id = 0;
5       Dp_Info * p = NULL;
6
7       printf("\n请输入要修改的大棚的编号: ");
8       scanf("%hd",&dp_Id);
9       getchar();
10
11      printf("\n当前大棚信息如下: \n");
12      for(p = dp;p < dp + n;p++)
13      {
14          if(p-> dp_Id == dp_Id)
```

```
15          {
16              printf("%d号%s,当前温度%.0f摄氏度,湿度%.0f%%,%s\n",p->dp_Id,p->
                    dp_Name,p->dp_wd,p->dp_sd,p->remark);
17              break;
18          }
19      }
20      //修改
21      printf("请输入大棚的名字：");
22      gets(p->dp_Name);
23      printf("请输入大棚的温度：");
24      scanf("%f",&(p->dp_wd));
25      getchar();
26      printf("请输入大棚的湿度：");
27      scanf("%f",&(p->dp_sd));
28      getchar();
29      printf("请输入大棚的备注信息：");
30      gets(p->remark);
31
32      printf("\n修改%d号大棚信息成功!如下：\n",p->dp_Id);
33      printf("%d号%s,当前温度%.0f摄氏度,湿度%.0f%%,%s\n",p->dp_Id,p->
            dp_Name,p->dp_wd,p->dp_sd,p->remark);
34      //保存到文件
35      saveToFile(dp,n);
36  }
```

f_xiugai()函数实现了大棚信息修改的功能。该函数第一个参数 Dp_Info * dp 为指针,获取到存储大棚信息的内存空间的起始地址,第二个参数 n 为数据的规模,即数组元素个数也就是大棚个数。函数内,首先从键盘输入要修改的大棚的编号,然后使用指针变量 p 从起始地址 dp 开始,逐个访问,当 p 所指向的结构体的 dp_Id 成员值与输入的大棚编号值相等时,显示该大棚的所有信息,并使用 break 语句结束查找的循环语句,此时 p 指针指向要修改的大棚,然后从键盘录入新的大棚信息存入 p 所指向的存储空间,修改后的信息再次输出,最后调用 saveToFile()函数把 dp 起始的所有大棚信息保存到磁盘文件中。

11.7　加温加湿终端控制模块

本系统中,所有终端模块工作由输入语句和输出语句来模拟,终端传感器采集温度、湿度数据使用 scanf()函数模拟,加温器和加湿器终端的开启由 printf()函数模拟。

1. 加温控制

草莓大棚的温度过低时,需要启动加温终端设备来提升草莓大棚的温度。加温自动控制实现的函数如下。

```
1   //升温控制
2   void f_shengwen(Dp_Info * dp,int n)
3   {
4       Dp_Info * p = NULL;
```

```
5              for(p = dp;p < dp + n;p++)
6              {
7                if(p -> dp_wd < 10)
8                  {
9                      //printf()语句模拟升温器打开工作
10                     printf("%d 号%s,当前温度%.0f 摄氏度,湿度%.0f%%,%s,启动升温器成功!\n",
                            p -> dp_I d,p -> dp_Name,p -> dp_wd,p -> dp_sd,p -> remark);
11                 }
12             }
13         }
```

f_shengwen()函数通过循环结构逐个判断大棚温度是否低于设定阈值,如果低于阈值就启动升温器终端。函数通过第一个参数 Dp_Info * dp 获取到存储大棚信息的内存空间的起始地址,通过第二个参数 n 获取到大棚个数。函数内定义指针变量 p,在循环结构下,使用指针 p 从起始地址 dp 开始,逐个访问大棚信息,判断大棚的温度是否低于阈值(10 摄氏度),如果成立就打开升温器终端开启工作(使用 printf()语句模拟),否则就执行 p++操作,直到循环结束。

2. 加湿控制

草莓大棚的湿度过低时,需要启动加湿终端设备来提升草莓大棚的湿度。加湿自动控制实现的函数如下。

```
1      //加湿控制
2      void f_jiashi(Dp_Info * dp,int n)
3      {
4         Dp_Info * p = NULL;
5         for(p = dp;p < dp + n;p++)
6         {
7           if(p -> dp_sd < 30)
8             {
9                 //printf()语句模拟加湿器打开工作
10                printf("%d 号%s,当前温度%.0f 摄氏度,湿度%.0f%%,%s,启动加湿器成功!\n",
                       p -> dp_Id,p -> dp_Name,p -> dp_wd,p -> dp_sd,p -> remark);
11            }
12        }
13     }
```

f_jiashi()函数通过循环结构逐个判断大棚湿度是否低于设定阈值,如果低于阈值就启动加湿器终端。函数通过第一个参数 Dp_Info * dp 获取到存储大棚信息的内存空间的起始地址,通过第二个参数 n 获取到大棚个数。函数内定义指针变量 p,在循环结构下,使用指针 p 从起始地址 dp 开始,逐个访问大棚信息,判断大棚的湿度是否低于阈值(30%),如果成立就打开加湿器终端开启工作(使用 printf()语句模拟),否则就执行 p++操作,直到循环结束。

11.8 系统的集成

1. 系统初始化

我们设计了一个函数 f_info_init(Dp_Info * dp,int n),当程序启动的时候,用来进行系统初始化工作,主要完成从文件中读取数据到内存。

```
1    //初始化系统
2    void f_info_init(Dp_Info * dp,int n)
3    {
4        int i = 0;
5        FILE * fp;
6
7        if((fp = fopen("Dp_info.txt","rb")) == NULL){
8            printf(" open error !\n");
9            return;
10        }
11
12        for(i = 0;i < n;i++){
13            if(fread(dp,sizeof(Dp_Info),1,fp)!= 1){
14                break;
15            }
16            dp++;
17        }
18        fclose(fp);
19    }
```

当用户启动系统的时候,不需要每次录入数据,调用这个函数进行系统初始化,将已经存储在文件中的大棚信息读取存入内存数组中。该函数第一个参数获取到存储数据的起始地址,第二个参数获取空间大小。函数内首先以"rb"方式打开当前路径下的文件"Dp_info. txt",然后在循环结构下调用 fread()函数读取一个 Dp_Info 类型结构体数据存入 dp 指针所指向的内存空间,然后 dp 指针移动,继续读取一个数据存入内存,如果数据读取完毕或者读取失败就结束循环。

2. 系统菜单显示

下面 cd_xianshi()函数的函数体由若干输入语句组成,输出显示系统菜单。

```
1    //显示菜单
2    void cd_xianshi()
3    {
4        printf("\n======== 欢迎使用\"智慧农业温湿度监控系统\" ======== \n");
5        printf("\n1.录入大棚温湿度信息\n");
6        printf("\n2.显示大棚温湿度信息\n");
7        printf("\n3.温度排序显示\n");
8        printf("\n4.湿度排序显示\n");
9        printf("\n5.查找信息\n");
10       printf("\n6.修改大棚信息\n");
11       printf("\n7.加湿控制\n");
12       printf("\n8.升温控制\n");
13       printf("\n0.退出系统\n");
14   }
```

3. 各功能模块集成

```
1    void xt_work()
2    {
```

```
3        Dp_Info dp_all[N];
4
5        int xn = 0;
6
7        //初始化系统,从文件读取当前系统数据
8        f_info_init(dp_all,N);
9
10       cd_xianshi();              //显示系统菜单
11       while(1)
12       {
13        printf("\n 请输入你要选择的功能项: ");
14        scanf(" % d",&xn);
15        switch(xn)
16        {
17          case 0:exit(0);
18          case 1:
19                  f_info_caiji(dp_all,N);
20                  break;
21          case 2:
22                  f_dp_xianshi(dp_all,N);
23                  break;
24          case 3:
25                  f_dpwd_paix(dp_all,N);
26                  break;
27          case 4:
28                  f_dpsd_paix(dp_all,N);
29                  break;
30          case 5:
31                  f_chazhao(dp_all,N);
32                  break;
33          case 6:
34                  f_xiugai(dp_all,N);
35                  break;
36          case 7:
37                  f_jiashi(dp_all,N);
38                  break;
39          case 8:
40                  f_shengwen(dp_all,N);
41                  break;
42        }
43       }
44   }
```

xt_work()函数封装集成了系统各功能模块。函数中定义了用于存储大棚信息的结构体数组 Dp_Info dp_all[N],前面所有功能模块函数的第一个形参都是获取到该数组的起始地址,操作该数组的存储空间进行数据的读和写。系统首先调用 f_info_init(dp_all,N)函数从文件读取大棚信息到内存中,进行系统数据的初始化,接着调用 cd_xianshi()函数显示系统功能菜单,最后用循环结构控制实现可重复使用系统功能。在循环结构中,从键盘输入功能选项,用 switch_case 语句匹配 0~8 共 9 个选项,分别调用相关功能模块的函数。如果是

初次启动系统,文件中没有数据,需要选择功能项"1"进行数据的采集。

4. main()函数

```
1    int main()
2    {
3        xt_work();
4        return 0;
5    }
```

main()函数中调用系统集成函数 xt_work(),测试系统的执行效果,如图 11-5 所示。

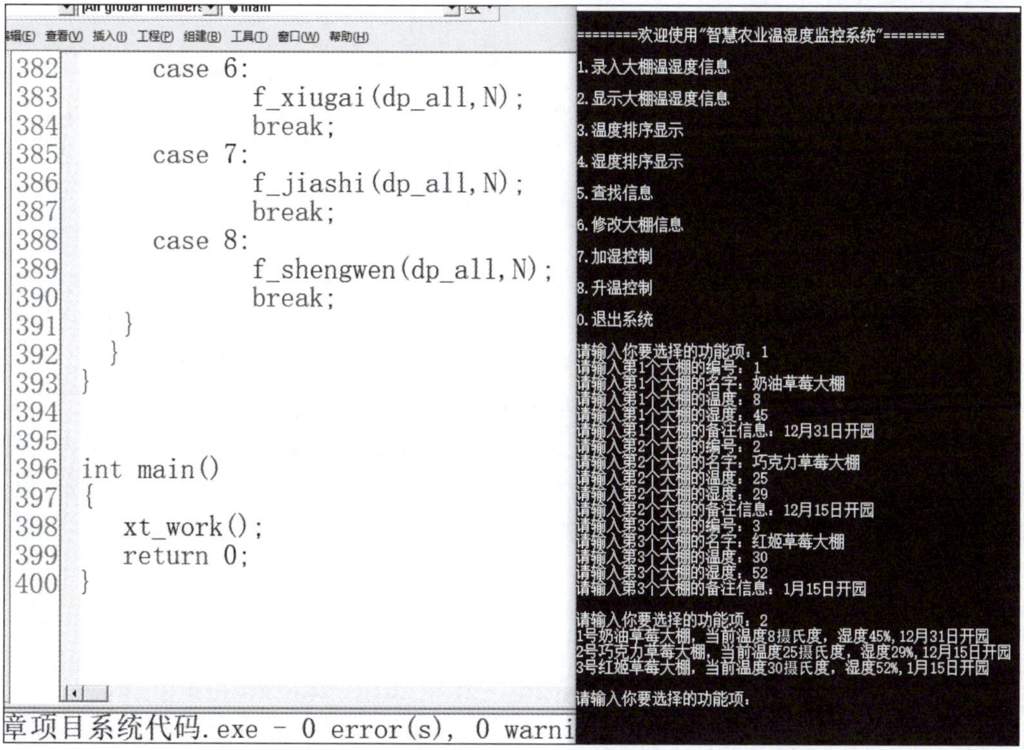

图 11-5　"智慧农业温湿度监控系统"系统运行效果图

本章设计的"智慧农业温湿度监控系统"综合应用了选择结构、循环结构、数组、函数、字符串、指针、结构体、文件等章节的知识,能够有效地夯实 C 语言的基础知识,也能够帮助大家将各章节的知识融合理解,提升知识的综合应用能力。当然,系统还有很多可完善的地方,读者可以在此基础上进一步完善和开发。

11.9　科技前沿之决策和控制

在自动驾驶领域,感知、决策和控制 3 个技术模块密切配合,形成了一个完整的闭环系统。感知模块提供环境信息,决策模块根据环境信息做出决策,控制模块将决策转化为实际行动。这种分层的设计使得自动驾驶系统能够根据周围环境实时变化，做出正确的决策，并安全地控制车辆行驶。

1. 感知

感知指系统通过各种传感器来感知周围环境的能力，包括识别和理解道路、车辆、行人、障碍物等元素。自动驾驶系统通常会使用多种传感器，如摄像头、激光雷达、毫米波雷达、全球定位系统(Global Positioning System，GPS)、超声波传感器等。这些传感器能够提供不同类型的信息，如图像、距离、速度、方向等。感知算法会对这些数据进行处理和分析，从而识别和跟踪周围环境中的各种对象，形成对周围环境的感知理解。

2. 决策

决策指系统基于感知到的环境信息，以及预先设定的目标和规则，来制定行动计划的能力。在决策过程中，系统需要考虑诸如避障、保持车辆安全、遵循交通规则、到达目的地等因素。决策算法会根据当前环境的状态，以及系统的目标和约束条件，选择最佳的行动策略。这可能涉及路径规划、速度控制、车道保持、转向等决策。

3. 控制

控制指将决策产生的行动指令转化为实际车辆控制的过程。控制系统负责实现决策中确定的行动，使车辆按照规划的路径和速度行驶，并且保持在安全的状态下。控制系统通常会包括车辆动力系统控制、转向控制、制动控制等方面。这些控制器会根据决策器提供的指令，以及传感器反馈的实时信息，对车辆进行精确地控制，以实现自动驾驶的目标。

近年来，基于深度学习的智能决策算法不断完善，能够在复杂交通环境中做出人性化、安全合理的决策。同时，车辆控制系统的精确性也得到大幅提升，能够准确执行决策，保证车辆平稳行驶。这些技术突破为自动驾驶在复杂城市路况下的应用奠定了基础。

附录 A

C 关 键 字

C关键字见表 A-1～表 A-3。

表 A-1 ANSI C 标准关键字（32 个）

关 键 字	功 能
auto	定义局部变量的存储类别，通常用于定义自动变量
break	用于中断循环或 switch 语句的执行，跳出当前结构
case	用于 switch 语句中，表示某个分支
char	定义字符类型的变量
const	定义常量，表示不可更改的变量
continue	用于跳过当前循环的剩余部分，继续下一次循环迭代
default	用于 switch 语句中，表示默认分支
do	开始 do-while 循环
double	定义双精度浮点类型的变量
else	用于 if-else 语句中，表示当条件不满足时执行
enum	定义枚举类型，用于定义一组命名的整数值
extern	声明外部变量或函数，表示变量或函数在其他文件中定义
float	定义单精度浮点类型的变量
for	开始 for 循环
goto	用于无条件跳转到指定的标签位置
if	开始条件判断语句
int	定义整型变量
long	定义长整型变量
register	建议编译器将变量存储在寄存器中，加快访问速度
return	用于函数返回值，结束函数执行
short	定义短整型变量
signed	定义有符号类型变量
sizeof	用于获取数据类型或变量的大小（以字节为单位）
static	定义静态变量，使其生命周期贯穿整个程序
struct	定义结构体类型，用于组合不同类型的数据
switch	开始 switch-case 语句

续表

关　键　字	功　　能
typedef	定义新的数据类型名称
union	定义联合体类型，用于共享同一内存空间的不同数据类型
unsigned	定义无符号类型变量
void	表示无类型，通常用于函数返回值或指针类型
volatile	表示变量可能被外部因素（如硬件）修改，提醒编译器不要优化该变量
while	开始 while 循环

表 A-2　C99 标准新增关键字(5 个)

关　键　字	功　　能
_Bool	定义布尔类型变量，用于表示真(非零)或假(零)
complex	定义复数类型变量，用于支持复数运算
imaginary	定义虚数类型变量，用于支持虚数运算
restrict	用于提示编译器，指针参数不会指向相同的内存区域，优化代码性能
inline	表示函数可以内联展开，提高执行效率

表 A-3　C11 标准新增关键字(7 个)

关　键　字	功　　能
_Alignas	用于指定变量或类型的对齐方式
_Alignof	用于获取类型或变量所需的最小对齐值
_Generic	实现类型通用性，允许根据变量的类型选择不同的函数或表达式
_Noreturn	用于标记函数不会返回，提示编译器优化调用
_Static_assert	用于在编译时进行静态断言检查，确保代码的正确性
_Thread_local	用于定义线程局部存储的变量，每个线程都有独立的副本
_Atomic	定义原子类型变量，用于支持线程安全的原子操作，避免数据竞争问题

GCC 中基本数据类型的
取值范围

GCC 中基本数据类型的取值范围见表 B-1。

表 B-1　GCC 中基本数据类型的取值范围

数据类型	大小/B	取值范围
char	1	$-128 \sim 127(-2^7 \sim 2^7-1)$
signed char		
unsigned char	1	$0 \sim 255$
short int	2	$-32768 \sim 32767$
signed short int		
unsigned short int	2	$0 \sim 65535$
unsigned int	4	$0 \sim 4294967295$
int	4	$-2147483648 \sim 2147483647$
signed int		
unsigned long int	4	$0 \sim 4294967295$
long int	4	$-2147483648 \sim 2147483647$
signed long int		
long long	8	$-9223372036854775808 \sim 9223372036854775807$
unsigned long long	8	$0 \sim 18446744073709551615$
float	4	$-3.40282 \times 10^{38} \sim 3.40282 \times 10^{38}$
double	8	$-1.79769 \times 10^{308} \sim 1.79769 \times 10^{308}$
long double	12	至少和 double 一样大,具体取决于不同的编译器

　　数据类型的取值范围不仅和操作系统有关,也与编译器相关。不少编译器未依照 IEEE 规定的标准,采用 10 字节(80 位)支持 long double 类型,多数会将其当作 double 类型处理。比如在 Code::Blocks 的 GCC 中,双精度型变量占用 8 字节,长双精度型变量占用 12 字节。

　　ANSI C 未明确 int 型数据占用内存的字节数,只规定其要比 short 型多,但不超过 long 型。通常,int 型数据所占字节数和程序执行环境的字长一致。在当下多数平台,int 型和 long int 型整数取值范围一样。

　　注意,long long、unsigned long long 和 long double 是 C99 标准新增类型,一些老编译器(如 Visual C++ 6.0)不支持。虽然现在编译器都支持 C99 标准,但很多默认编译模式是 C89 标准,需手动指定按 C99 标准编译。

C 语言运算符的优先级

与结合性

C 语言运算符的优先级与结合性见表 C-1。

表 C-1　C 语言运算符的优先级与结合性

优先级	运 算 符	含 义	运算类型	结合方向
1	（ ）	圆括号、函数参数表	—	从左到右
	［ ］	数组下标		
	->	成员选择（指针）		
	.	成员选择（结构体）		
	++　－－	后缀增1、后缀减1		
2	!	逻辑非运算符	单目运算	从右到左
	~	按位取反运算符		
	++　－－	前缀增1、前缀减1		
	－	取负		
	*	间接取值运算符		
	&	取地址运算符		
	（类型标识符）	强制类型转换运算符		
	sizeof	字节长度运算符		
3	*　/　%	乘、除、余数（取模）	双目算术运算	从左到右
4	＋　－	加、减	双目算术运算	从左到右
5	<<　>>	左移、右移	位运算	从左到右
6	>　>=	大于、大于或等于	关系运算	从左到右
	<　<=	小于、小于或等于	关系运算	从左到右
7	==　!=	等于、不等于	关系运算	从左到右
8	&	按位与	位运算	从左到右
9	^	按位异或	位运算	从左到右
10	|	按位或	位运算	从左到右
11	&&	逻辑与	逻辑运算	从左到右
12	||	逻辑或	逻辑运算	从左到右
13	?:	条件运算符	三目运算	从右到左

续表

优先级	运 算 符	含 义	运 算 类 型	结 合 方 向
14	=	赋值运算符	双目运算	从右到左
	+=	加后赋值	双目运算	从右到左
	-=	减后赋值		
	*=	乘后赋值		
	/=	除后赋值		
	%=	取模后赋值		
	&=	按位与后赋值		
	^=	按位异或后赋值		
	|=	按位或后赋值		
	<<=	左移后赋值		
	>>=	右移后赋值		
15	,	逗号运算符	顺序求值运算	从左到右

　　优先级：优先级高的运算符会优先进行运算。例如在表达式 $3+4*2$ 中,乘法 $*$ 优先级高于加法 $+$,所以先计算 $4*2$,再计算加法。

　　结合性：当运算符优先级相同时,结合性决定运算顺序。如赋值运算符结合性为自右向左,在 $a=b=c$ 中,先计算 $b=c$,再将结果赋给 a。

附录 D

ANSI C 码值与常用字符对照表

ANSI C 码由以下三部分组成。

第一部分：0～31，一般为通信专用字符或控制字符，见表 D-1。

表 D-1 ANSI C 码第一部分码值与常用字符对照表

十进制 ASCII	字　　符	控制字符 （含义）	十进制 ASCII	字　　符	控制字符 （含义）
0	NUL	空字符	16	DLE(^P)	数据链路转义
1	SOH(^A)	标题开始	17	DC1(^Q)	设备控制 1
2	STX(^B)	正文开始	18	DC2(^R)	设备控制 2
3	ETX(^C)	正文结束	19	DC3(^S)	设备控制 3
4	EOT(^D)	传输结束	20	DC4(^T)	设备控制 4
5	ENQ(^E)	查询请求	21	NAK(^U)	反确认(拒绝接收)
6	ACK(^F)	确认	22	SYN(^V)	同步空闲
7	BEL(^hell)	响铃	23	ETB(^W)	结束传输块
8	BS(^H)	退格	24	CAN(^X)	取消
9	HT(^I)	水平制表符	25	EM(^Y)	媒体结束
10	LF(^J)	换行	26	SUB(^Z)	替换
11	VT(^K)	垂直制表符	27	ESC	ESC 键
12	FF(^L)	换页	28	FS	文件分隔符
13	CR(^M)	回车	29	GS	组分隔符
14	SO(^N)	移出	30	RS	记录分隔符
15	SI(^O)	移入	31	US	单元分隔符

第二部分：32～127，除 32 表示空格外，其余用来表示阿拉伯数字、英文大小写字母和下画线、括号等可显示字符，见表 D-2。

表 D-2　ANSI C 码第二部分码值与常用字符对照表

十进制ASCII	字符	十进制ASCII	字符	十进制ASCII	字符	十进制ASCII	字符
32	空格	56	8	80	P	104	h
33	!	57	9	81	Q	105	i
34	"	58	:	82	R	106	j
35	#	59	;	83	S	107	k
36	$	60	<	84	T	108	l
37	%	61	=	85	U	109	m
38	&	62	>	86	V	110	n
39	'	63	?	87	W	111	o
40	(	64	@	88	X	112	p
41	)	65	A	89	Y	113	q
42	*	66	B	90	Z	114	r
43	+	67	C	91	[	115	s
44	,	68	D	92	\	116	t
45	—	69	E	93	]	117	u
46	.	70	F	94	^	118	v
47	/	71	G	95	_	119	w
48	0	72	H	96	`	120	x
49	1	73	I	97	a	121	y
50	2	74	J	98	b	122	z
51	3	75	K	99	c	123	{
52	4	76	L	100	d	124	|
53	5	77	M	101	e	125	}
54	6	78	N	102	f	126	~
55	7	79	O	103	g	127	DEL

第三部分：128～255，一般为 ASCII 扩展码，非标准 ASCII，不再列表。

需要注意得是，对于无符号字符型，ASCII 值为 128～255，对于有符号字符型，ACSII 值为 −128～−1。

附录 E

常用的 ANSI C 标准库函数

1. 数学函数

数学函数见表 E-1。使用数学函数时,应在源文件中包含头文件<math.h>。

表 E-1　数学函数

函数名	函数原型	功　　能
acos	double acos(double x)	计算 arccosx 的值,其中-1<=x<=1
asin	double asin(double x)	计算 arcsinx 的值,其中-1<=x<=1
atan	double atan(double x)	计算 arctanx 的值
atan2	double atan2(double x,double y)	计算 arctanx/y 的值
cos	double cos(double x)	计算 cosx 的值,x 的单位为弧度
cosh	double cosh(double x)	计算 x 的双曲余弦 cosh x 的值
exp	double exp(double x)	计算 e^x 的值
fabs	double fabs(double x)	计算 x 的绝对值
floor	double floor(double x)	求出不大于 x 的最大整数
fmod	double fmod(double x,double y)	求 x/y 的余数
frexp	double frexp(double val,int * eptr)	把双精度数 val 分解成数字部分(尾数)和以 2 为底的指数,即 val=x*2^n,n 存放在 eptr 指向的变量中
log	double log(double x)	求 lnx 的值
log10	double log10(double x)	求 log10x 的值
modf	double modf(double val,int * iptr)	把双精度数 val 分解成整数部分和小数部分,把整数部分存放在 ptr 指向的变量中
pow	double pow(double x,double y)	求 x^y 的值
sin	double sin(double x)	计算 sinx 的值,其中 x 的单位为弧度
sinh	double sinh(double x)	计算 x 的双曲正弦函数 sinh x 的值
sqrt	double sqrt(double x)	计算 x^1/2 ,x>=0
tan	double tan(double x)	计算 tanx 的值,x 的单位为弧度

2. 字符处理函数

字符处理函数见表 E-2。使用字符处理函数时,应在源文件中包含文件<ctype.h>。

表 E-2　字符处理函数

函数名	函 数 原 型	功　　能
isalnum	int isalnum(int ch)	检查 ch 是否是字母或数字。是,则返回 1;否,则返回 0
isalpha	int isalpha(int ch)	检查 ch 是否是字母。是,则返回 1;否,则返回 0
iscntrl	int iscntrl (int ch)	检查 ch 是否控制字符(其 ASCII 在 0 和 0xlF 之间)。是,则返回 1;否,则返回 0
isdigit	int isdigit (int ch)	检查 ch 是否是数字。是,则返回 1;否,则返回 0
isgraph	int isgraph (int ch)	检查 ch 是否是可输出字符(其 ASCII 在 0x21 和 0x7e 之间),不包括空格。是,则返回 1;否,则返回 0
islower	int islower(int ch)	检查 ch 是否是小写字母。是,则返回 1;否,则返回 0
isprint	int isprint (int ch)	检查 ch 是否是可输出字符(其 ASCII 在 0x21 和 0x7e 之间),不包括空格。是,则返回 1;否,则返回 0
ispunct	int ispunct (int ch)	检查 ch 是否是标点字符(不包括空格),即除字母、数字和空格以外的所有可输出字符。是,则返回 1;否,则返回 0
isspace	int isspace (int ch)	检查 ch 是否是空格、跳格符(制表符)或换行符。是,则返回 1;否,则返回 0
isupper	int isupper(int ch)	检查 ch 是否是大写字母。是,则返回 1;否,则返回 0
isxdigit	int isxdigit (int ch)	检查 ch 是否是一个十六进制数字。是,则返回 1;否,则返回 0
tolower	int tolower (int ch)	将 ch 字符转换为小写字母。返回 ch 对应的小写字母
toupper	int toupper (int ch)	将 ch 字符转换为大写字母。返回 ch 对应的大写字母

3. 字符串处理函数

字符串处理函数见表 E-3。使用字符串处理函数时,应在源文件中包含文件< string. h >。

表 E-3　字符串处理函数

函数名	函 数 原 型	功　　能
memchr	void * memchr(void * buf, char ch, unsigned count)	在 buf 的前 count 个字符里搜索字符 ch 首次出现的位置
memcmp	int memcmp (void * buf1, void * buf2, unsigned count)	按字典顺序比较由 buf1 和 buf2 指向的数组的前 count 个字符
memcpy	void * memcpy (void * to, void * from, unsigned count)	将 from 指向的数组中的前 count 个字符复制到 to 指向的数组中(from 和 to 指向的数组不允许重叠)
memmove	void * memmove(void * to, void * from, unsigned count)	将 from 指向的数组中的前 count 个字符复制到 to 指向的数组中(from 和 to 指向的数组允许重叠)
memset	void * memset(void * buf, char ch, unsigned count)	将字符 ch 复制到 buf 指向的数组前 count 个字符中
strcat	char * strcat(char * str1, char * str2)	把字符串 str2 接到 str1 后面,取消原来 str1 最后面的串结束符 '\0'
strchr	char * strchr(char * str, int ch)	找出 str 指向的字符串中第一次出现字符 ch 的位置

续表

函 数 名	函 数 原 型	功　　能
strcmp	int strcmp(char * str1, char * str2)	比较字符串 str1 和 str2
strcpy	char * strcpy(char * str1, char * str2)	把 str2 指向的字符串复制到 str1 中去
strlen	unsigned int strlen(char * str)	统计字符串 str 中字符的个数(不包括结束符 '\0')
strncat	char * strncat(char * str1, char * str2, unsigned count)	把字符串 str2 指向的字符串中最多 count 个字符连到串 str1 后面,并以 NULL 结尾
strncmp	int strncmp(char * str1, char * str2, unsigned count)	比较字符串 str1 和 str2 中前 count 个字符
strncpy	char * strncpy(char * str1, char * str2, unsigned count)	把字符串 str2 指向的字符串中前 count 个字符复制到串 str1 中去

4. 缓冲文件系统的输入/输出函数

缓冲文件系统的输入/输出函数见表 E-4。使用缓冲文件系统的输入/输出函数时,应在源文件中包含文件< stdio. h >。

表 E-4　缓冲文件系统的输入/输出函数

函 数 名	函 数 原 型	功　　能
clearerr	void clearerr (FILE * fp)	复位错误标志
fclose	int fclose(FILE * fp)	关闭文件指针 fp 所指向的文件,释放缓冲区
feof	int feof(FILE * fp)	检查文件是否结束
ferror	int ferror(FILE * fp)	检查 fp 指向的文件中的错误
fflush	int fflush(FILE * fp)	如果 fp 所指向的文件是"写打开",则将输出缓冲区的内容物理地写入文件;若文件是"读打开"的,则清除输入缓冲区中的内容
fgetc	int fgetc(FILE * fp)	从 fp 指向的文件中取得一个字符
fgets	char * fgets (char * buf, int n, FILE * fp)	从 fp 指向的文件读取一个长度为(n−1)的字符串,存放到起始位置为 buf 的空间
fopen	FILE * fopen(const char * filename, const char * mode)	以 mode 指定的方式打开名为 filename 的文件
freopen	FILE * freopen(const char * filename, const char * mode, FILE * stream)	重新打开一个已经存在的文件流,或将一个文件流重定向到一个新的文件。它可以在读取、写入或追加模式下操作,并且可以替换现有的文件流,或者创建一个新的文件流
fprintf	int fprintf(FILE * fp, char * format [,argument....])	将 argument 的值以 format 指定的格式输出到 fp 所指向的文件中
fputc	int fputc(char ch, FILE * fp)	将字符 ch 输出到 fp 指向的文件中
fputs	int fputs(const char * str, FILE * fp)	将 str 指向的字符串输出到 fp 指向的文件中
fread	int fread(void * ptr, unsigned size, unsigned n, FILE * fp)	从 fp 所指向的文件中中读取长度为 size 的 n 个数据项,存到 ptr 所指向的内存区中

续表

函数名	函 数 原 型	功　　能
fscanf	int fscanf(FILE * fp，char * format [，argument，…])	从 fp 所指向的文件中的按 format 指定的格式将输入数据送到 argument 所指向的内存单元
fseek	int fseek(FILE * stream，long offset，int base)	将 fp 所指向的文件位置指针移到以 base 所指出的位置为基准，以 offset 为位移量的位置
ftell	long ftell(FILE * fp)	返回 fp 所指向的文件中的读写位置
fwrite	int fwrite(const void * ptr，unsigned size，unsigned n，FILE * fp)	将 ptr 所指向的 n * size 字节输出到 fp 所指向的文件中
getc	int getc(FILE * stream)	从 fp 所指向的文件中读入一个字符
getchar	int getchar(void)	从标准输入设备读取下一个字符
gets	char * gets(char * str)	从标准输入设备读入字符串，放到 str 所指定的字符数组中，一直读到接收换行符或 EOF 时为止，换行符不作为输入串的内容，变成'\0'后作为该字符串的结束
perror	void perror(const char * str)	向标准错误输出字符串 str，并随后附上冒号以及全局变量 errno 代表的错误消息的文字说明
printf	int printf(const char * format [，argument，…])	将输出列表 argument 的输出到标准输出设备
putc	int putc(char ch，FILE * fp)	将一个字符 ch 输出到 fp 指向的文件中
putchar	int putchar(char ch)	将一个字符 ch 输出到标准输出设备
puts	int puts(const char * string)	将 str 指向的字符串输出到标准输出设备，将'\0'转换为回车换行
rename	int rename(char * oldname，char * newname)	把 oldname 所指的文件名改为由 newname 指定的文件名
rewind	void rewind(FILE * fp)	将 fp 指向的文件中的位置指针置于文件的开头位置，并清除文件结束标志
scanf	int scanf(const char * format [，argument，…])	从标准输入设备按 format 指向的字符串规定的格式，输入数据给 argument 所指向的单元

5. 动态内存分配函数

动态内存分配函数见表 E-5。ANSI C 标准建议使用动态内存分配函数时，应在源文件中包含文件< stdlib.h >，而有的编译系统是要求包含< malloc.h >。

表 E-5　动态内存分配函数

函数名	函 数 原 型	功　　能
calloc	void * calloc (unsigned num，unsigned size)	分配 num 个数据项的内存连续空间，每个数据项的大小为 size
free	void free (void * ptr)	释放 ptr 所指内存区
malloc	void * malloc (unsigned size)	分配 size 字节的内存区
realloc	void * realloc (void * ptr，unsigned newsize)	将 ptr 所指的已分配的内存区的大小改为 newsize，size 可以比原来分配的空间大或小

6. 非缓冲文件系统的输入/输出函数

非缓冲文件系统的输入/输出函数见表 E-6。使用以下非缓冲文件系统的输入/输出函数时,应该在源文件中包含头文件< io. h >和< fcntl. h >,这些函数是 UNIX 操作系统的一员,不是由 ANSI C 标准定义的。

表 E-6　非缓冲文件系统的输入/输出函数

函数名	函 数 原 型	功　　能
close	int close(int fd)	关闭一个文件描述符 fd,成功返回 0,出错返回 —1
create	int creat(const char * pathname, mode_t mode)	创建一个新文件,如果文件已存在则清空文件。pathname 是文件名,mode 是文件权限。返回新文件的文件描述符,出错返回 —1
open	int open(const char * pathname, int flags) int open(const char * pathname, int flags, mode_t mode)	第一个原型用于打开已存在的文件; 第二个原型用于打开文件,若文件不存在则创建一个文件; 打开或创建一个文件、设备或其他文件系统对象,返回文件描述符。成功时返回新描述符,失败返回 —1 并设置 errno 指示错误原因
read	ssize_t read(int fd, void * buf, size_t count)	从指定文件描述符 fd 所关联的文件、设备或其他 I/O 对象中读取 count 字节数据,并将读取的数据存储到 buf 指向的缓冲区中
lseek	off_t lseek(int fd, off_t offset, int whence)	设置文件描述符 fd 所关联文件的当前文件偏移量(即文件的读写位置)。文件偏移量决定了后续 read 和 write 操作在文件中进行读写的起始位置
write	ssize_t write(int fd, const void * buf, size_t count)	将 buf 缓冲区中的 count 个字节数据写入文件描述符 fd 关联的对象中,返回实际写入字节数,若为 —1 表示出错,errno 可获取具体错误信息

7. 其他常用函数

其他常用函数见表 E-7。

表 E-7　其他常用函数

函数名	函 数 原 型	功　　能
atof	#include < stdlib. h > double atof (char * str)	将 str 指向的字符串转换为一个 double 型的值
atoi	#include < stdlib. h > int atoi (char * str)	将 str 指向的字符串转换为一个 int 型的值
atol	#include < stdlib. h > long atol (char * str)	将 str 指向的字符串转换为一个 long 型的值
ecvt	char * ecvt (double value, int ndigit, int * decpt, int * sign)	将双精度浮点型值转换为字符串,转换结果中不包含十进制小数点

函数名	函 数 原 型	功　　能
exit	# include ＜ stdlib. h ＞ void exit (int status)	调用该函数时程序立即正常终止,清空和关闭任何打开的文件,程序正常退出状态由 status 等于 0 表示,非 0 表明定义实现错误
rand	# include ＜ stdlib. h ＞ int rand(void)	产生 0 到 RAND_MAX 的伪随机数(RAND_MAX 在头文件中定义)
srand	# include ＜ stdlib. h ＞ void srand(unsigned seed)	为函数 rand()生成的伪随机数序列设置起点种子值
time	# include ＜ time. h ＞ time_t time(time_t ＊ timer)	返回自 1970 年 1 月 1 日午夜(UTC)以来经过的秒数。如果 timer 不为 NULL,则将结果也存储在 timer 指向的位置
ctime	# include ＜ time. h ＞ char ＊ ctime(const time_t ＊ timer)	将 time_t 类型的时间值转换为一个表示本地时间的字符串,格式为 Www Mmm dd hh:mm:ss yyyy\n,其中 Www 是星期几,Mmm 是月份,dd 是日期,hh:mm:ss 是时间,yyyy 是年份
clock	# include ＜ time. h ＞ clock_t clock(void)	返回程序启动以来所使用的 CPU 时间,以时钟滴答数表示。可以通过将返回值除以 CLOCKS_PER_SEC 得到以秒为单位的时间
Sleep	# include ＜ stdlib. h ＞ void Sleep(DWORD dwMilliseconds) (Windows 操作系统) # include ＜ stdlib. h ＞ unsigned int sleep (unsigned int seconds)(可移植操作系统接口(POSIX)标准操作系统)	在 Windows 操作系统中,Sleep 函数使程序暂停执行指定的毫秒数；在 POSIX 标准操作系统(如 Linux 操作系统、macOS 操作系统)中,sleep 函数使程序暂停执行指定的秒数
system	# include ＜ stdlib. h ＞ int system(const char ＊ command)	在系统中执行指定的命令。该命令通常是操作系统的命令行命令。如果 command 为 NULL,则检查系统命令处理器是否可用
kbhit	# include ＜ conio. h ＞ int kbhit(void)	检查是否有按键被按下。如果有按键被按下,返回非零值；否则返回 0(非标准函数,主要用于 Windows 操作系统控制台程序,在其他系统需用其他方式实现类似功能)
getch	# include ＜ conio. h ＞ int getch(void)	从控制台读取一个字符,但不回显该字符到屏幕上。返回读取的字符的 ASCII 码值(非标准函数,主要用于 Windows 操作系统控制台程序,在其他系统需用其他方式实现类似功能)

参 考 文 献

[1] 苏小红,赵玲玲,孙志岗.C语言程序设计[M].4版.北京:高等教育出版社,2022.

[2] 张玉生,刘炎,张亚红.C语言程序设计[M].上海:上海交通大学出版社,2024.

[3] 吕鑫,白宝兴,田丽华.计算机科技基础——C程序设计[M].北京:北京航空航天大学出版社,2022.

[4] 孙辉,吴润秀.C语言程序设计[M].北京:电子工业出版社,2021.

[5] 朱鸣华,罗晓芳,董明.C语言程序设计教程[M].4版.北京:机械工业出版社,2023.

[6] 李丽娟.C语言程序设计教程[M].5版.北京:人民邮电出版社,2019.

[7] 万家华,陈家俊,吴建国.C语言程序设计[M].北京:人民邮电出版社,2023.

[8] 索明何,邵英,邢海霞.C语言程序设计[M].北京:机械工业出版社,2023.